전통 양식(楊式)

태극권
태극검
태극도

전통 양식 태극권·태극검·태극도

발행일   2017년 8월 30일

지은이   고 영 근
펴낸이   손 형 국
펴낸곳   (주)북랩
편집인   선일영   편집   이종무, 권혁신, 송재병, 최예은, 이소현
디자인   이현수, 김민하, 이정아, 한수희   제작   박기성, 황동현, 구성우
마케팅   김회란, 박진관, 김한결
출판등록   2004. 12. 1(제2012-000051호)
주소   서울시 금천구 가산디지털 1로 168, 우림라이온스밸리 B동 B113, 114호
홈페이지   www.book.co.kr
전화번호   (02)2026-5777   팩스   (02)2026-5747

ISBN   979-11-5987-698-1 04590 (종이책)   979-11-5987-699-8 05590 (전자책)

이 도서의 국립중앙도서관 출판예정도서목록(CIP)은 서지정보유통지원시스템 홈페이지(http://seoji.nl.go.kr)와
국가자료공동목록시스템(http://www.nl.go.kr/kolisnet)에서 이용하실 수 있습니다.
(CIP제어번호 : CIP2017021580)

양식 태극권의 대종사 양징보(楊澄甫)의
권가비전(拳架秘傳)

전통 양식(楊式)

太極拳

太極劍

太極刀

태극권
태극검
태극도

| 고영근 지음 |

북랩 book Lab

나의 태극권(太極拳) 인연과 수련과정

(1) 중국대학에서 태극권을 처음 배우다

1979년 나는 제대 후 근무하던 대한항공을 그만두고 중국 전문가가 되겠다는 희망을 품고 대만(중화민국) 국립정치대학교에서 유학생활을 시작했다. 당시 상당수 유학 선후배들이 진지하게 태극권을 수련하는 모습을 보면서, 그것이 중국 무술 중 특별한 권법(拳法)인 태극권이란 것을 처음으로 알게 되었다. 귀국 후 1984년부터 부산외국어대학교 중국어과 교수로 재직하면서 1990년대 중반부터 여름 및 겨울방학을 이용해서 대학생들을 인솔해서 중국대학에서 4주간의 단기중국어 언어연수를 진행했는데, 중국어 수업 외에 중국문화체험 실기 과목으로 태극권이 있었다. 중국 교수의 태극권 수업 중 학생들은 중국어 설명을 충분히 이해할 수 없었기 때문에, 나는 통역을 해주면서 함께 배웠다. 그때 처음으로 접한 태극권은 '24식 간화태극권'이었다. 그 후 매년 한두 차례 중국 자매 대학교로 학생들을 인솔해서 중국어 언어연수를 진행하는 기간에 중국대학의 태극권 전문교수 및 공원에서 태극권을 전수하는 민간 지도자 등에게 틈틈이 태극권을 배웠다.

(2) 정식으로 태극권을 수련하기 시작하다

대학교수로 재직한 지 15여 년이 지나고 나이도 40대 중반이 넘어선 어느 해 여름 문득 정년퇴직 후의 나의 모습을 상상해 보았다. 매일 출근하던 일상에서 주로 집에서 소일하는 나의 모습을 상상할 때마다 무언가 생산적인 일상을 희망해왔다. 순간 대만에서 처음 본 태극권과 그동안 수년간 방학을 이용해서 중국에서 배우던 태극권이 생각났다. 동시에 제대로 태극권을 수련해서 퇴직 후 노년기에 건강을 위해 매일 스스로 수련하고, 여건이 허락되면 태극권을 보급하고 지도도 해보고 싶었다. 그래서 2000년 여름부터 부산에 있는 태극권 전문수련관에서 매일 아침 태극권을 수련한 후 학교로 출근했다. 동시에 매년 여름 및 겨울방학 기간에 중국에 들어가서 중국인 사부들로부터 태극권과 태극추수를 개인적으로 사사하였다. 특히 2004년부터 10년에 걸쳐 전통 양가태극권의 4대 전인(傳人)인 양진탁(楊振鐸) 노사와 5대 전인인 양군(楊軍) 노사로부터 전통 양식 태극권·태극검·태극도를 개인적으로 사사하였다. 그리고 2006년 여름에는 중국태극권 국가대표 총교련인 북경체육대학교 교수 문혜봉(文惠峰) 노사로부터 중국 천진에서 4명의 일본 태극권 지도자들과 함께 동악(東岳)태극권과 동악태극도를 전수하였다. 그리고 2012년 7월 무당산(武當山)에 입산하여 무당사행공부관(武當師行功夫館) 관장인 진사행(陳師行) 도장(道長)으로부터 무당태극 13식을 전수받았다.

(3) 지역주민과 대학생들에게 태극권을 보급하다

태극권 수련 과정 중 국내외 대회참가를 경험하면서 나는 태극권을 지역 주민들에게 보급하고 나의 지도력 경험도 쌓겠다고 생각했다. 그래서 2004년 12월부터 살고 있는 아파트단지 내 중앙공원에서 매일 아침 주민들에게 태극권을 지도하기 시작했다. 그 후 부근의 초등학교, U.N.평화공원, 남구문화원, 부경대학교 등에서 지역 주민들을 대상으로 태극권을 지도했다. 그리고 2005년 부산시 남구 생활체육회의 정단체로 남구 태극권 연합회를 발족하여 매년 자체 대회를 개최하고 지역구민의 건강과 건전한 여가활동을 위해서 태극권을 보급했다. 또한 남구태극권연합회는 부산시 우슈협회 특별단체로 가입하고 한국우슈협회주최 전국태극권대회에 참가해서 좋은 성적으로 입상하는 등 활발한 활동을 했다. 그동안 태극권 보급을 위한 지도과정에서 성공한 사례도, 실패한 사례도 있었지만 모두 소중한 경험들이었고, 지금도 아파트에서 가끔 마주치는 나이 드신 이웃 분들에게 나의 태극권 지도에 감사의 말씀을 들을 때마다 기쁘고 성취감도 느끼고 있다.

지역 주민을 대상으로 한 태극권 지도 이외에도 2000년부터 부산외국어대학교 우슈동아리 지도교수와 부산·울산대학생 우슈동아리 태극권 지도사범으로서 대학생들에게 태극권을 지도해 왔고, 부산외국어대와 부경대학교 평생교육원에서 태극권 강좌를 개설해서 일반인들에게 태극권을 지도했다. 그리고 2009년부터 8년 동안 매년 2학기 부산외국어대학교 중국학부 전공교과목인 '중국문화특강' 수업으로 실내체육관에서 태극권을 실기 위주로 강의했다. 대학에서의 태극권 수업은 젊은 대학생들의 산만한 정서를 안정시키고 심신 단련과 학업 집중력에 도움이 될 뿐 아니라, 태극권을 통해서 중국 전통 문화와 사상에 대한 이해를 향상해주었다고 생각한다.

학무지경(學無止境)이란 말처럼 태극권 수련은 평생 끝이 없이 지속해야 하는 도락(道樂)이며, 나의 태극권 수련은 지금도 진행형이다. 내가 태극권을 수련한 지는 어느덧 20여 년의 세월이 흘렀고 그 과정에서 국제적인 지명도가 높은 유명한 태극권 명인(名人)들로부터 중국 현지에서 직접 사사를 받았고, 반면에 유명하지는 않지만, 장기간의 부단한 수련과 연구를 통해서 태극권의 권리를 깨닫고 내면적 공력을 지닌 태극권 명인(明人)들과도 교류하고 지도받았다. 솔직히 말하면, 나의 태극권 수련과 공력의 추구과정에서 명인(名人)보다는 오히려 명인(明人)으로부터 더 많은 실질적인 도움을 받은 것 같다. 나의 태극권 수련 과정에서 무연(武緣)으로 인해 만나게 된 명인(明人)들과의 교류는 명인(名人)의 사사와는 달랐고, 또한 태극권 책으로부터 얻을 수 없는 매우 소중하고도 인간적인 교류였으며, 나의 태극권 수련에 커다란 도움이 되었다. 실제로 명인(明人)들은 나와의 태극권 무연(武緣)을 중시했고, 그들의 수련 과정 중 시행 착오의 경험 및 내공 수련의 구체적인 방법과 요령을 남김없이 나에게 전수해주었다. 명인(明人)들이 나에게 열정적으로 지도해준 것처럼, 나도 또한 태극권 수련 과정 중의 다양한 경험과 터득한 방법들을 여러 권우(拳友)들과 함께 공유하고자 한다.

본서가 여러 권우의 태극권 권리(拳理)에 대한 이해와 수련에 작은 도움이 되고, 심신 수양·체질 개선·건강 증진에 유용하게 쓰이기를 희망한다. 그리고 본서의 내용 및 수련 과정에서 발생하는 문제점들은 언제라도 편안하게 지적 및 문의해주시기 바란다. 끝으로 태극권 수련에 관심과 열정을 지닌 권우들과 함께 땀 흘리며 즐겁게 수련하고 진지하게 토론할 수 있는 무연(武緣)이 있기를 기원한다.

차 례

서문
나의 태극권 인연과 수련과정 ··· **004**

제1장 서론
1. 전통 양식 태극권의 특징 ··· **012**
2. 전통 양식 태극권 수련의 10대 요령 ··· **019**
3. 태극권 수련담 - 양징보(楊澄甫) ··· **023**

제2장 전통 양식 태극권
1. 전통 양식 태극권 103식 초식명칭 및 순서 ··· **028**
2. 전통 양식 태극권 103식 도해(圖解) ··· **030**
3. 전통 양식 태극권 49식 초식 명칭 및 순서 ··· **164**
4. 전통 양식 태극권 49식 도해(圖解) ··· **165**

제3장 전통 양식 태극검
1. 전통 양식 태극검의 특징 ··· **254**
2. 태극검의 설명과 검법 ··· **255**
3. 전통 양식 태극검 67식 초식 명칭 및 순서 ··· **260**
4. 전통 양식 태극검 67식 도해(圖解) ··· **262**

제4장 전통 양식 태극도

1. 전통 양식 태극도의 특징 ··· **336**

2. 전통 양식 태극도 13구결(口訣) 명칭 및 순서 ··· **337**

3. 전통 양식 태극도 13식 도해(圖解) ··· **338**

제5장 태극권 수련에 유용한 TIP ··· **373**

부록 태극권 권론

1. 「태극권론(太極拳論)」 ··· **424**

2. 「태극권석명(太極拳釋名)」 ··· **427**

3. 「태극권경(太極拳經)」 ··· **428**

4. 「타수가(打手歌)」 ··· **430**

5. 「십삼세가(十三勢歌)」 ··· **431**

6. 「십삼세행공심해(13勢行功心解)」 ··· **432**

찾아보기 ··· **435**

제1장

서론

1. 전통 양식 태극권의 특징

　권가(拳架)가 대방하고 편안하며, 자세는 간결하고 소박하지만 실제적이다. 신체는 좌우로 치우치지 않는 중정의 자세를 이룬다. 동작이 부드러움과 강함이 조화되고 가볍고 무거운 동작을 겸비하고 있다. 독특한 기세와 아름다운 품격을 지니고 있다.

　양식 태극권의 운동강도는 중간 정도이며 유산소 운동이다. 그리고 수련 과정은 리듬감이 있을 뿐 아니라 상대적으로 평온하며 신체의 각 부분이 협조 및 조화를 이룬다. 수련시간은 태극권 권가 1회 수련 시 약 25~30분이 걸리고, 태극검은 5분, 태극도는 2분 정도 소요된다. 이 같은 운동시간은 과학적 신체단련 조건과 원칙에 부합된다.

(1) 전통 양식 태극권 20자 구결(口訣) - 상체(上體)에 대한 요구

　抻出肘尖, 空出胳肢窩

　(팔꿈치 밑을 내려 당기고, 겨드랑이는 몸에 밀착하지 않고 달걀 하나 정도의 공간으로 약간 벌린다)

　肘尖·拽膀尖·連手腕·帶手指

　(팔꿈치는 밑으로 내리고, 어깨도 아래로 내리며, 손목은 이완하고, 손가락을 편안하게 펼친다)

　20자 구결은 간단하지만, 그 의미는 심오해서 수련을 거듭할수록 그 깊은 의미를 느낄 수 있다. 이것은 비록 상체의 각 부위에 대한 요구들이지만, 이로부터 신체의 다른 기타 부위들과 서로 연관되어 연속적인 반응을 일으킨다. 구체적으로 언급하면, 20자 구결 요구를 정확하게 동작하면 함흉발배(含胸拔背)가 이루어지고, 허리와 고관절의 이완과 방송도 이루어져서, 내재적으로 발과 다리에서부터 허리와 상체부위로 연결된다. 그 과정에서 내재적 힘의 느낌, 즉 경감(勁感)이 발생하고, 정체감(整體感)을 느낄 수 있게 된다.

　실제로 20자 구결은 매 동작과 자세와 직접적인 관련이 있으면서, 권가(拳架)를 연결짓고 완성하는 과정에 매우 관건이 되는 요인이다. 때문에 수련자는 부단한 수련을 하여 신(抻)·공(㧑)·예(拽)·연(連)·완(緩) 등으로부터 이끌어내는 내재적인 경감(勁感)의 체득을 통해, 동작의 정체성과 내외상합(內外相合)을 이뤄야 한다.

(2) 전통 양식 태극권의 수법(手法)

양식 태극권의 손에 대한 요구는 비교적 엄격하다. 실제로 태극권 동작은 주로 손으로 표현되기 때문에 손의 형상과 다양한 장법(掌法)·권법(拳法)·추법(捶法) 및 구수(鉤手)의 위치·방향·각도가 동작 중에 발휘하는 용법과 단련 효과에 대해 정확하게 파악해야 한다. 태극권의 동작 중 수법·보법·신법·안법·용법(手·步·身·眼·法)의 요구 중 수법을 첫째로 놓는 것에서 수법의 중요성을 알 수 있다. 수법은 크게 장법(掌法), 권법(拳法), 추법(捶法)으로 나눈다.

1) 장법(掌法)

장법은 크게 두 유형과 아홉 개의 수법이 있다.

첫째는 좌완입장형(坐腕立掌型)으로 ① 입장(立掌), ② 정장(正掌), ③ 평장(平掌), ④ 부장(俯掌), ⑤ 반장(反掌)의 다섯 개 수법이다. 둘째는 직신형(直伸型)으로 ① 수장(垂掌), ② 직장(直掌), ③ 측장(側掌), ④ 앙장(仰掌)의 네 개 수법이다.

A. 좌완입장형(坐腕立掌型)

가. 좌완입장형의 특징

좌완입장의 특징은 손의 내뻗을 때 반드시 좌완입장의 형상을 취해야 한다는 것이다. 좌완입장의 방법은 우선 팔목을 견실하게 한 후, 손바닥을 위쪽으로 바로 세우면서 천천히 다섯 손가락을 위로 하고 손바닥이 정면을 향하게 한다. 손을 위쪽으로 서서히 들어올리는 과정 중 일종의 내재적 감각이 발생하는데 이것을 경감(勁感)이라고 한다. 수련자가 정확한 자세를 취할 때 경감(勁感)이 신체 각 부위에 전달됨을 느낄 수 있다.

그러나 종종 손이 경직되거나 손목이 시리고 아픈 느낌을 받는데 그런 감각은 경감(勁感)과는 전혀 다른 것이다. 동작 중 자세가 경직되거나 부자연스럽고 통증을 느낀다면 수형을 수정해야 한다. 왜냐하면, 경감을 느낄 수 없다면 그것은 무의미하고 공허한 자세로서 경감이 신체의 각 부위와 연결되는 전달과 그로 인한 정체(整體)성을 이룰 수 없기 때문이다.

장법은 경(勁)의 내재적 의미와 정신적 표출에 영향을 미치고 그 결과 심신의 정체감과 조화를 이루게 한다. 때문에 양식 태극권을 제대로 수련하기 위해서는 입장(立掌)의 장법에서부터 정확한 경감을 체험하고 그 느낌으로써 수련해야 한다.

나. 좌완입장형의 수법:

① 입장(立掌): 손가락 끝부분이 위쪽을 향하거나 위쪽으로 편향되고, 손바닥은 전방 또는 다른 방향을 향하는 장법. 예, 누슬요보(摟膝拗步), 도련후(倒撞猴), 옥녀천사(玉女穿梭)의 오른손 수법.

② 정장(正掌): 손가락 끝부분이 위쪽을 향하고, 손바닥은 정면을 향하는 장법. 예, 람작미(攬雀尾) 중의 안(按) 및 여봉사폐(如封似閉) 중의 안(按) 수형으로 이들 장법은 모두 정면장(正面掌)으로 손바닥을 앞으로 미는 공격용 수법.

③ 평장(平掌): 손가락 끝이 어느 쪽을 향함과 관계없이 손바닥이 아래 및 좌우 방향으로 수평으로 회전하는 장법. 예, 단편(單鞭) 및 주저추(肘底捶)의 과도식 수법.

④ 부장(俯掌): 손가락 끝이 어느 쪽을 향함과 관계없이 손바닥이 아래를 향하거나 비스듬히 아래로 편향되는 수법. 예, 누슬요보(摟膝拗步), 야마분종(野馬分鬃), 백학양시(白鶴晾翅)의 아래쪽 하방(下方) 수법과 재추(栽捶), 지당추(指襠捶)의 왼손 수법.

⑤ 반장(反掌): 손가락 끝이 측면 또는 비스듬히 측면을 향하고 손바닥은 바깥을 향하는 수법. 예, 옥녀천사(玉女穿梭), 백학양시(白鶴晾翅)의 위쪽 상방장(上方掌)과 운수(雲手)의 붕(掤)에서 채(採)로 전환하는 수법.

B. 직신형(直伸型)

가. 직신형의 특징

직신형 장법은 손에 무리하게 힘을 주어 펼쳐서 손의 모양이 뻣뻣하게 변형되지 않도록 자연스럽게 손을 펼치면 된다. 직선형 장법은 좌완입장처럼 할 필요는 없으나, 내재적 힘을 느끼고 그 경감(勁感)을 몸 전체에 연결해 정체감을 이뤄야 한다. 직신형 장법은 좌완입장형 수법과 표현형식과 방법이 다르지만, 양자는 상호의존적이며 보완적이므로 그 작용과 효과는 동일하다.

나. 직신형 수법:

① 수장(垂掌): 손바닥이 안쪽이나 안쪽으로 편향되게 하고, 손가락은 밑이나 밑쪽으로 비스듬히 향하는 수법. 예, 예비세의 양팔을 밑으로 내리는 동작에서 양팔을 약간 포물선으로 할 때의 수법.

② 직장(直掌): 손가락의 방향에 상관없이 손바닥이 밑을 향하거나 밑으로 비스듬히 하는 장법. 예, 기세 동작 중 양팔을 들어올리는 수법, 람작미에서 단편으로 전환하기 위한 과도적 수법.

③ 측장(側掌): 손가락의 방향에 상관없이 손바닥이 안쪽이나 안쪽으로 비스듬히 향하는 수법. 예, 람작미의 우붕(右掤), 운수(雲手)의 붕(掤).

④ 앙장(仰掌): 손바닥이 위를 향하거나 위쪽으로 비스듬히 향하고, 손가락은 앞쪽으로 향하는 장법. 예, 도련후 및 고탐마(高探馬) 중의 밑에 있는 수법, 사비세(斜飛勢) 및 천장(穿掌) 중의 위에 있는 손의 수법.

수형에 대해서 '태극권술십요(太極拳術十要)' 중에서 '손바닥은 자연스럽게 펼치고, 손가락은 약간 구부려야 하고, 손가락 사이는 너무 밀착시켜도 벌려서도 안 되게 약간 벌려야 한다.'고 언급하고 있다. 이 점에 유의하면 수형은 내재적인 강함과 부드러운 외양을 지니게 되어서 자연스럽고, 아름다운 장법을 표현할 수 있다. 다양한 수법을 정확하게 표현할 수 있는 관건은 바로 '방송(放鬆)'에 있다. 방송의 의미를 정확히 이해하고 수련에 정진하면 상당한 효과를 얻을 것이다. 그러므로 정확한 수련법만이 다양한 장법을 운용할 수 있게 하고, 그 결과 내재적 경감(勁感)과 정체성(整體性)의 효과를 얻을 수 있게 된다.

(3) 권법(拳法) 또는 추법(捶法)

권(拳) 또는 추(捶)의 주먹을 파지하는 방법은 네 손가락을 모두 안쪽으로 가볍게 파지하고 엄지손가락을 식지의 바깥 측에 가볍게 위치한 수법으로 일반적으로 말하는 주먹의 모양이다. 권 또는 추의 형상에 대한 구체적인 요구로서 오른손 정권(正拳)을 예로 든다면, 권면(拳面)은 정면을 향하고, 권안(拳眼)은 위쪽, 권심(拳心)은 안쪽, 권배(拳背)는 바깥쪽을 향해야 한다. 권면은 엄지손가락을 제외한 네 손가락이 평면이 되어야 한다. 전통 양식 태극권 권가(拳架)의 각 초식 권법(拳法)의 용법은 아래와 같다.

1) 반란추(搬攔捶)

오른손으로 주먹을 쥐는 것은 반(搬)이고, 왼손으로 좌장(坐掌)을 하는 것은 란(攔)이다. 반(搬)은 부완반(俯腕搬)과 번완반(翻腕搬)으로 나뉘는데, 부완반은 권이 위쪽을 향하고 권심은 밑을 향해서, 마치 입장(立掌)과 같다. 그리고 번완반은 권심이 안쪽을 향하고, 권배는 바깥쪽을 향하며 권을 안쪽으로 꺾는다. 이 두 종류의 권법은 장법 중의 좌완입장과 유사하며, 그 당기고 뻗는 동작이 적절하고 정확하게 이루어져야 경감(勁感)이 발생하고, 반(搬)의 동작이 완성된다. 반란추의 마지막 동작인 추는 상대방을 공격하기 위해 권을 정면으로 내뻗는 것으로, 동작 시에 내재적인 경감(勁感)을 느껴야만 한다. 부완반과 번완반은 좌우 양 측면으로 가로방향으로 진행하는 동작이다. 그리고 왼손의 난(攔)은 왼 손바닥을 입장(立掌)의 수형으로 하여 상대의 공격을 가로막는 방어의 의미가 있다.

2) 주저추(肘底捶)

주저추는 왼손으로 상대의 팔을 들어올리면서, 오른 주먹으로 상대의 옆구리를 가격하는 권법이다. 우권의 방법은 오른팔을 안쪽으로 수평으로 구부리고, 주먹은 안쪽으로 당기며, 권심도 안쪽으로, 권배는 바깥쪽으로 하고, 권안은 위를 향한다. 주저추는 장법 중의 평좌장(平坐掌)과 유사하며, 실제로 권을 안으로 꺾는 구(扣)는 수형의 좌(坐)와 같아, 권을 안으로 꺾지 않으면 내재적 힘을 발휘할 수 없다.

3) 전신별신추(轉身撤身捶)

별신추는 권배로 상대 얼굴을 향해 공격하는 것이다. 그 방법은 반란추의 양반(兩撤)과 유사하다. 먼저 부완추를 한 후, 번완추로 전환해서 정면으로 가격하는데, 권심은 안쪽을 향하고, 손목을 구부려서 권면을 바깥으로 향해 가격한다.

4) 재추(栽捶)

재추는 직신형에 속하며, 그 동작은 반란추의 추의 방법과 같다. 단지 반란추의 마지막 동작인 추는 정권(正拳)을 수평으로 가격함에 비해서, 재추는 상대의 무릎 부분을 향해서 45° 방향으로 가격한다.

5) 타호세(打虎勢)의 추(捶)

타호세의 추는 상하로 나뉘는데 상추(上捶)는 바깥으로 당기고, 하추(下捶)는 안쪽으로 당긴다. 위쪽의 권은 상대 머리를, 아래쪽 권은 상대의 복부나 옆구리를 가격하려는 의도를 지녀야 한다. 상하 양권의 권안(拳眼)은 상하 대칭이지만, 상권의 권심(拳心)은 바깥쪽, 하권의 권심은 안쪽을 향한다. 상하 양권은 모두 팔목 부위를 몸 안쪽으로 당겨야만 경감을 느낄 수 있다.

6) 쌍봉관이(雙峰貫耳)의 추(捶)

쌍봉관이의 추는 두 주먹의 둘째와 셋째 손가락 제3 관절로서 상대방 얼굴의 귀밑머리, 즉 태양혈(太陽穴) 부위를 가격하는 것이다. 두 주먹은 모두 밑에서 위쪽으로 이동한 후 다시 안쪽으로 당겨서, 권안은 측면으로 서로 마주 보며, 양 주먹의 식지(食

指) 제3 관절이 서로 마주 보고, 양권심은 모두 전방을 향해야 한다.

7) 지당추(指襠捶)

지당추는 상대방의 하반신 부위를 가격하는 것이고 그 방법은 반란추의 추 및 재추의 추와 동일한데, 단지 지당추는 상대방의 사타구니 부분을 지향할 뿐이다. 실제 3권법은 가격하는 부분이 서로 다를 뿐 그 방법은 같다. 즉 반란추의 추는 수평으로 향한 평추(平捶)이고, 재추는 45° 아래 방향을 향하고, 지당추는 양자의 중간 부분을 지향하기 때문에 추의 고, 중, 저 높이를 차별화하면 된다.

8) 만궁사호(彎弓射虎)

만궁사호의 추는 양권으로 동시에 가격하는 것으로, 한 권은 상대의 머리 부분을, 다른 한 권은 가슴 부위를 가격한다. 양권 모두 한쪽 측면에서 다른 측면으로 가격하는 직신형 권법이다. 동작 시 팔목을 구부려서는 안 되고 양권의 권안이 서로 비스듬히 대칭되지만, 권심은 모두 바깥쪽을 향하고, 권면은 비스듬히 전방을 향해야 한다.

전통 양식 태극권 권가(拳架)의 다양한 권법 및 추법들은 그 용법이 각기 상이하므로, 그 표현 형식도 서로 다르다. 그러나 어떠한 권법을 막론하고 장법과 마찬가지로 모두 내재적인 경감(勁感)을 지녀야 한다. 그리고 눈은 반드시 손을 주시해야 하는데, 이는 신법(身法)·용법(用法)·보법(步法) 중 수법(手法)이 가장 중요하고, 신체의 각 부분과 연결해 정체성을 형성하는 결정적인 부분이기 때문이다. 수법은 무술적 공격과 방어 동작 기법이면서, 또한 정(精)·기(氣)·신(神) 3자의 구체적 표현이기도 하다.

2. 전통 양식 태극권 수련의 10대 요령: 양징보(楊澄甫) 구술, 진미명(陳微明) 정리

(1) 허령정경(虛靈頂勁)

일명 정두현(頂頭懸)이라고도 한다. 정경(頂勁)은 머리와 얼굴을 바로 하고 의식이 몸의 발끝에서 머리까지 관통하는 것이다. 목에 힘을 주면 경직되어 기혈이 유통되지 못하므로 힘을 줘서는 안 되며, 마음도 편안하고 자연스러운 상태인 허령(虛靈)의 자세를 취하여야 한다. 만약 허령정경의 정확한 자세를 취하지 못하면 몸의 중심이 흐트러질 뿐 아니라 정신도 집중될 수 없고, 태극권의 정신적 기품을 표출할 수 없다.

(2) 함흉발배(含胸拔背)

함흉은 가슴 부위의 힘을 빼고 안쪽을 약간 들여 넣는 듯한 동작으로, 함흉이 되면 저절로 발배가 되며 자연스럽게 등이 펴지고 기가 단전으로 모인다. 가슴을 지나치게 내밀면 기가 가슴 쪽에 모이고 상체는 무겁고 하체는 가벼워져 보법 동작이 불안케 된다. 발배를 이루게 되면 내재적 힘, 즉 내경(內勁)이 등 뒤로부터 발생하여 발경(發勁) 시에 강력한 힘을 발휘케 된다.

(3) 송요(鬆腰)

허리는 신체의 상하를 연결하는 교량적 기능을 지니고 있으므로, 허리의 긴장을 풀고 부드럽게 한 후 양발을 견고하게 하면 하체가 매우 견실하게 된다. 실제 태극권 동작 중 허실의 변화는 모두 허리의 회전 운동으로 이루어진다. 허리는 상체와 하체를 연결해주는 버팀목으로서 허리가 약하면 태극권의 핵심인 붕경을 제대로 발휘할 수가 없다. 태극권의 선인들은 '모든 힘의 근원은 허리에 있다.'라고 언급하면서, 태극권의 핵심인 강력한 발경(發勁)을 하려면 반드시 다리와 허리로부터 구해야 함을 강조했다.

(4) 분허실(分虛實)

허실분명(虛實分明)이라고도 한다. 태극권에서 허(虛)와 실(實)의 변화는 공격과 방어의 원동력이 된다. 그리고 허실이 분명히 구분되어야 동작과 방향 전환이 가볍고 원활해지며 힘의 낭비가 없다. 만약 신체의 중심이 우측 발에 있으면 우측 발에 체중의 중심을 두고 좌측 발은 힘을 싣지 않으며, 반대로 신체의 중심이 좌측 발에 있으면 좌측 발에 체중을 싣고 우측 발에는 힘을 싣지 않는다. 그처럼 몸 중심 이동의 허와 실을 분명히 전달할 수 있으면 동작 전환이 자연스러우며 가볍고 민첩하게 할 수 있다. 하지만 중심 이동 시 허실이 분명치 못하면 행보가 불안하고, 무겁게 되며 자세도 불안정하게 되어 쉽게 상대방의 작은 가격에도 몸의 균형을 잃게 된다.

(5) 침견추주(沉肩墜肘)

침견은 어깨를 이완시켜 약간 밑으로 내리는 것이다. 만약 어깨를 이완하여 내리지 않는다면, 기가 상체로 올라가게 되어 전신에 힘이 골고루 전달되지 못한다. 추주는 팔꿈치를 이완시켜 밑으로 내리는 것이다. 팔꿈치가 들리면 어깨도 들리게 되어 기의 흐름이 단절되고 발경을 제대로 할 수 없으며, 가격 시 졸력(拙力)을 사용케 되어 내재적 경이 단절되므로 상대방을 완전히 제압할 수 없게 된다.

(6) 용의불용력(用意不用力)

용의(用意)는 신체의 모든 활동을 의식(意識)으로 조정한다는 뜻이며, 의식은 정신작용을 가리키는 말이다. 불용력(不用力)은 원래 불용졸력(不用拙力), 즉 졸력(拙力)을 사용하지 말라는 뜻이다. 태극권의 모든 동작은 의념(意念)을 사용하고 힘을 사용하지 않는다. 태극권 수련 시 전신을 이완 및 방송(放鬆)하고 어떠한 졸력도 사용하지 않고, 팔과 다리의 내재적 운동과 기혈(氣血)의 흐름에 의식을 집중한다면 동작과 몸의 전환을 가볍고도 원활하게 할 수 있다. 일반적으로 몸에는 무수히 많은 경락(經絡)들이 있어서, 마치 땅의 지맥을 막지 않으면 물이 순조롭게 흐르는 것처럼, 경락을 막지 않으면 기가 원활하게 유통된다. 만약 전신에 힘을 주어 근육이 경직되면 경락도 팽

창되고 기혈이 정체되어 몸의 전환이 부자연스럽고 불안정하게 되어 상대방의 가벼운 가격에도 몸의 중심을 잃게 된다.

반면에 힘을 사용치 않고 의념을 사용하면 의념이 집중되는 곳에 기가 있게 된다. 의념에 집중하여 부단히 수련에 정진하는 과정 중에 전신에 흐르는 기를 감지하게 되고 내재적 힘, 즉 내경(內勁)을 얻을 수 있다. 그러므로 태극권은 '부드러운 중에 강함을 동시에 지니고 있다.'라고 말할 수 있다. 실제로 태극권을 오래 정진한 고수들의 근육은 마치 솜방망이 속에 쇳덩이가 들어 있는 것 같으며, 몸의 중심 이동도 매우 민첩하고 안정적이다. 반면 외가권(外家拳) 수련자는 힘을 사용할 때는 강력하지만, 힘을 사용치 않을 때는 무력하고 몸의 중심이 매우 가볍고 불안하다.

(7) 상하상수(上下相隨)

「태극권론」에서는 '힘이 근원은 발에 있고 다리를 지나서 허리에 운동으로 상체에 전달되어 손에서 표현되며, 그래서 발·다리·허리 및 손의 동작들은 하나의 동작처럼 조화되어 한 동작으로 이루어져야 한다'고 언급하고 있다. 실제로 손이 움직일 때 허리·발 및 시선도 함께 움직여야 비로소 상하상수가 이루어졌다고 볼 수 있다. 즉 한 번 움직일 때 모든 것이 함께 움직이고(一動全動), 한번 정지할 때 모든 것이 함께 정지하는(一靜全靜) 것을 말한다.

(8) 내외상합(內外相合)

태극권은 의념을 수련하는 것이므로, 「태극권론」에서는 '마음이 주가 되고, 몸은 따라서 움직이는 부차적인 것이다.'라고 했다. 즉 정신이 고도로 집중되고 안정적이면 자연히 동작도 가볍고 원활해지며, 허실과 개합의 자세도 원만하게 된다. 소위 개(開)란 단지 손과 발만을 벌림을 의미하지 않고, 마음, 즉 심의(心意)도 함께 열림을 의미하며, 소위 합(合)이란 손발만이 아닌 마음도 동시에 닫힘을 의미한다. 그처럼 태극권 수련 시 내외, 즉 마음과 동작을 일체화하고 조화시키는 내외상합을 이루어서 부지불식간 내재적 기를 발휘할 수 있어야 한다.

(9) 상련부단(相連不斷)

외가권이 사용하는 힘은 외재적 힘, 즉 졸력을 사용하므로 힘의 기복이 있고, 지속과 단절이 있으며 결국에는 쇠진하게 된다. 그 과정에서 사용했던 힘이 소진되고 새로운 힘을 사용하기 전 단계까지는 힘의 공백이 생겨서 상대의 공격에 무방비 상태가 되어 작은 공격에도 쉽게 몸의 균형을 잃고 제압당한다. 그러나 태극권은 시작에서 끝날 때까지 한 초식 한 초식들이 단절 없이 면면히 이어지면서 동작한다. 「태극권론」에는 '태극권은 마치 장강(長江)의 커다란 물결처럼 끊임이 없이 도도히 흐른다.' 또는 '태극권의 내재적 힘의 운용, 즉 운경(運勁)은 마치 누에가 명주실을 뽑는 것 같다.' 등의 표현들이 있다. 그처럼 태극권의 수련은 심의(心意)와 각 동작과 자세들이 조화, 결합하여 하나의 내재적 힘, 즉 내경(內勁)의 운경(運勁)을 지속하여야 한다.

(10) 동중구정(動中求靜)

외가 권술은 차고 도약하는 동작을 해야 하므로 수련 후에 기력이 쇠진되고 호흡이 매우 거칠어진다. 그러나 정(靜)으로서 동(動)을 제압하는 태극권은 동작이 진행 중이지만 정지한 것 같고, 정지한 것 같지만 움직임을 표현한다. 때문에 수련 시 천천히 하면 할수록 더욱 좋다. 동작을 천천히 하면 깊은 호흡이 가능해지고, 기가 단전에 모이게 되며 자연히 혈의 유통이 급작스럽게 확장됨이 없이 원활히 유통되기 때문이다. 그리고 의식을 내면으로 수렴하여 집중함으로써 온갖 잡념을 제거하고 정진함에 따라 내재적 기의 느낌과 의미를 체득하게 되고 단전에 기가 축적되어 강력한 내경(內勁)을 발휘할 수 있게 된다.

3. 태극권 수련담 - 양징보(楊澄甫) 유저(遺著)

중국의 권술은 그 유파들이 매우 다양할 뿐 아니라 심오한 철학적 이치를 지니고 있어서, 고대 선인들은 각파의 기술을 체득하기 위해 필생의 시간과 정력을 다해서 노력했지만, 그 깊고도 현묘한 경지에 도달한 사람은 극소수에 불과했다.

태극권은 부드러움 속에 강함이 있고, 솜방망이 속에 쇠가 숨겨져 있는 것 같은 무술이고, 기술(技術)상·생리(生理)상·역학(力學)상 매우 심오한 철리(哲理)가 내포되어 있다. 그러므로 태극권을 수련하는 것은 상당한 시간과 일정한 단계를 거쳐야만 한다. 그 과정에서 훌륭한 사부의 가르침과 실력 있는 상대방과의 상호 수련은 필수적인 조건이지만, 가장 중요한 요인은 스스로 매일매일 부단한 수련과 신체의 단련이다. 만약 수련 없이 담론만을 한다면 여전히 문외한으로서 세월이 흘러도 진정한 공력을 쌓지 못할 것이다. 선인들은 '생각만을 함은 스스로 읽히고 수련함보다 못하다. 아침과 저녁을 가리지 않고, 더운 여름과 추운 겨울 날씨에도 부단히 수련에 정진한다면 남녀노소를 막론하고 모두 성공을 거둘 것이다.'라고 말했다.

근래에 들어 태극권을 수련하는 사람들이 북쪽 지방뿐 아니라 남쪽 지방까지, 황허 유역에서 양쯔 강 유역까지 확산되어, 많은 사람들이 열심히 수련함은 무술의 미래에도 매우 고무적인 현상이다. 실제 수련자 중에는 전심을 다 해 힘든 수련을 실천하고 성실하게 배워 장래가 촉망되는 수련자들이 적지 않다.

일반적으로 수련자들은 두 종류의 유형이 있다. 첫째 유형의 수련자들은 천부적 자질은 지니고 젊고 강한 신체적 조건을 가져서, 하나를 가르치면 셋을 터득하는 탁월한 깨달음의 능력을 지녔지만, 안타깝게도 작은 성공에 만족하고 더 이상 정진하지 않아 커다란 성공을 얻지 못하는 사람들이다. 둘째 유형의 수련자들은 태극권의 체득함에 매우 조급해서 단시간 내에 권(拳)·검(劍)·도(刀)·창(槍) 등을 모두 배워, 비록 동작은 유사하게 해내지만, 동작의 정확성이 떨어지고 내재적 경감(勁感)도 없다. 그 결과 동작의 방향과 기법만을 표현할 뿐 그들 상호 간의 조화 및 정체성(整體性)이 부족하다.

태극권의 동작을 교정하려면 한 초식 한 초식 수정해야 한다. 때문에 선인들은 권을 배우기는 쉽지만, 교정함은 어렵다고 지적했다. 그런 현상은 모두 서둘러서 익히고자 하는 조급한 수련 태도에서 기인하는 것이다. 그 결과 수련자들은 부정확한 동작과 자세가 고정될 뿐 아니라, 잘못 알고 있는 동작들을 타인에게 전수하게 되는데 이런 현상은 태극권 기술의 향상에 심각한 장애가 되고 있다.

태극권 수련은 먼저 투로(套路), 즉 권가(拳架)를 배우는 것으로 시작한다. 소위 권가는 권보(拳譜)상에 있는 각 초식을 순서에 따라 사부로부터 한 초식 한 초식 지도받으면서 꾸준히 수련해야 한다. 수련 시 처음에는 전체 투로 동작을 아침저녁으로 꾸준히 반복연습을 통해 숙달한 후, 다시 한 초식 한 초식을 집중적으로 수련하면서 정확한 동작을 해야 한다. 그 후 다시 다음 초식을 그 같은 방법으로 수련을 정진하면서 전체 동작을 완성해야 한다. 만약 스스로 정확한 동작을 습득하지 못하고 수련만 지속한다면 이후 정확한 동작으로 교정함이 더욱 어려워질 뿐이다.

수련 시 온몸의 관절은 자연스럽게 이완된 상태를 유지해야 한다. 그 방법은 먼저, 입과 복부가 호흡이 중단되거나 막혀서는 안 되고, 둘째, 사지(四肢)와 허리가 경직되지 않아야 한다. 이는 내가권(內家拳) 수련 시에 매우 중요한 부분이다. 만약 손과 발의 동작이나 신체 회전 및 발동작을 하면서 호흡이 거칠어지면 그 결과 온몸의 균형도 흔들리게 된다. 그런 현상은 동작 중 호흡을 멈추고 강한 완력을 사용했기 때문이다.

태극권 수련의 구체적인 요령은 아래와 같다.

① 수련 시 머리는 좌우로 기울거나 위로 쳐들어서는 안 된다. 소위 정두현(頂斗懸)은 마치 어떤 물건이 머리 위에 놓여 있다는 의미이고, 머리를 경직되지 않게 자연스럽게 하여 마치 머리가 보이지 않은 끈에 의해 위로 들리는 것 같은 현(懸)의 자세를 취해야 한다. 눈은 전방을 수평으로 응시하고, 동작이나 신체 회전 시 동작 방향을 따르면서 수법의 부족한 부분을 보완해 주는 역할을 해야

한다. 입은 열리지도 닫히지도 않은 상태로 입으로 호흡을 내뱉고, 코로 호흡을 들여 마시는 자연 호흡을 하면 된다. 그 과정에서 입속에서 침이 나오면 내뱉지 말고 삼켜야 한다.

② 신체는 좌우로 편향됨이 없이 중정(中正)의 자세를 유지해야 하고, 등과 척추도 곧은 상태를 유지해야 한다. 수련자는 동작 중 개합(開合)의 변화 시에 함흉발배(含胸拔背) 및 침견낙주(沉肩落肘)의 자세를 취해야 한다. 그렇지 못하면 동작이 굳어지게 되고 비록 장기간 수련을 했음에도 불구하고 공력(功力)을 얻을 수 없다.

③ 양팔의 관절은 모두 편하게 이완되어야 하고 어깨는 약간 낮추고, 팔목도 약간 구부려야 하며, 손은 자연스럽게 펼치고 손가락은 약간 구부린 상태를 유지하면서 마음으로 팔과 손가락의 동작을 선도해서 수련을 정진하면 내재적 경감(勁感)을 느낄 수 있다.

④ 양다리의 운동 시 허실(虛實)이 분명해야 하는데, 마치 고양이가 걷는 것처럼 가볍게 이동해야 한다. 구체적으로 언급하면, 체중이 좌측으로 이동 시는 좌측 발에 몸의 중심을 두고, 우측 발에 힘이 들어가선 안 되며, 마찬가지로 체중이 우측으로 이동 시 우측 발에 몸의 중심을 두어야 하고, 좌측 발에 힘을 주어서는 안 된다. 여기서 허(虛)는 완전히 힘이 없는 상태로 힘의 전달이 단절됨을 의미함이 아니고 부드러운 동작 중에서 힘의 전이와 변화과정에 유의하는 상태를 말한다. 그리고 실(實)은 힘을 지나치게 사용하는 힘의 운용이 아니라 동작의 전이(轉移) 과정 중 몸의 중심을 확실하게 이동하는 신체 중심의 전환을 말한다. 때문에 동작 중 다리에 과도한 힘을 주어 경직되어 뻣뻣한 상태가 되어서는 안 되며, 상체가 너무 앞으로 향해서 중심을 잃고 상대방에게 공격의 기회를 주어서도 안 된다.

⑤ 발동작은 좌우 분각의 척퇴(踢腿)와 등퇴(蹬腿) 등으로 나뉜다. 척퇴 시에는 발끝의 동작에 주의해야 하고, 등퇴 시는 발바닥의 동작에 주의해야 하며, 동작 시에 우선 마음으로 기를 선도하고 기로써 경감(勁感)을 이끌어내야 한다. 그리고 동작 시 모든 관절에 무리한 힘을 가하지 않는 이완된 상태를 유지해야 하며,

그 과정에서 무리한 힘을 주어서 신체의 전체 균형이 무너지거나 발동작도 무기력해지지 않도록 주의해야 한다.

결론적으로 태극권의 수련 순서는 먼저, 도수(徒手)로 하는 투로, 즉 권가를 읽혀야 한다. 예를 들어 태극권·태극장권(太極長拳)·단수추수(單手推手)·원지추수(原地推手)·활보추수(活步推手)·대리(大攦) 및 산수(散手) 등을 수련해야 한다. 그 후에 기계(器械)류, 즉 태극검(太極劍)·태극도(太極刀)·태극창(太極槍)을 수련함이 바람직하다.

수련 시간은 매일 기상 후 2번을 수련해야 하고, 만약 아침수련을 할 수 없을 경우는 취침 전에 수련해야 한다. 그러나 음주 후나 포식 후에는 수련해서는 안 된다. 수련 장소는 정원이나 앞마당 등 공기유통이 잘되고, 햇빛이 잘 드는 곳이면 다 좋은 수련장소이다. 그러나 직사광선이나 뜨거운 바람, 습기가 있는 장소 등은 피해야 한다. 왜냐하면 수련 시 호흡은 깊게 들여 마시고 내쉬기 때문에 열풍이나 습기는 폐에 나쁜 영향을 미치게 되어 질병을 유발할 수 있기 때문이다. 수련 복장은 편안하고 유통이 잘되는 평상복이면 되고 신발도 편안하면 된다. 그리고 수련 시 땀이 나더라도 옷을 벗거나 냉수마찰을 하면 건강을 해칠 수 있으므로 금해야 한다.

제 2 장

전통 양식
태극권

전통 양식
태극권 103식
동영상 보러가기

전통 양식
태극권 49식
동영상 보러가기

1. 전통 양식 태극권 103식
초식 명칭 및 순서

제1식 예비세(豫備勢)

제2식 기세(起勢)

제3식 람작미(攬雀尾)

제4식 단편(單鞭)

제5식 제수상세(提手上勢)

제6식 백학양시(白鶴晾翅)

제7식 좌누슬요보(左摟膝拗步)

제8식 수휘비파(手揮琵琶)

제9식 좌누슬요보(左摟膝拗步)

제10식 우누슬요보(右摟膝拗步)

제11식 좌누슬요보(左摟膝拗步)

제12식 수휘비파(手揮琵琶)

제13식 좌누슬요보(左摟膝拗步)

제14식 진보반란추(進步搬攔捶)

제15식 여봉사폐(如封似閉)

제16식 십자수(十字手)

제17식 포호귀산(抱虎歸山)

제18식 주저간추(肘底看捶)

제19식 우도련후(右倒攆猴)

제20식 좌도련후(左倒攆猴)

제21식 우도련후(右倒攆猴)

제22식 사비세(斜飛勢)

제23식 제수상세(提手上勢)

제24식 백학양시(白鶴晾翅)

제25식 좌누슬요보(左摟膝拗步)

제26식 해저침(海底針)

제27식 선통비(扇通臂)

제28식 전신별신추(轉身撇身捶)

제29식 진보반란추(進步搬攔捶)

제30식 상보람작미(上步攬雀尾)

제31식 단편(單鞭)

제32식 운수(雲手-1)

제33식 운수(雲手-2)

제34식 운수(雲手-3)

제35식 단편(單鞭)

제36식 고탐마(高探馬)

제37식 우분각(右分脚)

제38식 좌분각(左分脚)

제39식 전신좌등각(轉身左蹬脚)

제40식 좌누슬요보(左摟膝拗步)

제41식 우누슬요보(右摟膝拗步)

제42식 진보재추(進步栽捶)

제43식 전신별신추(轉身撇身捶)

제44식 진보반란추(進步搬攔捶)

제45식 우등각(右蹬脚)

제46식 좌타호세(左打虎勢)

제47식 우타호세(右打虎勢)

제48식 회신우등각(回身右蹬脚)

제49식 쌍봉관이(雙峰貫耳)

제50식 좌등각(左蹬脚)

제51식 전신우등각(轉身右蹬脚)

제52식 진보반란추(進步搬攔捶)

제53식 여봉사폐(如封似閉)

제54식 십자수(十字手)

제55식 포호귀산(抱虎歸山)

제56식 사단편(斜單鞭)

제57식 우야마분종(右野馬分鬃)

제58식 좌야마분종(左野馬分鬃)

제59식 우야마분종(右野馬分鬃)

제60식 람작미(攬雀尾)

제61식 단편(單鞭)

제62식 옥녀천사(玉女穿梭)

제63식 람작미(攬雀尾)

제64식 단편(單鞭)

제65식 운수(雲手-1)

제66식 운수(雲手-2)

제67식 운수(雲手-3)

제68식 단편(單鞭)

제69식 하세(下勢)

제70식 우금계독립(右金鷄獨立)

제71식 좌금계독립(左金鷄獨立)

제72식 우도련후(右倒攆猴)

제73식 좌도련후(左倒攆猴)

제74식 우도련후(右倒攆猴)

제75식 사비세(斜飛勢)

제76식 제수상세(提手上勢)

제77식 백학양시(白鶴晾翅)

제78식 좌누슬요보(左摟膝拗步)

제79식 해저침(海底針)

제80식 선통비(扇通臂)

제81식 전신백사토신(轉身白蛇吐信)

제82식 진보반란추(進步搬攔捶)

제83식 상보람작미(上步攬雀尾)

제84식 단편(單鞭)

제85식 운수(雲手-1)

제86식 운수(雲手-2)

제87식 운수(雲手-3)

제88식 단편(單鞭)

제89식 고탐마천장(高探馬穿掌)

제90식 십자퇴(十字腿)

제91식 진보지당추(進步指襠捶)

제92식 상보람작미(上步攬雀尾)

제93식 단편(單鞭)

제94식 하세(下勢)

제95식 상보칠성(上步七星)

제96식 퇴보과호(退步跨虎)

제97식 전신파련(轉身擺蓮)

제98식 만궁사호(彎弓射虎)

제99식 진보반란추(進步搬攔捶)

제100식 여봉사폐(如封似閉)

제101식 십자수(十字手)

제102식 수세(收勢)

제103식 환원(還原)

2. 전통 양식 태극권 103식 도해(圖解)

제1식 예비세(預備勢)

얼굴은 정남 방향을 향하고, 양발을 어깨 너비와 같은 너비로 좌우로 벌려 선다. 전신(全身)을 바르게 하고, 양팔은 자연스럽게 밑으로 내리고, 손바닥은 안쪽을, 손가락은 아래로 향한다. 눈은 전방을 수평으로 바라보며, 얼굴은 편안하고 기품 있는 표정을 짓는다. **[동작 1]**

동작 1

◐요령◑

1. 예비세에서 요구하는 전신의 이완, 즉 방송(放鬆)은 마음과 몸을 함께 이완시켜야 한다. 심신이 이완되어야만 마음의 잡념을 제거할 수 있고, 정신이 집중되어 신체 각 부분에 그 같은 이완의 느낌이 전달된다. 수련 시 온몸이 경직되거나 무력감이 느껴지는 상황이 나타나는데 이는 수련 초기에 발생하는 정상적인 현상이다. 실제 위의 요령을 따라서 꾸준하게 수련하면 스스로 그 같은 현상을 극복하고 정확히 이완된 예비세 동작을 취할 수 있게 될 것이다. 수련자는 반드시 양징보(楊澄甫)의 '태극권술(太極拳術) 10요(要)'에 따른 정확한 예비세 자세를 취함으로써 태극권 수련의 양호한 기초를 다져야 한다.

2. 이 동작은 비록 간단하지만, 반드시 허령정경(虛領頂勁)·기침단전(氣沉丹田)·함흉발배(含胸拔背)·송요송과(鬆腰鬆胯)·침견추주(沉肩墜肘)·좌완서지(坐腕舒指) 등의 제 요령에 부합해야 한다. 전체 투로 동작의 좋은 시작 자세를 만들기 위해서 예비세 동작 중에 이런 요령과 요구를 제대로 실천했는지를 정밀히 확인해야 한다. 태극권의 예비세 동작은 움직이지 않지만, 상대방의 작은 움직임을 예의 주시하고 상대방의 움직임을 기다리며, 방어적이지만 언제라도 상대를 공격할 수 있

는 자세로서 마치 활을 힘껏 당겨서 화살을 쏠 준비를 하는 것 같은 동작이다.

3. 기본 요령은 처음과 끝 초식까지 일관되게 적용되며, 매 동작을 취할 때마다 자세의 정확성을 확인해야 한다. 실제로 정확한 자세와 동작으로 태극권 수련을 지속하면 무술적 공력(功力)이 증대되고, 신체 단련 및 질병 치료 등 1석2조의 효과를 얻을 수 있다.

제2식 기세(起勢)

동작 1 : 양팔을 바깥으로 회전하면서 손등이 위를 향하고, 손바닥은 밑으로 해서 어깨 너비를 유지하여 허리 부분에서 밑에서 위쪽으로 어깨 높이와 거의 비슷한 높이로 천천히 위로 들어올린다. **[동작 2, 3]**

동작 2 : 양 팔꿈치를 약간 내리고 양 손목도 이완해서 위에서 밑으로 허리 위치까지 내려 양 손바닥이 밑을 손가락은 전방을 향한다. **[동작 4]**

◉요령◉

1. 태극권 수련 시에 반드시 방송(放鬆)에 유념해야 한다. 이것은 정신적 긴장 상태를 배제하는 것뿐 아니라 의식적으로 전신의 관절·근육 및 신체의 각 부분을 최대한 이완시키는 것이다. 동작이 경직되지 않고 신체의 각 부분이 유기적으

동작 2

동작 3

동작 4

로 하나의 정체(整體)로 연결되어야 하며 그 결과 몸의 중심이 가라앉는 듯한 내재적 자아 감각을 느껴야 한다.

2. 양팔을 들어올리고 내릴 때 힘이 주어 경직된 자세로 뻣뻣하게 해서는 안 되며, 또한 무기력하게 들어올리고 내려서도 안 된다.

3. 양팔을 밑으로 내릴 때 팔은 곧아 보이면서 약간 굽혀 있고, 굽혀 있는 것 같으면서도 곧은 자연스러운 자세이다. 즉 팔을 완전히 뻗은 것도 안 뻗은 것도 아닌 형상이다.

제3식 람작미(攬雀尾)

좌붕(左掤)

동작 1 : 앞 식에서 팔을 천천히 고관절 앞까지 내리고, 몸의 중심을 약간 좌측으로 이동하면서 오른발을 허리 회전을 이용해서 몸을 우측으로 45° 전환한다. 동시에 오른 발바닥을 지면에서 약간 띄어서 우측 바깥으로 45° 벌리고, 양팔을 안쪽으로 굽혀 양 손바닥이 비스듬히 밑을 향하게 한다. **[동작 5]**

동작 2 : 오른 다리는 오른발 끝부분 방향으로 약간 굽히고 몸의 중심을 오른 다리로 이동시킨다. 이때 왼 다리는 원래 지점에서 자연스럽게 굽혀지는 허보(虛步) 자세

로 전환한다. 동시에 오른팔은 밑에서 위로 다시 몸쪽으로 회전하면서 오른 손바닥을 밑으로 향하게 하여 가슴과 배의 중간 부분에 위치한다. 왼팔은 천천히 밑에서 안쪽으로 약간 굴절하면서 손바닥을 위를 향해 뒤집으면서 복부 전방에 놓고, 오른팔이 위에 왼팔은 밑에 놓아서 양 손바닥이 서로 마주 보는 자세를 만든다. **[동작 6]**

동작 3 : 오른발에 몸의 중심을 이동한 후, 왼발을 좌측 전방으로 내딛는데, 이때 발뒤꿈치로 착지하고 발바닥은 땅에서 떨어진 상태를 유지한다. **[동작 7]**

동작 4 : 왼발을 착지한 후 몸의 중심을 왼 다리로 이동하면서 오른 다리를 내딛어 좌궁보(左弓步) 보법을 취한다. 동시에 왼팔을 밑에서 위로 들어올리는 좌붕(左掤) 수법을 취해서 왼팔이 어깨 높이와 수평이 되게 하고, 손바닥은 안쪽을 향하며 손가락이 팔목보다 약간 높게 한다. 오른팔은 위에서 밑으로 비스듬히 이동해서 우측 고관절 앞에 손바닥이 밑을 향하게 놓는다. 얼굴은 정서 방향을 향하고, 눈은 전방을 수평으로 바라본다. **[동작 8]**

우붕(右掤)

동작 5 : 몸의 중심을 약간 뒤로 한 후 허리 회전에 따라 중심을 오른발로 옮기고 왼발은 안으로 45° 꺾어 당긴다. **[동작 9, 10]**

동작 6 : 허리 회전을 이용해서 우측에서 좌측으로 몸을 45°로 전환한 후 천천히

동작 8

동작 9

동작 10

몸의 중심을 왼발로 옮기고 오른발은 발뒤꿈치가 땅에 닿는 허보 보법을 취한다. 동시에 오른팔은 우측에서 좌측으로 이동한 후 다시 전방을 지나 몸쪽으로 이동하여 왼팔 밑 복부 앞에서 손바닥이 비스듬히 위를 향한 자세로 놓는다. 왼팔은 팔꿈치를 굽혀 몸쪽으로 붙이면서 좌측 45° 지점에서 손바닥이 밑을 향하게 하여 왼손이 위쪽, 오른손이 밑에서 양 손바닥이 서로 마주보게 한다. 왼발에 중심을 실은 후 오른발을 정면으로 내딛는데, 이때 오른발 뒤꿈치가 먼저 착지한 보법을 취한다. [동작 11~13]

동작 7 : 오른발을 전방을 향해 내딛으면서 천천히 우궁보(右弓步) 자세를 취한다. 동시에 오른팔도 좌측에서 위쪽을 향해 이동하여 가슴 앞에서 손바닥이 몸쪽을 향하고, 팔꿈치는 약간 내려서 손가락이 팔꿈치보다 약간 높은 우붕(右掤)의 자세를 만든다. 동시에 왼팔을 안쪽으로 굽히면서 손바닥을 밑으로 해서 오른팔목과 오른 팔꿈치 중간 부분에 왼 손가락 끝을 오른팔목 밑 주

먹 하나 떨어진 위치에 놓는다. 얼굴은 정면을 향하고, 눈은 수평 방향으로 바라본다. **[동작 14]**

◑요령◑ 좌, 우붕에 모두 적용되는 요점임

1. 허리 회전을 통해서 양팔과 양다리, 즉 사지(四肢) 동작을 이끈다.

2. 발을 바깥이나 안쪽으로 위치 이동을 할 경우 보법의 전환과 연계되어 진행해야 한다. 즉 허리 회전 동작을 하면서 동시에 몸의 중심이 실린 쪽 다리를 약간 이완시키면 발의 각도 전환 및 착지가 부드럽고 동작도 민첩하게 취할 수 있다.

3. 궁보 자세를 취하는 과정에서 허실 변환은 다리의 내딛고 뻗치는 동작 간의 유기적인 조화와 협조가 이뤄져야 한다. 신체 운동을 관장하는 중추적 기능을 지닌 허리는 손과 발의 운동을 이끌어서 사지(四肢)의 운동이 상하상수(上下相隨)가 되게 하여 동작과 자세의 완성도를 더욱 높여 준다. 태극권 수련 중 신체의 정체(整體)적 운동 작용, 즉 허리에 의한 상하상수를 매우 중시하고 있는데, 이것이 바로 전신(全身) 운동인 태극권이 다른 무술과 구별되는 점이다.

4. 궁보의 방법 : 발을 땅에 내디딜 때는 발뒤꿈치로 착지해야 하고 발바닥을 지면에 자연스럽게 밀착해서 용천혈(湧泉穴)에 의념을 집중하면서 착지한다. 앞으로 내디딘 다리의 무릎이 앞 발바닥과 일치되게 굽혀야 한다. 만약 무릎과 다리의 각도가 직각이 되면 몸의 중심이 실리지 않은 뒤쪽 다리는 뻗침의 내재적 힘을 발휘할 수 없게 된다. 때문에 무릎이 발끝을 지나치지 않게 유지함으로써 내딛는 다리의 내재적 힘을 강화할 수 있다. 이런 과정은 몸의 중심이 실린 다리의 내딛음인 등(蹬)과 중심이 실리지 않은 다리의 뻗음인 장(撐), 이 양자의 내재적 힘을 전달하고 연결하는 상호 운동 작용이다. 궁보 시 몸의 중심이 실린 다리를 내디딜 때 다리를 앞 발끝을 지나서 너무 지나치게 내딛으면 다리 근육이 경직되어 내재적 힘, 즉 경(勁)을 제대로 발휘할 수 없다.

5. 좌붕(左掤)과 우붕(右掤): 좌붕은 왼손만의 동작이고, 우붕은 양손을 사용한다. 소위 붕은 팔목 부분을 사용하는 붕경(掤勁)으로써 상대방의 권(拳)이나 장(掌)의

공격에 대해 방어 및 가격을 하는 동작이다. 좌붕 시 상체는 바로 세우고, 우붕 시는 상체를 약간 앞으로 기울여야 하는데, 그 이유는 권세(拳勢)와 권법(拳法)의 상이한 요구에 의해서이다. 좌, 우붕 모두 궁보 보법을 취하지만, 만약 순경(順勁)일 경우 상체의 양팔을 모두 동일한 방향으로 앞으로 내밀면서 상체를 약간 앞으로 향한다. 그러나 좌붕처럼 상하 또는 전후 등 서로 다른 방향으로의 경(勁)을 사용할 경우, 두 팔은 상하로 나눠야 한다. 이것은 권법의 요구 및 인체의 골격구조 특징에 의한 동작이므로, 그 경우 상체와 하체는 허리를 경계로 하여 좌우 어느 쪽에도 치우치지 않은 중정(中定)의 자세를 유지해야 한다. 만약 좌붕 시 상체를 기울이게 되면 상대의 공격을 방어할 수 있는 내재적 힘을 발휘할 수 없게 된다.

6. 다리를 굽혀서 자세를 낮출 때 엉덩이, 즉 둔부(臀部)가 튀어나오지 않도록 해야 한다. 왜냐하면 그 같은 자세는 외형도 아름답지 못하고, 불편함을 느끼며, 쉽게 호흡이 막히게 되어 내재적 힘의 발휘가 불가능해지기 때문이다. 비만형이건 왜소형이건 어떤 체형의 수련자를 막론하고 자세가 정확하고 순리적이어야 한다.

7. 좌붕 시 오른 팔뚝이 쉽게 들리며 왼발을 내디딜 때 우측으로 치우치거나, 우붕 시에도 왼손 팔뚝이 쉽게 들리고, 오른발을 전방으로 내디딜 때도 좌측으로 치우치는 경우에는, 침견추주(沉肩墜肘) 및 허리와 고관절의 이완과 방송(放鬆)에 유의해야 한다.

이(攦)

동작 9 : 허리의 회전에 따라 전방 우측 방향으로 상체를 45° 전환하면서 양팔을 천천히 뒤집어서 양 손바닥이 측면으로 마주 보게 하는데 이때 오른손은 바깥쪽을 왼손은 안쪽을 향한다. 얼굴은 서북 방향을 향한다. **[동작 15]**

동작 10 : 허리의 회전 운동에 따라 양팔을 우측에서 전방으로 그리고 계속해서 좌측 45°까지 이의 자세로 이동하면서 몸의 중심을 왼발로 옮겨서 오른발은 허보가

되게 한다. 얼굴은 서남
방향을 향한다. **[동작 16]**

◐요령◑

1. 이 동작은 상체 운
   동에 따라 양팔을
   천천히 뒤집어야 하
   는데, 오른팔은 바깥
   쪽으로 돌리고, 왼팔
   은 안쪽으로 돌리면서 양손의 전환을 이끌어서 진행해야 한다. 손과 팔의 움직
   임은 각기 따로 움직이지 않고 상호 협조 되어 일치되어야 하고, 상체의 움직임
   과도 조화되어 상하상수를 이뤄야 한다.

2. 양팔의 겨드랑이, 즉 각지와(胳肢窩)는 팔을 뒤로 당길 때 자주 겨드랑이에 밀착
   되는데, 그렇게 되면 외양도 아름답지 못하고 피동적인 자세가 된다. 때문에 팔
   의 운동 중 양 겨드랑이와 두 팔은 상체에서 너무 멀리 떨어지지도, 가까이 밀
   착되지도 않은 주먹 하나 사이의 공간을 유지해야 한다. 그 같은 팔의 자세만이
   침견추주 및 함흉발배를 만들어 낼 수 있으며, 보법과 수법의 전환도 원활히 할
   수 있고, 상대방에게 쉽게 제압당하지 않게 된다. 또한 외형상 동작이 크면서도
   편안하고 아름다운 느낌을 주며, 내재적 힘을 더욱 충실하게 해준다.

3. 이의 자세 시 상체의 전환방향은 전방에서 우측으로 45° 이동한 후, 다시 우측
   에서 전방을 지나 좌측 45°로 이동하는데, 우측에서 좌측으로 총 회전 각도는
   90°가 되어야 한다.

제(挤)

　동작 11 : 양팔을 허리의 회전 동작에 따라 좌측에서 우측으로 천천히 이동하면서
오른팔은 안쪽으로 굽혀서 오른 손바닥이 얼굴을 향하게 하고 오른팔목은 우붕의

수형을 취한다. 왼팔은 몸 안쪽으로 회전하면서 손바닥이 바깥을 향하게 하고 오른팔목 밑에 손가락 2개 정도 떨어진 위치에 왼손바닥을 놓는다. **[동작 17]**

동작 12 : 상체를 정면으로 전환하면서 왼 손바닥을 오른팔목 안쪽에 위치한 후, 뒷다리를 뻗치면서 상체를 앞으로 향하게 하고 몸의 중심을 천천히 오른발로 이동시켜서 우궁보 보법을 취한다. 얼굴은 정서 방향을 향하고, 양팔은 허리 운동에 따라서 전방을 향해 민다. **[동작 18]**

❶요령❶

1. 양손을 전방으로 밀 때 어깨가 들려서는 안 되고, 둔부가 튀어나와서도 안 된다. 그리고 오른손을 굽힐 때는 우붕의 의지를 지니고 자세를 취해야 한다.

2. 왼 손바닥은 오른팔목 부분에 밀착시켜야 한다. 양팔의 밀착은 오른팔목과 왼손바닥이 서로 밀착됨을 의미한다. 왼 손바닥을 오른팔목 밑에서 주먹 하나 떨어진 부분에 밀착시켜 오른손의 미는 힘을 증가시켜주는 보조적 역할을 해야 한다. 양손을 앞으로 미는 제(擠)와 우붕 자세의 차이점은 제는 왼손이 오른팔목 부분에 닿아야 하고, 우붕은 왼손이 오른팔목 밑에 떨어져 있어야 한다는 것이다. 반면 양자의 공통점은 오른팔은 수평으로 굽혀진 붕의 자세를 취하고, 손을 안으로 굽혀서는 안 되며, 손가락은 팔목보다 약간 높고, 손과 팔의 각도는 90°의 호형(弧形)을 이루면서 무릎과 팔목이 서로 대칭이 되는 점이다.

3. 상체는 꼿꼿하지 않게 약간 앞으로 향해야 하며, 동작 중에 허리의 회전 운동이 중지되어 내재적 힘, 즉 경(勁)이 단절되지 않게 주의해야 한다.

안(按)

동작 13 : 양팔을 좌우로 벌려 어깨 너비만큼 벌리고 손바닥은 밑을 향한다. **[동작 19]**

동작 14 : 허리 운동에 따라 몸의 중심을 뒤로 이동해서 좌측 다리에 몸의 중심을 싣는다. 동시에 양팔을 굽혀 양손은 가슴 앞쪽으로 모아서 손바닥을 밑으로 향하게 한다. **[동작 20]**

동작 15 : 양팔을 허리 운동에 따라 전방으로 내뻗으면서 몸의 중심도 천천히 오른발로 이동시켜서 우궁보 보법을 취한다. 이때 얼굴은 정서 방향을 향한다. **[동작 21]**

◐요령◐

1. 양 팔목을 굽혀서 양손을 가슴 앞쪽으로 당겨 모을 때 상체는 함흉(含胸) 자세를 유지해야 하며, 상체가 앞으로 굽혀지거나 뒤로 젖혀지지 않도록 주의해야 한다.

2. 양팔을 모으고 내뻗는 동작은 직선상의 이동이 아닌 위에서 약간 밑으로, 다시 밑에서 위쪽으로 내뻗어야 한다.

3. 양손을 가슴 앞쪽으로 모을 때 상체 중심을 뒤로 이동하면서 진행해야 하며, 계속해서 양손을 가슴 앞에서 위에서 밑으로 작은 곡선을 그리는 것처럼 약간

동작 19

동작 20

동작 21

내렸다가 양 손바닥을 전방을 향해서 내밀어야 한다.

4. 자세와 동작의 원만한 조화와 협조의 관건은 앞다리와 뒷다리의 내딛고 뻗침에 달려 있음에 유의해야 한다.

제4식 단편(單鞭)

동작 1 : 양팔을 약간 밑으로 내리고 양손은 수평으로 하여 앞으로 민다. 이때 손바닥은 밑을 향하고 몸의 중심을 왼발로 옮긴다. [동작 22]

동작 2 : 좌측 팔을 약간 안으로 굽히면서 왼손은 손바닥을 밑으로 해서 수평 상태를 유지한 채 안쪽으로 굽혀서 채(采)의 자세를 취하고, 몸의 중심은 여전히 왼발에 둔다. [동작 23]

동작 3 : 상체와 하체를 허리의 전환 동작에 따라 정서쪽에서 좌측 방향으로 이동함과 동시에 우측 발은 안쪽으로 135° 회전하여 양팔은 왼팔이 앞쪽에서, 오른팔은 뒤쪽에서 왼팔을 따르면서 왼손의 이동 각도를 상체 뒤쪽 225°까지 포물선으로 이동한다. 계속해서 왼손은 동북 방향을 향하고 오른손은 가슴 앞에서 손바닥을 밑으로 한 수형을 만든 후, 다시 몸의 중심을 천천히 오른발로 이동시키는데 이때 왼발은 뒤꿈치를 땅에서 약간 든 허보 보법을 취한다. [동작 24]

동작 4 : 양팔을 허리 전환에 따라 좌측에서 우측으로 다시 상체 뒤쪽까지 포물선으로 이동한다. 오른팔은 안쪽에서 바깥쪽으로 이동하고 왼팔도 팔목을 안쪽으로 굽힌 자세로 오른팔과 같은 방향으로 이동해서 상체의 오른쪽 겨드랑이 앞쪽까지 이동한다. [동작 25]

동작 24

동작 25

동작 26

동작 5 : 오른손은 다섯 손가락을 모아 구권(勾拳) 수형을 취하고, 왼팔을 안쪽으로 회전해서 왼 손바닥이 몸쪽으로 향한 붕의 자세를 만든다. **[동작 26]**

동작 27

동작 28

동작 6 : 상체는 움직이지 않고 왼발을 들어 정서 방향으로 내딛어서 우측 발 좌측에 놓는다. 왼발이 지면에 닿은 후 상체를 우측에서 전방으로 전환하는데 이때 구권을 한 오른팔은 움직이지 않고 왼팔을 안쪽에서 바깥쪽으로 크게 포물선으로 회전해서 손바닥을 전방으로 밀어내면서 왼발은 전방을 향해 궁보 보법으로 내딛는다. 이때 얼굴은 정동 방향이고, 눈은 전방을 수평 방향으로 응시한다. **[동작 27, 28]**

◐요령◐

1. 양팔을 수평으로 이동할 때 허리 회전 운동에 따라야 하고, 양발도 허리 회전

에 따라 중심을 왼발에서 오른발로 이동시켜야 한다. 양팔은 활 모양의 둥근 수형으로 왼팔이 주가 되어 앞에서 수평으로 이동하고, 오른팔은 왼팔의 운동 방향에 따른다. 오른팔이 주가 되어 앞에서 수평으로 이동할 때는 왼팔은 오른팔의 운동 방향을 따르는 등 양팔의 동작이 원활하게 조화되어야 한다. 양팔을 둥근 활 모양으로 만든 후 양팔 중 한쪽 팔이 주가 되어 다른 팔의 이동을 선도하는 팔 동작은 직선으로 이동해선 안 되고, 활 모양의 둥근 자세를 유지해야 한다.

2. 상체는 바른 자세를 유지해야 하고, 양발의 중심 이동 즉 허실 전환은 정확하고 천천히 이루어져야 한다. 그 과정에서 함흉발배·송요(鬆腰)·송과(鬆胯)의 자세를 유지해야 하며, 둔부가 튀어나오지 않게 유의하면서 몸의 바른 자세를 유지해야 한다.

3. 단편은 궁보 보법이지만 상체를 앞으로 기울지 않고 바로 세우는 중정(中定)의 자세를 지녀야 한다. 오른손의 구권 동작에 따라 상체를 약간 우측으로 전환함으로써 양팔의 운동을 원만히 진행할 수 있다. 왜냐하면, 오른손의 구권 방향과 전방을 향한 왼팔과의 거리와 각도가 비교적 커서, 상체를 전방 또는 우측으로 치우친다면 오른팔의 구권 동작을 자연스럽게 취하기 어렵다. 그래서 상체의 회전 각도를 크게 함으로써 양팔의 운동을 무리 없이 할 수 있고, 그 결과 자연스럽고 안정적인 자세를 취할 수 있다.

4. 머리는 몸의 전환에 따라야 하고, 눈은 손의 운동 방향을 응시해야 한다. 만약 손만을 집중적으로 본다면 자세가 경직될 뿐 아니라, 심한 경우 두통과 현기증을 유발할 수도 있다.

5. 구권의 방법은 팔목 관절을 밑으로 구부린 후, 다섯 손가락을 밑으로 향하게 해서 모으는데, 손가락은 지나치게 구부리지 않고, 손가락 끝부분을 가볍게 모아 잡는다.

6. 오른발을 안쪽으로 꺾는 각도는 135°이고, 상체를 전환한 후 오른발은 왼발과 같은 방향으로 우측 45° 위치에 있어야 하며, 오른발 끝은 동남쪽을 향해

야 한다.

7. 동작 시 신체 각 부위의 전체적인 조화와 협조에 유의하면서 내재적 경의 느낌을 중시해야 한다.

제5식 제수상세(提手上勢)

동작 1 : 몸의 중심을 뒤쪽으로 이동하면서 왼쪽 발바닥을 지면에서 약간 띄운 후 허리의 회전 운동에 따라 왼발을 안쪽으로 45° 꺾으며, 몸의 중심을 서서히 왼발로 이동시킴과 동시에 오른발 끝을 지면에서 약간 띄우면서 오른발을 허보 자세로 만든다. 양팔을 안쪽으로 향하면서 양 손바닥이 서로 마주하게 하여, 양손을 세우는데, 오른팔은 앞에 위치하면서 왼팔보다 약간 높게 해서 양팔이 서로 합치는 자세를 취한다. **[동작 29~31]**

동작 29

동작 2 : 왼발을 견실하게 한 후 몸을 천천히 좌측으로 이동시키면서 오른발을 들어 전방으로 내딛는데, 이때 오른발 뒤꿈치로 착지하고 발바닥은 지면에서 떨어진 보법을 취한다. 동시에 양팔을 안쪽으로 향하면서 오른손을 앞으로 뻗고 왼팔은 오

동작 30

동작 31

동작 32

른팔목 밑에 놓고, 얼굴은 정남 방향을 향한다. **[동작 32]**

◐요령◑

1. 제수상세의 보법은 허실보(虛實步)로서, 동작 중 발의 형식은 정자형(丁字形)과 팔자형(八字形)으로 나뉜다. 제수상세는 뒤쪽 발을 견실하게 자세를 취한 후 몸의 중심을 팔자(八字) 보법상에 놓지만, 정자(丁字) 보법은 발 뒷꿈치로 착지한 후 앞발바닥으로 착지함으로써 팔자보의 전방에 놓는 것이다. 즉 양발 사이의 간격이 궁보 시는 어깨 너비와 같게 벌리지만, 제수상세 같은 허실보는 뒤쪽다리의 팔자보(八字步)를 위주로 해서 정자보(丁字步)로 발을 내딛는데, 일직선상에서 양발이 좌우로 나뉘므로, 양발의 사이는 간격이 없이 하나의 중심선상에 놓여서 왼발은 중심선 좌측에 오른발은 우측에 위치하면서 중심선을 지나치지 않는다. 제수상세의 보법은 다음 초식인 백학양시와 동일하다.

2. 왼발을 안쪽으로 꺾으면서 몸의 중심을 좌측으로 이동하고, 오른발을 들어 앞으로 내디딜 때 몸의 중심을 왼발 안쪽의 각도와 적절하게 조화되면서 이동해야 한다. 만약 서둘러 몸의 중심을 전환하게 되면 상, 하체 동작의 조화가 안 되어 오른발을 드는 동작이 부자연스럽고 중심이 불안정해진다.

3. 양팔을 모으는 동작은 허리 및 다리의 운동뿐 아니라 전신(全身)을 쓰는 자세여야 하며, 특히 허리 회전에 따른 팔의 동작이 손동작을 선도해야 하는데, 단지 양손만을 모으는 동작은 부정확한 자세이다.

제6식 백학양시(白鶴亮翅)

동작 1 : 양팔을 천천히 몸쪽으로 당기는데 오른팔은 손바닥을 밑으로 향한 채 안쪽으로 회전하고, 왼팔은 손바닥을 위로 향하게 하여 바깥쪽으로 회전하며, 왼손을 오른팔목 밑에 놓아서 이(攦)의 자세를 취한다. **[동작 33]**

동작 2 : 양팔은 허리 운동에 따라 복부 좌측 앞까지 포물선을 그리며 내려 당기는데, 이때 왼팔이 오른팔을 선도한다. 왼팔은 밑에서 위쪽으로 이동한 후 다시 안쪽으로 굽혀 손바닥을 밑으로 하여 위쪽에 있는 오른팔과 마주 보게 한다.
[동작 34]

동작 3 : 오른발을 안쪽으로 45° 꺾으면서 중심을 우측으로 이동하여 오른다리에 두고, 왼손은 오른팔목의 안쪽에 놓아 제(挤)의 수형을 취한다. 왼발은 발뒤꿈치가 지면에서 약간 떨어진 허보 자세를 만들고, 눈은 정동 방향을 바라본다. **[동작 35]**

동작 4 : 몸의 중심을 오른발로 이동하면서 왼발을 지면에서 약간 띄운 후 계속해서 전방을 향해 발

끝으로 내디디며 허보 자세를 만든다. 동시에 오른팔은 안쪽에서 바깥쪽으로 그리고 밑에서 위쪽으로 가슴과 얼굴을 지나서 머리 상단까지 손바닥은 위쪽을 손가락이 좌측을 향하여 팔을 둥글게 해서 들어올린다. 왼팔은 복부 앞을 지나 골반 부근까지 손바닥을 밑으로 향해 누르면서 내리는데 이때 손가락은 전방을 향하고 팔꿈치는 후방을 향한다. 얼굴은 정동 방향을 향하고, 눈은 전방을 수평으로 응시한다.
[동작 36]

❶요령❶

1. 백학양시의 동작도 허보 자세를 취하지만 앞발의 발끝 부분이 착지하는 보법
   은 제수상세의 발뒤꿈치로 착지하는 점과 서로 다르다. 백학양시의 오른팔은
   얼굴을 방어하기 위한 위쪽을 향한 붕의 자세이고, 왼팔은 밑으로 내려 복부를
   보호하려는 의미를 지니고 있다.

2. 동작 시 가슴과 둔부를 내밀지 않아야 하고, 앞발 끝부분이 착지할 때 무기력
   하게 하거나 몸의 중심이 실리지 않도록 양다리의 힘의 배분은 앞발(왼발)에 3,
   뒷발(오른발)에 7 정도로 체중을 배분해야 한다. 이것은 실 중에 허가 있고 허 중
   에 실이 있음을 뜻하며, 또한 양발의 힘이 중복되는 것을 피하고 동작의 민첩성
   을 유지하기 위함이다.

제7식 좌누슬요보(左摟膝拗步)

동작 1 : 몸의 중심을 약간 우측으로 이동해서 몸을 우측으로 전환하면서 오른손
을 위로 향하면서 오른팔을 안쪽에서 바깥쪽으로 회전한다. 동시에 왼팔을 위로 들
면서 손바닥은 비스듬히 밑을 향하면서 왼쪽 옆구리 앞쪽에 놓는다. **[동작 37]**

동작 2 : 상체를 우측으로 전환함과 동시에 오른손을 위에서 밑으로 포물선을 그
리면서 오른쪽 옆구리 방향 45° 정도 내렸다가 손바닥을 비스듬히 바깥쪽을 향하게

하여 다시 위로 들어올린
다. 동시에 왼손을 들어올
려 우측 가슴 앞쪽에 놓는
데 이때 손바닥은 비스듬
히 밑을 향한다. **[동작 38]**

동작 3 : 왼발을 지면에
서 들어 좌측으로 내딛는
데 발뒤꿈치가 먼저 착지
한 후 천천히 무릎을 굽

동작 37
동작 38

히면서 좌궁보 보법을 취
한다. 양팔은 허리 회전과
중심 전환에 따라 우측에
서 전방으로 뻗는데, 왼손
은 위쪽에서 아래쪽 전방
을 향해 움직여서 왼 무릎
을 지나 무릎 좌측에 손바
닥이 밑을 향하고 손가락
은 전방을 향하게 놓는다.

오른손은 손바닥이 정면을 향하게 하여 전방으로 천천히 민다. 얼굴은 정동 방향을
향하고 눈은 전방을 수평으로 바라본다. **[동작 39, 40]**

◑요령◑

1. 오른손을 위에서 밑으로 다시 뒤쪽을 향해 부드럽고 이완된 동작으로 허리의
   회전 운동에 따라서 크고 둥근 원을 그린다. 오른손은 우측 허리 부근까지 내
   린 후 뒤쪽으로 포물선을 그리면서 다시 위쪽으로 들어올린다. 이때 오른 손바
   닥은 전방 측면을 향하게 하고 팔꿈치를 굽힌 상태로 오른팔목이 들리지 않게
   하여 들어올린다.

2. 팔을 내뻗음은 상대방에 대한 가격의 의미를 지니기 때문에 허리와 다리의 회
   전 및 움직임과 조화를 이루면서 앞으로 내뻗어야 한다. 팔을 앞으로 내뻗침은
   온몸의 내재적 힘인 경(勁)을 발휘하는 것이기 때문에 전신이 이완된 상태에서
   신체 각 부분의 전체적인 협조와 조화가 이루어져야 하며 그렇게 않다면 단지
   손동작일 뿐이다.

3. 누슬요보의 정상적인 보법은 궁보이며, 양발의 간격을 어깨 너비 정도로 벌려야
   한다. 만약 왼쪽 발을 내디딜 때 원래의 허보 자세에서 일직선으로 내딛게 되면
   발의 자세가 불안해진다.

4. 오른손을 전방으로 내뻗을 때, 상체가 한쪽으로 치우치는 경향이 쉽게 나타나므로 몸의 바른 자세를 유지해야 한다.

5. 동작 중에 둔부가 쉽게 튀어나오는 경향이 있으므로 둔부가 나오지 않도록 주의해야 한다.

제8식 수휘비파(手揮琵琶)

동작 1 : 몸의 중심을 전방으로 이동하면서 자연스럽게 오른발 뒤꿈치를 지면에서 든다. **[동작 41]**

동작 2 : 오른발이 지면에 닿음과 동시에 몸의 중심을 오른 다리로 이동하고, 왼발은 발뒤꿈치로 착지하여 발바닥이 들린 허보 보법을 취한다. 동시에 왼팔은 손바닥이 우측을 향하게 하여 위로 천천히 들어올리고, 오른팔은 팔

목을 구부리며 앞에서 뒤쪽으로 당기면서 오른 손바닥이 비스듬히 밑을 향하게 만들어 오른 가슴 앞에서 왼팔 밑에 위치한다. 얼굴은 정동 방향이고, 눈은 정면을 수평으로 응시한다. **[동작 42]**

◑요령◑

1. 몸의 중심 이동 시 상체가 좌우로 기울지 않게 바르게 유지하고 하체는 안정돼야 한다.

2. 양팔을 한쪽은 들고 한쪽은 내릴 때 반드시 허리의 전환 운동에 따라야 하며, 어깨와 팔꿈치가 들리지 않아야 한다. 오른팔은 몸쪽으로 회전시켜 채(採)의 의

미를, 왼팔은 바깥쪽으로 회전하면서 렬(挒)의 의미를 표현해야 한다.

3. 수휘비파와 제수상세의 방법은 양팔을 교차하는 동작이지만 두 동작의 힘의 연결 및 전환 과정은 서로 다르다. 제수상세는 양팔의 좌우 합력(合力)을 운용하는 것이고, 수휘비파는 좌렬(挒) 우채(採)의 상하 동작으로 그 용법과 요구가 상이하다.

제9식 좌누슬요보(左摟膝拗步)

동작 1 : 몸을 우측으로 전환하면서 양손을 서로 뒤집는데, 왼손은 손바닥을 비스듬히 밑을 향해 몸 쪽으로 내리고, 오른손은 손바닥을 비스듬히 위쪽을 향해 바깥쪽으로 들어 올린다. [동작 43]

동작 43

동작 44

동작 2 : 계속해서 몸을 우측으로 전환하면서 오른 팔꿈치를 굽히고 오른손을 세워 손바닥이 비스듬히 전방을 향하게 하고, 왼팔은 손바닥이 밑을 향하고 팔꿈치를 굽혀서 가슴 앞쪽에 놓는다. [동작 44]

동작 45

동작 3 : 왼발을 들어 왼쪽으로 왼발 뒤꿈치로 착지한 후, 몸을 좌측으로 틀면서 중심도 좌측으로 이동한다. 동시에 양손도 허리와 다리의 운동에 따라 함께 전환한다. [동작 45]

동작 4 : 몸을 좌측으로 전환할 때 왼발을 내딛어서 좌궁보를 만들면서 양팔도 동시에 움직이는데, 왼손은 뒤쪽에서 앞쪽으로 다시 밑으로 이동하여 왼 무릎 앞을 지나 고관절 좌측 옆에 손바닥이 밑을 향하고 손가락은 전방을 향하게 놓는다. 오른손은 손바닥을 전방을 향해 앞으로 내뻗는다. 얼굴은 정동 방향을, 눈은 정면을 수평으로 응시한다. **[동작 46]**

동작 46

❶요령❶

1. 수휘비파의 다음 동작인 누슬요보와 백학양시의 다음 동작인 좌누슬요보는 동일한 좌누슬요보로서 동작 방법이나 자세 요구는 동일하며, 양자의 연결 과정만 서로 다르다. 백학양시 뒤에 이어지는 좌누슬요보는 오른팔의 손동작이 머리 위의 높은 지점에서부터 시작되기 때문에 자연히 높은 지점에서 낮은 지점으로 바깥 방향으로 이동한다. 반면에 수휘비파 뒤에 이어지는 좌누슬요보의 두 팔은 비록 상하 높이의 차이는 있지만 모두 가슴 앞부분에 위치하므로 먼저 위에 있는 오른손을 위로 향해 들어올리면서, 밑에 있는 왼손도 아래쪽으로 곡선을 그리면서 이동한다. 그러나 양자는 서로 모순적이지 않다. 즉 백학양시 후 좌누슬요보의 팔 운동 방향이 위에서 아래로, 다시 오른쪽으로 이동한 후의 손동작은 수후비파 뒤의 좌누슬요보의 손동작과 서로 동일하다.

2. 몸 전체의 내재적 힘, 즉 정경(整勁)의 운용에 주의하라. 정경은 그 힘의 원천이 발에 있고, 허리는 신체 모든 부위의 동작을 이끌어서 상하 내외를 이루어서, 그 결과 손·눈·몸의 동작 및 보법 등의 원활한 협조와 조화가 됨으로써 발생하는 것이다.

3. 왼손을 뒤에서 앞으로 다시 밑으로 이동하면서 좌측 무릎 앞을 거쳐서 좌측 고관절 옆에 놓는 동작과 오른손을 앞으로 내뻗는 동작은 2단계로 진행된다, 첫째, 왼손이 허리와 다리의 전환에 따라 뒤에서 앞으로 다시 밑으로 이동함은 채(採)의 수법을 표현하는 것으로서 그 의미는 상대방의 손이나 발공격을 당겨서 제치는 방어적 동작이다. 둘째, 상체를 전환하여 정면으로 향함과 동시에 오

른손을 측면에서 몸의 전환에 따라 정면으로 향해 내뻗는 공격적 동작이다. 즉 오른손은 전방을 향해 내뻗고, 왼손은 앞에서 뒤로 당겨 좌측 고관절 옆에 당겨서 놓는데, 한 손은 당기고 다른 손은 내뻗는 상응하는 두 동작이 완전한 조화를 이루면 강력한 힘을 발휘한다.

동작 47

제10식 우누슬요보(右搜膝拗步)

동작 1 : 허리 회전에 따라 몸의 중심을 약간 우측으로 이동하면서 왼발을 바깥으로 45° 벌리고, 왼팔을 천천히 들어서 오른 팔꿈치와 손목 사이에 두면서 왼 손바닥이 위를 향하게 하고 오른팔은 약간 굽힌다. **[동작 47]**

동작 2 : 중심을 앞으로 이동하면서 오른발 뒤꿈치로 착지한 후 양팔을 크게 원을 그리는데, 오른손은 위쪽으로 왼손은 밑으로 포물선을 그리면서 좌측 45° 방향으로 몸을 전환한다. 이때 오른손은 손바닥이 밑을 향하게 해서 가슴 앞에, 왼 손바닥은 비스듬히 왼쪽을 향하게 하고, 얼굴은 동북 방향을 향한다. **[동작 48]**

동작 48

동작 3 : 왼발을 견실하게 착지한 후 오른발을 지면에서 들어 발뒤꿈치로 착지하고 발바닥이 약간 들린 상태로 전방으로 내딛는다. **[동작 49]**

동작 4 : 몸을 좌측에서 우측으로 전환하면서 오른발을 천천히 내딛어서 우궁보 보법을 취한다. 동시에 오른손은 뒤쪽에서 전방으로 다시 우측 무릎 앞을 스치면서 우측 고관절 옆에 놓고, 왼손은 손바닥이 전방을 향

동작 49

하게 해서 전방으로 내민다. 이때 얼굴은 정동 방향이고, 눈도 정면을 수평으로 응시한다. **[동작 50]**

동작 50

◗요령◗

1. 몸의 중심을 뒤로 이동하면서 왼발 끝을 바깥으로 벌리고 왼 팔꿈치를 약간 굽혀서 왼손을 오른 팔꿈치와 오른팔목 사이에 놓을 때의 수법은 이(攦) 자세이다. 그 후 양팔을 크게 포물선을 그리면서 움직이는데, 위쪽으로 올리는 왼팔은 위쪽을 향해 둥글게 올리고, 밑으로 내리는 오른팔은 아래쪽으로 둥글게 각기 다른 방향으로 이동하며, 동시에 몸의 중심을 앞으로 이동해서 오른발을 들어 내딛어서 우궁보를 만든다.

2. 보법을 전환하여 발의 위치를 바꿀 때 먼저 몸의 중심을 뒤로 이동시켜서 앞쪽 발에 실린 중심을 덜어주어야 발동작이 경직되지 않고 부드럽고 자연스럽게 취할 수 있다. 몸의 중심을 뒤쪽으로 지나치게 이동시켜 전환을 위한 전환처럼 의도적인 동작을 해서는 안 되고, 자연스럽게 이루어져야 한다.

3. 몸의 중심이 안정적이어야 한다. 몸의 중심이 안정적이지 못하면 몸의 균형을 잃게 되어 자세가 불안하게 된다. 몸의 중심 문제, 즉 중정(中定)은 태극권의 투로를 완성하는 정체성(整體性)에 영향을 미치며, 각개 동작 및 자세의 정확도와도 밀접한 관계가 있으므로 중시해야 한다. 어떻게 몸의 중심을 유지할 수 있는가? 전통적 방법으로 발바닥으로 용천혈(湧泉穴)을 밟음으로 하체의 안정을 유지할 수 있다. 용천혈은 발의 중앙에 있어서 발바닥이 용천혈을 누르면 전체 발의 중심을 누르게 되어 하체가 안정된다.

4. 초식과 초식 간의 연결 및 전환 각도의 크고 작음 등도 모두 상호 간에 조화와 협조가 되어야 하며, 특히 전 동작이 다음 동작을 위한 좋은 조건을 만들어 주는 것은 매우 중요하다. 예를 들어 좌누슬요보에서 우누슬요보로 동작이 이어

질 때 왼발이 먼저 보법을 전환하여 정자보(丁字步)에서 팔자보(八字步)로 변한 후 왼발을 좌측으로 45° 벌려야만 왼발이 내딛는 방향에 따라 자연스럽게 왼쪽 무릎이 굽혀지고 몸의 중심도 좌측 다리로 안정적으로 이동된다. 그 결과 우측 다리도 자연스럽게 전방을 향해 궁보를 내딛을 수 있게 된다. 만약 이 동작에서 발의 전환 시 벌리는 발의 각도가 45°보다 훨씬 적거나 지나치게 크면 보법과 몸의 전환에 영향을 미쳐서 하체가 불안정해지고 몸의 중심도 흐트러지게 된다. 그 결과 전체 동작과 자세의 정확도 및 수련 정서에도 좋지 않은 영향을 미치게 된다.

제11식 좌누슬요보(左摟膝拗步)

동작 51

동작 1 : 몸의 중심을 약간 뒤로한 후 허리 운동으로 오른발을 바깥쪽으로 45° 벌리고, 상체도 우측으로 전환하면서, 오른손을 복부 앞에 손바닥이 비스듬히 위를 향하게 놓는다. 그리고 왼손은 손바닥이 비스듬히 바깥쪽을 향하게 하여 왼쪽 가슴 앞에 놓는다. **[동작 51]**

동작 2 : 몸의 중심을 앞쪽으로 이동하면서 왼발을 들어 전방으로 발꿈치로 착지한다. 동시에 우측으로 몸을 전환하면서 왼손은 위로 원을 그리면서 올리며, 손바닥이 밑을 향하게 하여 가슴 앞에 위치하고, 오른손은 팔꿈치를 굽혀 밑으로 원을 그리며 손바닥이 비스듬히 오른쪽을 향하게 한다. **[동작 52]**

동작 52

동작 3 : 우측에서 좌측 전방으로 몸을 전환함과 동시에 왼발은 천천히 좌궁보를 취한다. 양팔도 따라서 움직이는데, 왼손은 뒤에서 앞으로 다시 밑으로 이동한 후 무릎 앞을 지나 좌측 고관절 옆에 손바닥이 밑을, 손가락은 전방을 향하게 놓는다. 오른손은 손바닥이 앞을 향하게 해서 전방으로 내민다. 그리고 얼굴은 정동 방향, 눈은 정면을 수평으로 응시한다. **[동작 53]**

◑요령◑

이 동작은 우누슬요보와 동일하고 좌우의 차이만 있으며, 그 요령은 동일하다.

제12식 수휘비파(手揮琵琶)

동작과 요령은 제8식 수휘비파와 동일하다.

([동작 54, 55] 참조)

제13식 좌누슬요보(左搂膝拗步)

동작과 요령은 제9식 좌누슬요보와 동일하다. **([동작 56~59] 참조)**

요령 : 양팔을 각기 위와 밑으로 원을 그리면서 몸을 좌측으로 전환하여 왼발을 좌궁보를 취하고, 동시에 왼손은 왼무릎 앞을 지나 좌측 고관절 옆에 놓고, 오른 손바닥은 전방을 향해 내민다.

제14식 진보반란추(進步搬攔捶)

　동작 1 : 중심을 약간 뒤로 이동한 후 허리 회전에 따라 왼발을 왼쪽으로 45° 벌린다. 그리고 상체를 좌측으로 전환하면서 왼팔은 팔꿈치를 굽혀서 오른 팔꿈치와 손목 사이에 놓고, 오른팔은 당겨 이(攬)의 자세를 취한다. **[동작 60]**

　동작 2 : 중심을 앞으로 이동하면서 힘의 운동 방향을 따라 오른발을 들고, 양팔은 상체가 좌측으로 전환함에 따라 밑으로 포물선을 그린다. 즉 왼팔은 좌측 45° 방향으로 팔꿈치를 굽히고, 오른팔은 가슴과 복부 사이에 권심(拳心)이 비스듬히 안쪽으로 향하게 주먹을 위치한다. 오른발을 들어 전방으로 내딛는데 발꿈치가 먼저 지면에 닿아야 하고 발끝은 바깥쪽으로 벌린다. **[동작 61, 62]**

　동작 3 : 몸을 우측으로 전환하여 중심을 오른발로 이동하면서 왼발은 발바닥이 지면에서 약간 떨어진 허보 보법을 취한다. 양팔은 몸을 우측으로 전환함에 따라 왼팔은 전방으로 내밀고, 오른팔은 권심이 위를 향하고, 권안(拳眼)은 바깥을 향하게 하면서 주먹을 쥐어 허리 옆에 놓는다. 이때 얼굴은 정동 방향을 눈은 정면을 수평으로 응시한다. **[동작 63]**

　동작 4 : 왼발을 전방으로 내딛는데, 발꿈치로 착지하고 발바닥은 지면에서 약간 떨어지게 하고, 왼팔은 손바닥이 정면을 향하게 하여 앞으로 내뻗는다. 오른손은 주먹을 쥐어 권심이 위를, 권안은 바깥쪽을 향하게 하여 허리 옆에 놓는다. 얼굴은 정

동 방향을, 눈은 정면을 수평으로 응시한다. **[동작 64]**

　동작 5 : 중심을 왼발로 이동하면서 좌궁보 보법을 취한다. 양팔은 허리와 다리의 회전과 운동에 따라 우측에서 좌측으로 다시 전방으로 이동하면서 오른 주먹을 안쪽으로 회전한 후 권면(拳面)이 전방을 향하고 권안은 위를 향하게 하여 전방을 향해 내뻗는다. 동시에 왼손은 전방에서 당겨서 오른팔목 안쪽에 놓는다. 얼굴은 정동 방향이고, 눈은 전방을 수평으로 응시한다. **[동작 65]**

◑요령◑

1. 반란추(搬攔捶)는 오른 주먹이 반(搬)이 되고, 왼손은 란(攔)이 된다. 반은 부완반(俯腕搬)과 번완반(翻腕搬)으로 나뉘는데, 좌측에서 밑으로 향하는 주먹이 부완반이고, 밑에서 위쪽으로 다시 바깥쪽으로 권배(拳背)를 사용해서 전방으로 가격하는 것이 번완반이다. 그리고 주먹의 정면, 즉 권면(拳面)으로 가격하는 것은 추(捶)이기 때문에 반란추라고 한다.

2. 반란추의 보법은 연속보이므로 이 동작은 중간 과정에서 다시 한 발 더 앞으로 내딛어야 비로소 완성된다. 주의할 점은 오른발을 들어 앞으로 내디딜 때 오른발을 우측 45° 방향으로 벌려 줘야 다음 동작인 좌궁보 보법을 위한 전제 조건이 된다는 것이다. 오른발의 내딛음은 너무 크게 할 필요가 없으며 왼발 우측 측면의 적당한 지점에 착지하면 된다.

3. 이 동작은 연속 동작들로 이루어지기 때문에 각 동작들 간의 조화가 이뤄져야 한다. 즉 오른발 착지 후 바로 우측으로 몸의 중심을 이동하고, 왼발은 허보로 전환한 후, 왼발을 들어 앞으로 내딛음과 동시에 왼손도 앞으로 내뻗고, 오른손은 주먹을 쥐면서 좌궁보를 만들면서 왼손은 당기면서 오른 주먹을 전방으로 내뻗어야 한다. 이런 동작들은 상호 간에 잘 협조가 안 되면 동작의 조화를 이룰 수 없고 자세가 흐트러지며 권세(拳勢)도 약해진다.

4. 권의 파지법: 태극권의 상체에 대한 요구는 침견(沈肩: 어깨를 이완함)·추주(墜肘: 팔꿈치를 내림)·좌완(坐腕: 팔목을 이완함)·서지(舒指: 손가락을 자연스럽게 폄) 등이 있다. 권의 파지법은 엄지손가락을 제외한 네 손가락을 안쪽으로 말아서 주먹을 쥔 후 엄지손가락을 둘째 손가락 바깥에 놓아 권면(拳面)이 평면이 되게 한다. 만약 정면권(正面拳)이면 권면이 앞을 향하고, 권안은 위쪽을 향한다. 부완권(俯腕拳)은 권심이 밑을 향하고, 번안권(翻腕拳)은 권배가 바깥쪽을 향한다. 이런 권형(拳型)은 비록 표현 형식이 각기 다를지라도 모두 팔목을 이완한 상태인 좌완(坐腕)이 되어야 권의 힘 즉 권세(拳勢)를 표현할 수 있다.

5. 장(掌)이나 구(勾)의 표현 방식도 권(拳)과 유사하므로 반드시 좌완이 이뤄져야
   한다. 권의 수련은 구체적으로 손에서 표현되기 때문에 좌완이 되지 못하면
   손이 밑으로 처지게 되고 권의 기세도 무기력하게 되고 내재적 힘, 즉 내경(內
   勁)을 발휘할 수 없다. 때문에 장 및 권의 동작 시 좌완을 유지함은 매우 중요
   한 요인이다.

제15식 여봉사폐(如封似閉)

동작 66

  동작 1 : 왼손을 손바닥을 안쪽으로 향하게 하여 오른
팔 겨드랑이 밑으로 집어넣은 후 다시 앞쪽으로 전환하
고, 오른팔은 전방에서 약간 좌측으로 이동하면서 권
을 장으로 바꿔서 손바닥이 위를 향하게 하여 중심을
약간 우측으로 이동한다. **[동작 66]**

  동작 2 : 중심을 뒤쪽으로 이동해서 오른발에 중심을
옮기면서, 몸을 우측으로 전환한 후 오른손을 몸쪽으
로 당겨 손바닥이 안쪽을 향하게 하여 우측 가슴 앞에
놓는다. 왼손은 팔꿈치를 내린 상태에서 오른팔의 겨드
랑이 부분을 스치면서 회전해서 몸쪽으로 당겨 손바닥을 안쪽으로 하여 왼쪽 가슴
앞에 놓는다. **[동작 67]**

  동작 3 : 양손을 우측에서 좌측으로 허리 회전에 따라 이동하면서 손바닥이 앞을
향한 장의 수형을 취하고, 중심을 오른발에서 왼발로 이동하면서 오른발을 내딛고,
왼발은 내뻗는 보법을 취한다. **[동작 68]**

  동작 4 : 허리 회전에 따라 좌궁보 보법을 취함과 동시에 양손을 정면으로 내뻗는
다. 이때 얼굴은 정동 방향이고, 눈은 정면을 수평으로 응시한다. **[동작 69]**

  ◐ **요령** ◐
1. 양손의 교차할 때 오른손을 뒤쪽으로 당기면서 오른팔이 몸에 붙지 않도록 주

동작 67

동작 68

동작 69

의해야 한다. 즉 오른팔과 겨드랑이 사이는 주먹 하나 정도 떨어져야 한다.

2. 양손을 앞으로 내밀 때 상하상수를 이루면서, 상체는 약간 앞으로 향하고, 둔
부가 튀어나오지 않게 하고, 양팔을 직선으로 내뻗지 않으며, 양 팔꿈치는 약간
내린 자세여야 한다.

제16식 십자수(十字手)

동작 1 : 양팔을 팔꿈치를 굽히고 양 손바닥이 마주
보는 수형으로, 중심을 우측으로 이동하면서 몸을 우
측으로 전환한다. [동작 70]

동작 70

동작 2 : 허리 회전에 따라 몸을 우측으로 이동하면
서 왼발을 안쪽으로 90° 꺾어 정남 방향을 향하게 하
고, 중심을 오른 다리로 이동한 후, 양손을 위에서 밑으
로 좌우 양쪽으로 벌리는데, 오른손은 앞쪽에 왼손은
뒤쪽에 위치하게 하며, 양 손바닥이 비스듬히 밑을 향
하게 한다. 이때 얼굴은 서남 방향이고, 눈은 수평을 응
시한다. [동작 71]

동작 3 : 중심을 오른발에서 왼발로 이동하여 왼발에 중심을 두고, 오른발은 발바

닥이 지면에서 들린 허보 자세를 만든 후, 양손을 밑으로 둥글게 내리면서 양팔의 운동에 따라 손바닥이 안쪽을 향하게 뒤집는다. **[동작 72]**

동작 4 : 왼발을 견실하게 한 후 오른발을 들어 왼발의 우측에 놓으면서 중심을 양발에 균등히 놓는다. 양손은 손바닥을 안쪽으로 하여 허리 전환에 따라 밑에서 안쪽으로 올리면서 양손을 교차시켜 가슴 앞에서 오른손이 왼손 바깥에 위치한 십자형의 수형을 만든다. 얼굴은 정남 방향이고, 눈은 전방을 수평으로 응시한다. **[동작 73]**

❶요령❶

1. 양손을 좌우로 벌릴 때 큰 동작이지만 양 팔꿈치가 들릴 정도로 지나치게 벌려서는 안 된다.
2. 오른발을 당긴 후 마보 보법을 취할 때, 둔부가 뒤로 튀어나오면 안 되고, 가슴이 앞으로 튀어나와서도 안 된다. 그리고 양손을 교차한 후 양 팔꿈치가 들려서 바깥쪽으로 향하면 안 되며, 양팔은 붕의 둥근 수형을 유지해야 한다.

제17식 포호귀산(抱虎歸山)

동작 1 : 중심을 우측으로 이동하면서 왼발을 안쪽으로 45° 꺾고 몸을 우측으로

전환해서 오른발은 허보 보법을 취한다. **[동작 74]**

동작 2 : 왼손을 밑으로 둥글게 회전시키면서 팔꿈치를 굽혀 내리고, 오른손은 가슴 앞에 놓고 손바닥이 비스듬히 밑을 향하게 한다. **[동작 75]**

동작 3 : 오른발을 들어 우측 135° 방향으로 발뒤꿈치로 착지하고 발바닥은 지면에서 들리게 내딛는다. **[동작 76]**

동작 4 : 양손을 우측으로 이동하면서 오른손은 좌측에서 우측으로 우측 무릎 앞을 지나 허리 옆에 손바닥이 밑을 향하고 손가락은 전방을 향하게 놓는다. 동시에 오른발은 허리 회전에 따라 앞으로 내딛어 우궁보 보법을 취한다.

[동작 77]

동작 5 : 중심을 뒤쪽으로 이동하면서 오른손을 밑에서 위쪽으로 들어올리고, 왼손은 오른팔목과 팔꿈치의 중간 지점에 놓아 이(攦) 자세를 취한다. **[동작 78]**

동작 6 : 양손을 몸쪽으로 당긴 후 왼 손바닥을 오른 팔목 밑에 주먹 하나 간격 위치에 놓고 양손을 앞으로 밀어 제(擠) 자세를 취한다.

[동작 79, 80]

동작 7 : 양팔을 팔꿈치를 내린 자세로 좌우로 벌린 후 중심을 뒤쪽으로 이동하면서 양 손바닥이 비스듬하게 밑을 향하게 해서 당겨 가슴 앞에서 손바닥이 전방을 향한 수형을 만든 후, 오른발을 궁보로 내딛으면서 양 손바닥은 전방을 향해서 앞으로 내민다. **[동작 81~83]**

☯ 요령 ☯

1. 이 동작은 기본적으로 우누슬요보와 같으며, 용법이 다를 뿐이다. 포호귀산 동작 중의 이·제·안 3동작은 남작미의 이·제·안과 동일하며, 단지 진행 방향이 대각선 방향인 서북을 향한 점이 다를 뿐이다.

제18식 주저간추(肘底看捶)

동작 1 : 주저간추의 과도적 동작들은 단편의 과도 동작과 기본적으로 같다. **[동작 84~87]**

동작 2 : 오른발을 안쪽으로 꺾은 후 양팔도 우측으로 원을 그리면서 이동한다. 단편에서는 오른손을 구권 수형을 만들지만, 주저간추에서는 장을 만들며, 왼 손바닥이 안쪽을 향한 자세로 바깥쪽으로 회전하여 붕의 자세로 오른 팔꿈치 밑에 위치하고 왼발은 허보 보법을 취한다. **[동작 88]**

동작 3 : 왼발을 들어 좌측 전방으로 내딛는데, 발뒤꿈치로 착지하고 동남 방향으로 좌궁보로 내딛으면서 중심을 좌측으로 이동한다. **[동작 89, 90]**

동작 4 : 계속해서 중심을 앞으로 이동시키면서 왼발에 중심을 싣고, 오른발은 발바닥이 지면에서 떨어진 허보 보법을 취한다. 몸을 좌측으로 전환하면서 양손을 좌우 양쪽으로 벌린다. **[동작 91]**

동작 5 : 허리 회전 운동에 따라 좌측으로 이동하면

서 오른발을 우측으로 반
보 내딛어서 왼발의 뒤쪽
에 놓는다. 중심을 뒤쪽으
로 이동하면서 왼손을 밑
으로 내리고 오른팔은 수
평으로 굽힌다. **[동작 92]**

동작 6 : 중심을 뒤쪽으
로 이동한 후 왼발은 뒤꿈
치로 착지하고 발바닥이
지면에서 들린 허보 보법
을 취한다. 왼손은 팔꿈치
를 굽힌 자세로 밑에서 위
쪽으로 치켜 들어올리고,
오른손은 권의 자세로 안
쪽으로 굽히는데, 이때 권
안은 위를, 권심은 안쪽을
향해 왼 팔꿈치 밑에 놓는
다. 얼굴은 정동 방향이고,

몸은 우측 45° 방향을 향하며, 눈은 전방을 수평으로
응시한다. **[동작 93]**

◐요령◑

1. 주저간추의 과도적 동작은 단편의 과도적 동작과
   같고, 단지 동작 방향이 대각선이다.
2. 신체 각 부분의 전체적 협조에 유의하고, 각개 동
   작들은 순서에 의해 상호 간 협조를 통해서 자세

를 완성해야 한다.

3. 주저간추는 상대의 팔을 들어올리면서 상대 겨드랑이 부분을 권으로 가격하는 것이다. 때문에 왼손은 들어올리고, 오른 주먹은 팔목을 구부려야 한다. 특히 오른 주먹을 안쪽으로 꺾어서 우붕의 수형이 되어야 한다. 또한 동작 중 둔부가 튀어나오지 않아야 한다.

제19식 우도련후(右倒攆猴)

동작 1 : 오른 권을 풀어 장으로 전환한 후 밑으로 내려서 손바닥이 위를 향하게 하여 우측 허리 옆에 놓는다. 왼 손바닥은 바깥쪽으로 회전시키면서 비스듬히 위쪽을 향하게 하고 중심을 우측으로 이동한다. **[동작 94]**

동작 2 : 오른팔은 우측 뒤쪽으로 둥글게 원을 그리면서 팔꿈치를 내려 장의 수형을 취한다. **[동작 95]**

동작 3 : 왼발을 들어서 좌측 후방으로 뒷걸음으로 내딛는데 발바닥으로 착지한다. **[동작 96]**

동작 4 : 몸을 좌측으로 전환하고 중심은 뒤쪽으로 이동하여 왼발에 중심을 두면서 오른발을 회전하여 정방향에 둔다. 동시에 오른 손바닥을 허리 회전에 따라 앞으로 내밀면서 왼팔은 당겨서 손바닥이 위를 향하게 하여 왼쪽 옆구리 옆에 놓는다. 이때 몸은 측면으로 45°를 유지하고 얼굴은 정동 방향을, 눈은 정면을 수평으로 응시한다. **[동작 97]**

◐요령◑

1. 도련후의 동작은 후방으로 뒷걸음치는 자세이므로 뒷발을 착지할 때는 정확한 착지를 생각하면서 보법을 진행해야 한다. 그렇지 않으면 전체 동작의 정확도와 자세가 불안하게 된다. 퇴보 보법 시 상체를 움직이지 않고, 왼발을 들어 직선으로 뒤쪽으로 뒷걸음 한 후 왼발을 착지하기 전 먼저 바깥 방향으로 발을 벌려서 팔자보를 만들면 몸의 중심이 흔들리지 않게 되어 자세가 자연스럽고 안정적으로 된다.

동작 97

2. 도련후의 동작은 비록 후퇴 보법이지만 후퇴 중에 공격이 있다. 즉 발을 뒷걸음 치는 동시에 장으로써 상대방을 타격하는 것이다. 때문에 장의 내뻗음은 단순한 뻗침이 아니고 가격의 의지를 지닌 자세를 표현해야 한다.

3. 동작 중 둔부가 쉽게 튀어나오는 경향이 있으므로 둔부가 튀어나오지 않도록 주의해야 한다.

제20식 좌도련후(左倒攆猴)

좌도련후와 우도련후의 동작은 좌우의 차이만 있을 뿐 기본적으로 동일하며, 단지 주저간추에서 우도련후 동작 시에 오른손은 권이기 때문에 권을 풀어 장으로 전환해서 밑으로 이동하여 오른쪽 옆구리 옆에 놓는다. **[동작 98~100]**을 참조하라.

동작 98

제21식 우도련후(右倒攆猴)

동작은 **[동작 101~103]**과 같으며, 그 요령은 제19식과 동일하다.

제22식 사비세(斜飛勢)

동작 1 : 양팔을 왼쪽 밑으로 이동하는데 왼팔로 오른팔의 움직임을 이끈다. 왼팔은 안쪽으로 회전하여 손바닥이 밑을 향하게 해서 팔을 가슴 앞에 놓고, 오른팔은 복부 앞에 손바닥이 위를 향하게 놓아서 양 손바닥이 서로 마주 보게 한다. **[동작 104]**

동작 2 : 왼발로 중심을 이동한 후 오른발을 지면에서 약간 든다. **[동작 105]**

동작 3 : 오른발을 우측 후방으로 135° 이동해서 발뒤꿈치로 착지한다. **[동작 106]**

동작 4 : 허리 회전 운동에 따라 몸을 좌측에서 우측으로 전환하면서 중심을 이동하여 우궁보 보법을 취하면서 왼발을 안쪽으로 꺾는다. 양팔을 상하로 벌리면서 왼 손바닥은 안쪽으로 꺾으면서 좌측 옆구

동작 99

동작 100

동작 101

동작 102

동작 103

동작 104

리 앞에 채(採)의 자세로 손바닥이 밑을 향하게 놓고, 오른손은 밑에서 위로 손바닥이 비스듬히 위쪽을 향하게 하여 크게 벌린다. 얼굴은 서남 방향을 향하고, 눈은 오른손 전방을 응시한다. **[동작 107]**

◑요령◑

1. 이 동작은 몸의 회전 각도가 매우 크고 양손을 크게 벌려야 하므로 몸의 중심을 유지하기가 쉽지 않다. 전체적인 몸의 전환 과정에서 왼발의 균형을 잡아서 전체적인 몸의 자세가 흐트러뜨리지 않도록 주의해야 한다.
2. 오른발을 전방에서 우측으로 몸을 전환하면서 내디딜 때, 고관절을 이완하고 사타구니 부위를 둥글게 유지하며, 허리를 굽히거나 오른발을 급하게 내딛지 않아야 한다.
3. 왼발을 안쪽으로 꺾은 후 몸의 전환에 따라 양손을 상하로 크게 벌릴 때 서로 협조를 이뤄야 하며, 그렇지 못하면 몸의 전환이 부자연스럽게 된다.

제23식 제수상세(提手上勢)

동작 1 : 중심을 앞으로 이동하면서 왼발을 지면으로부터 약간 띄운 후 바깥 방향으로 벌려서 내딛는다. **[동작 108]**

동작 2 : 중심을 좌측으로 이동하여 왼발에 중심을 실은 후, 오른발은 허보를 취하면서 양팔은 양 팔꿈치를 사용해서 좌우 양 측면으로 벌린다. **[동작 109]**

동작 3 : 오른발을 당기면서 양팔을 안쪽을 향해 모은다. **[동작 110]**

동작 4 : 오른발을 발꿈치가 먼저 착지하고 발바닥은 들린 상태로 전방으로 내딛는다. 오른팔도 오른발과 동일한 방향으로 전방으로 내밀어서 오른 팔꿈치와 우측 무릎이 서로 일치되도록 하고, 왼손

은 안쪽으로 이동하여 오른 팔꿈치의 안쪽에 놓는다. 몸은 약간 좌측을 향하게 하고, 얼굴은 정남 방향을, 눈은 정면을 수평으로 바라본다. **[동작 111]**

◑요령◑

이 동작은 제5식 제수상세와 기본적으로 동일하며 단지 동작 전환 과정의 접촉점이 다를 뿐이다. 즉 제5식의 제수상세는 단편에서 전환하고, 이 동작은 사비세에서 전환될 뿐이다. 그러므로 **[동작 108]**의 전환 동작에 주의해서 왼발을 바깥으로 벌려 동남 방향으로 45° 벌린 후 오른발을 정남향으로 내딛어야 한다. 왼발을 원래 지

점에서 변환시키지 않으면 동작의 정확성에 영향을 미치기 때문에 사비세 후에 뒤쪽 발을 팔자보 자세로 바깥쪽으로 약간 벌려야만 동작의 정확성과 안정성을 유지할 수 있다.

제24식 백학양시(白鶴晾翅)

동작과 요령은 제6식 백학양시와 동일하다.

[동작 112~115 참조]

제25식 좌누슬요보(左摟膝拗步)

동작과 요령은 제7식 좌누슬요보와 동일하다.

[동작 116~119 참조]

제26식 해저침(海底針)

동작 120

동작 1 : 중심을 앞으로 이동하면서 오른발을 들어 앞으로 반보 내딛고, 오른팔목을 구부려 밑을 향한다. **[동작 120]**

동작 2 : 오른발을 착지해서 중심을 오른발로 이동한 후, 왼발은 허보 보법을 취한다. 허리 운동에 따라 양손을 전방에서 우측으로 몸의 전환과 함께 이동하면서 오른발로 중심을 이동하면서 오른손은 전방에서 위로 당긴 후 다시 뒤쪽으로 이동시켜 상체 우측에 놓는데, 이때 호구(虎口)가 위쪽을, 손바닥은 몸쪽을 향하게 한다. 그리고 오른팔의 움직임과 동시에 왼팔을 어깨 높이까지 들어올리고, 손바닥은 밑을 향하게 한다. **[동작 121]**

동작 121

동작 3 : 오른발로 중심을 이동한 후 왼발은 안으로 당겨서 허보를 취한다. 오른팔은 몸의 전환에 따라 뒤에서 앞쪽으로 허리를 굽히고 손목을 아래로 꺾으면서 밑으로 향한다. 이때 오른 손바닥은 좌측을 향하고 손가락은 밑을 향한다. 그리고 왼 손바닥은 좌측 옆구리 옆에 손바닥이 밑을 향하고 손가락은 전방을 향하게 놓는다. 얼굴은 정동 방향이고 눈은 오른손 앞쪽을 바라본다. **[동작 122]**

동작 122

◐요령◑

1. 이 동작의 손을 들어올리고 내리는 동작은 단지 팔 동작만으로 하지 말고 허리 운동으로 동작해야 한다.

2. 허리를 굽혀 밑으로 이동하는 동작은 허리와 고관

절이 이완된 상태에서 허리를 굽혀야 한다. 이때 둔부를 뒤로 빼거나 허리가 굽혀지지 않아야 한다.

3. 오른팔을 들어올릴 때 팔꿈치가 들리지 않아야 한다.

4. 왼팔의 동작은 오른팔의 운동과 상응하게 이뤄지며, 고정되거나 경직된 자세를 취하지 말아야 한다.

제27식 선통비(扇通臂)

동작 1 : 상체를 위로 들어올리면서 몸을 우측으로 약간 전환한 후, 오른손을 밑에서 위쪽으로 들어올려 머리 우측 옆에 손바닥이 바깥을 향하게 놓는다. 왼팔은 팔꿈치를 굽히고 왼 손바닥은 오른팔목 부근에 손바닥이 바깥쪽을 향해 놓는다. **[동작 123]**

동작 2 : 왼발을 들어 전방으로 내딛어서 좌궁보 보법을 취한다. 동시에 양손을 앞뒤로 벌려서 오른손은 오른 이마 옆 상단 부근에, 왼손은 손바닥을 비스듬히 전방으로 향한 수형으로 앞으로 내민다. 얼굴은 정동 방향이고, 눈은 왼 손바닥의 호구를 통해 전방을 바라본다. **[동작 124]**

◑요령◐

1. 왼발을 들어 앞으로 내딛어서 좌궁보 보법을 취할 때, 양발이 일직선에 위치함으로 인한 자세가 불안정하지 않게 양발의 좌우 간격을 유지해야 한다.

2. 상체를 들어올리면서 왼발을 내디딜 때 오른발에 중심을 실어야 상체가 위로

들리는 부정확한 자세를 피할 수 있다. 그리고 오른 손바닥은 이마 우측 상단에 놓는데, 어깨와 팔꿈치가 들리지 않아야 한다.

3. 궁보 시 양팔을 앞뒤로 동시에 벌려야 하고, 상체는 앞쪽으로 치우치지 않도록 바로 세우며, 몸의 중심을 비스듬히 우측 방향으로 두어야 양팔을 앞뒤로 벌리는 동작을 원활하게 할 수 있다.

제28식 전신별신추(轉身撇身捶)

동작 1 : 중심을 뒤로 이동하고 허리의 회전에 따라 몸을 좌측에서 우측으로 전환한다. 왼발을 몸의 전환 동작과 함께 안쪽으로 135° 꺾으면서 중심을 왼발로 이동시킨다. 동시에 오른발은 발뒤꿈치가 지면에서 들리고 발바닥으로 착지하는 허보 보법을 취한다. 왼팔은 안쪽으로 굽히면서 손바닥을 바깥 방향으로 하여 머리 위에 놓는다. 오른팔은 손바닥을 밑으로 향하게 하여 위쪽에서 밑으로 다시 몸쪽으로 이동하여 복부 앞쪽에 놓는다. **[동작 125]**

동작 2 : 오른손은 주먹을 쥐고 주먹은 밑으로 내리면서, 몸을 우측으로 180° 전환함과 동시에 오른발을 들어 앞으로 내딛고, 얼굴은 정서 방향을 향한다. 왼팔을 밑으로 약간 내려서 왼 손바닥이 비스듬히 정면을 향한 자세로 왼쪽 어깨 앞에 놓는다. 그리고 오른팔도 복부 앞에서 전방을 향해 권배가 전방을, 권심은 몸쪽을 향하게 해서 위에서 전방으로 내려친다. **[동작 126, 127]**

동작 3 : 중심을 우측으로 이동하면서 오른발은 우궁보 보법을 취하면서 오른팔을 전방에서 밑으로 내리면서 당겨 우측 옆구리 옆에 권심이 위를 향하게 하여 놓는다. 동시에 왼팔은 손바닥을 비스듬히 앞으로 향한 장의 수형으로 전방으로 내뻗는다. 얼굴은 정서 방향이고, 눈은 정면을 수평으로 바라본다. **[동작 128]**

동작 126

동작 127

동작 128

◐요령◑

1. 이 동작은 연속 동작이 비교적 많아서 동작 중 부분 동작 간의 협조와 연결에 유의해서 과도적 동작들이 정지되지 않게 주의해야 한다.

2. 별신추의 권형은 권배를 사용하여 상대방을 가격하는 것으로서, 반란추의 손목을 뒤집는 자세와 유사하다. 권의 수형과 동작은 권심이 안쪽을 향하게 하고, 손목을 구부려서 권배를 들어올리는 자세를 취해야 한다.

3. 몸을 전환하는 과정 중 왼발은 135° 안쪽으로 꺾어서 서남 방향을 향한 후, 오른발을 정서 방향으로 내딛어 우궁보 보법을 취해야 한다. 몸의 전환이 충분히 안 되면 왼발을 서남 방향으로 꺾기가 어렵게 되고 오른발의 동작도 부자연스럽게 된다.

제29식 진보반란추(進步搬攔捶)

동작 1 : 몸의 중심을 좌측으로 이동하면서 오른발을 들어 허보 상태를 유지해서 몸을 좌측으로 전환하고, 오른팔을 뒤집어서 권심이 밑을 향하게 주먹을 쥐고 몸의 전환에 따라 주먹을 밑에서 전방으로 다시 위쪽으로 내민다. 왼팔은 바깥쪽으로 회전하면서 팔꿈치는 굽히고 손바닥은 비스듬히 위쪽을 향하게 하여 오른 팔꿈치 안쪽 밑에 놓아 반(搬)의 형태를 만든다. **[동작 129]**

동작 2 : 중심을 좌측으로 이동하면서 오른발은 허보를 만들고 주먹을 쥔 오른손은 몸의 전환에 따라 우측 팔목을 위로 들어 올리고 동시에 왼팔도 밑으로 둥근 원을 만들며 이동하는데 이때 오른 팔꿈치를 굽히고, 오른손을 전

방에서 좌측 후방으로 둥글게 원을 그리며 이동한 후 권을 뒤집어 위로 들어올릴 때, 왼팔도 팔꿈치를 굽혀 위로 들어올린다. [동작 130]

동작 3 : 왼발에 중심을 실은 후 오른발은 우측 45° 벌려 내딛는다. 몸의 중심을 앞으로 이동하고 우측으로 몸을 전환해 오른발에 중심을 두고, 왼발은 지면에서 들린 허보 보법을 취한다. 양팔은 몸의 전환에 따라 위로 포물선을 그리면 들어올리는데 주먹을 쥔 오른팔은 바깥쪽을 향해 대각선 방향으로 들어올린 후 주먹을 우측 가슴 앞에 권배가 바깥쪽을 향하게 놓고, 왼팔은 좌측 가슴 앞에 손바닥이 비스듬히 전방을 향하게 놓는데, 양팔은 약간 구부린 상태여야 한다. [동작 131]

동작 4 : 왼발을 들어서 전방으로 내딛는데 발꿈치로 착지하고 발바닥이 들린 상태여야 한다. 동시에 왼 손바닥을 앞으로 내밀고. 오른팔은 전방에서 뒤쪽으로 팔꿈치를 굽혀서 오른 주먹을 허리 우측 옆에 놓는데. 권심이 위를 향하고 권안은 바깥을 향하게 한다. 얼굴은 정서 방향을 향하고, 눈은 정면을 수평으로 응시한다. [동작 132]

동작 5 : 왼발을 내딛어서 좌궁보 보법을 취하면서, 오른 주먹은 전방을 향해 가격하는데 이때 권면이 앞쪽을 권안은 위쪽을 향한다. 동시에 왼 손바닥을 당겨서 오른팔목 안쪽에 손바닥이 우측을 향하고 손가락은 위를 향하게 놓는다. 얼굴은 정서 방향이고, 눈은 정면을 수평으로 응시한다. [동작 133]

◐요령◑

1. **[동작 129]**의 자세는 이(擩) 동작과 매우 유사하며, 단지 권과 장의 수형 차이만
   있다. 오른손은 중심이 좌측으로 이동함과 동시에 주먹을 쥐고 동작의 진행에
   따라 주먹을 뒤집어 권심을 아래 방향으로 당긴다. 동시에 왼손은 바깥쪽으로
   회전하면서 손바닥이 위를 향하게 하여 앞에서 뒤쪽으로 당겨서 오른 팔꿈치
   밑에 반(搬)의 형상으로 놓는다.

2. 전체 투로 동작 중 몇 차례의 반란추 동작이 있는데, 오직 별신추 뒤에 이어지
   는 반란추만이 부완반과 번완반 동작을 가장 명쾌하게 표현하고 있다. 이는 **[동**
   작 129]에서 나타나는 부완반 자세에서 잘 보인다. 제14식 진보반란추는 좌루슬
   요보 뒤에 이어지는 자세로서 부완반의 동작이 잘 보이지 않는다.

제30식 상보람작미(上步攬雀尾)

동작 1 : 중심을 약간 뒤로 이동하고 허리 회전으로 왼발을 좌측으로 45° 벌린 후,
왼팔은 손바닥을 비스듬히 위로 하여 바깥쪽으로 돌리면서 붕(掤)의 수형을 취한다.
오른팔을 안쪽으로 회전하면서 권에서 장으로 전환하는데, 오른 손바닥은 밑을 향
한다. 얼굴은 정서 방향을 향하고 눈은 정면을 수평으로 응시한다. **[동작 134]**

동작 2 : 중심을 앞으로 이동하며 왼발에 몸의 중심을 싣고, 오른발은 뒤꿈치가 지

면에서 들린 허보 자세를
취한다. 양팔은 허리와 다
리의 운동에 따라서 오른
팔은 밑으로 회전하여 복
부 앞에 위치하고, 왼팔은
손바닥이 밑을 향하게 하
여 안쪽으로 회전해서 전
방에 놓는다. **[동작 135]**

　동작 3 : 오른발을 전방
으로 발꿈치로 착지하고 발바닥이 지면에서 떨어진 상
태로 내딛는다. 양팔은 좌측으로 서로 모은다. **[동작
136]**

　제30식 상보람작미는 제3식 람작미와 연결되는 부분
이 다를 뿐 기본적으로 동일하고, 붕·리·제·안 동작과
요령은 제3식 람작미와 같다. **[동작 137~144 참조]**

◑요령◑

　반란추 뒤에 이어지는 상보람작미와 기세 뒤에 이어
지는 람작미는 앞 동작과의 연결 부분이 약간 다르다. 즉 기세 뒤의 람작미는 좌붕
1식 이후 이어서 우붕으로 이어진다. 그러나 반란추 뒤에 이어지는 상보람작미는 단
독적으로 좌붕 1식을 하지 않고, **[동작 133]**에서 보듯이 왼팔을 바깥쪽으로 손바닥
을 비스듬히 위쪽을 향해 약간 회전하면서 좌붕의 자세를 취하는 동작으로 좌붕 1
식을 대신한다. 즉 반란추에 이어지는 상보람작미에서의 좌붕은 오른팔을 바깥으로
포물선을 그리면서 회전하면서 권에서 장으로 전환하는 동작으로 좌붕의 자세를 취
한다. 그밖에 요령들은 제3식 람작미와 동일하다.

제31식 단편(單鞭)

동작과 요령은 제4식의 단편과 동일하다.

[동작 145~151 참조]

제32식 운수-1(雲手-1)

동작 1 : 허리의 움직임에 따라 우측으로 몸을 전환하면서 중심을 천천히 오른 다리로 옮긴다. 동시에 왼발도 안쪽으로 90° 꺾어서 정남 방향으로 향하고, 왼팔은 손바닥이 비스듬히 바깥쪽을 향한 상태에서 약간 굽혀 수평인 상태로 이동하여 가슴 앞에 위치한다.

[동작 152]

동작 2 : 우측에서 좌측 으로 몸을 전환하면서 정 면을 지나 왼쪽 45° 지점까 지 중심을 좌측으로 옮기 는데 그 과정에서 오른발 은 허보가 되며, 왼팔은 손 바닥이 비스듬히 바깥쪽 을 향해 위로 둥글게 포물 선을 그리면서 이동한다.

오른손은 구권에서 장으로 바꿔 위에서 아래쪽으로 둥 글게 그리면서 내린다. [동작 153]

동작 3 : 상체를 좌측으로 이동할 때 중심을 왼발로 옮기고, 왼팔은 손바닥이 밑을 향하게 하여 위에서 아 래쪽으로 둥글게 회전하면서 내린다. 오른팔은 손바닥 이 안쪽을 향하게 하고 팔꿈치를 내린 상태로 밑에서 위로 붕의 자세로 들어올린다. 그리고 오른발을 들어 좌측으로 반보 이동하여 발 안쪽 모서리 면으로 착지 해서 양발 간격이 어깨 너비 정도의 마보 자세를 취한 다. [동작 154]

동작 4 : 중심을 우측으로 이동하면서 상체를 우측으 로 전환하고 양팔도 따라서 움직이는데, 오른팔은 둥글 게 원을 그리면서 우측으로 이동하고, 왼팔도 둥글게 이동해서 복부 앞에 놓는데, 오른 손바닥은 밑으로 향 한 채(㧩)의 수형이 되어야 한다. 눈은 우측 전방을 향해 수평으로 응시한다. [동작 155]

제33식 운수-2(雲手-2)

동작 156

동작 157

동작 1 : 오른팔을 손바닥이 밑을 향하게 하여 바깥쪽으로 회전한다. 왼팔은 밑에서 위로 붕의 수형으로 들어올려서 가슴 앞에 위치한다. 중심을 우측으로 이동하여 오른 다리에 몸의 중심을 싣는다. 왼발을 들어 좌측으로 내딛는데, 발 안쪽 모서리 면으로 착지하고 발끝을 안쪽으로 꺾어서 마보의 보법을 취하고, 양팔은 우측 옆에 양 손바닥을 마주하며 모은다. **[동작 156]**

동작 158

동작 2 : 왼발을 착지한 후 좌측으로 몸을 전환하고 중심도 왼쪽 다리로 이동해서 왼발에 몸의 중심을 옮기며, 오른발은 발뒤꿈치가 지면에서 들린 상태의 허보를 만든다. 동시에 양팔도 상하로 둥글게 원을 그리는데, 오른팔은 위로, 왼팔은 밑으로 회전한다. **[동작 157]**

동작 159

동작 3 : 계속해서 좌측으로 전환하면서 왼 다리에 중심을 싣고, 오른발을 좌측으로 당겨서 발 안쪽 모서리 면으로 착지한 후 어깨 너비 간격으로 벌린 마보 보법을 취한다. 양팔을 상하로 둥글게 교차하는데, 오른팔은 손바닥이 안쪽을 향하게 하여 위로 향한 붕의 수형으로 올리고, 왼팔은 손바닥이 비스듬히 밑을 향한 채의 수형으로 아래로 내린다. **[동작 158]**

동작 4 : 좌측에서 우측으로 전환하면서 오른 다리에 몸의 중심을 싣고 왼발은 허보 자세를 취한다. 양팔은 몸의 전환에 따라서 오른팔은 오른쪽 옆에서 손바닥을 비스듬히 밑으로 향한 채의 수형을 취하고, 왼팔은 손바닥을 안으로 해서 밑으로 내려 복부 앞에 놓는다. 얼굴은 서남 방향이고, 눈은 수평으로 응시한다. [동작 159]

제34식 운수-3(雲手-3)

동작 1 : 오른팔은 손바닥을 비스듬히 밑을 향하여 바깥쪽으로 둥글게 회전하고, 왼팔은 밑에서 위쪽으로 붕의 자세로 들어올려서 가슴 앞에 놓는다. 몸의 중심을 오른발로 이동한 후, 왼발을 들어서 발끝을 안쪽으로 꺾어 발바닥의 안쪽 모서리 부분으로 착지해서 마보 자세를 만들고, 양팔은 우측 옆에서 양 손바닥이 마주 보는 자세로 모은다. [동작 160]

동작 160

동작 2 : 왼발을 착지한 후 왼쪽으로 전환하면서 중심도 왼발로 이동해서 왼발에 중심을 두고, 오른발은 발꿈치가 지면에서 떨어진 허보 자세를 취한다. 동시에 양팔을 상하로 원을 그리는데, 오른팔이 위쪽으로 왼팔은 밑으로 회전한다. [동작 161]

동작 3 : 왼발에 중심을 두며 오른발은 발끝을 안쪽으로 꺾고 좌측으로 반보 당겨 착지한다. 양팔은 상하 방향으로 둥글게 회전하는데, 오른팔이 손바닥을 안으로 해서 위쪽으로, 왼팔은 손바닥을 비스듬히 밑으로 해서 아래 방향으로 회전한다.

[동작 162]

동작 4 : 왼쪽에서 오른쪽을 지나 우측 측면으로 전환함과 동시에 양팔도 상하로 회전한다. 즉 오른팔은 손바닥을 안쪽으로 해서 가슴 앞에 두고, 왼팔도 손바닥을 안쪽으로 해서 복부 앞에 둔다. 얼굴은 서남 방향을 향하고, 눈은 수평으로 응시한다. [동작 163]

동작 161　　동작 162　　동작 163

◑요령◑

1. 운수는 좌우 양쪽으로 회전하며 그 회전 폭이 크기 때문에 허리와 다리의 운동을 따라서 사지(四肢)를 움직여야 하고, 상하좌우 동작의 협조에 주의해야 한다.

2. 양팔의 회전 운동은 상하 및 좌우로 상호교체하면서 전환한다. 좌측으로 전환 시, 왼팔이 주가 되어 왼팔을 붕 자세로 위로 들면서 몸을 좌측으로 전환해서 중심을 좌측으로 이동함과 동시에 오른팔을 밑으로 내리면서 오른발을 좌측으로 당겨 마보 보법으로 착지한다. 그리고 우측으로 전환할 경우는 오른팔이 주가 되어 오른팔을 붕의 자세로 들어올리면서 우측으로 전환해서 중심을 우측으로 이동함과 동시에 왼팔도 밑으로 회전하면서 내린다. 왼발을 좌측으로 반보 모으거나 크게 내디딜 때는 발끝은 모두 안쪽으로 꺾어야 하고 발바닥 가장자리로부터 발바닥으로 착지하는 마보 보법을 취해야 한다.

3. 운수는 좌와 우로 나뉘고 양팔 중 한 팔은 위로 다른 한 팔은 밑으로 원을 그리면서 교차한다. 일반적으로 운수는 연속적으로 3번을 하지만 때로는 5번 혹은 1번만 할 수도 있다. 그러나 전체 초식의 구성상 운수의 횟수는 홀수만 가능하며 짝수로 해서는 안 된다.

4. 운수 동작 시 허리 운동으로서 몸의 좌우전환 동작을 이끌어야 함에 특히 주

의해야 한다. 머리는 몸의 전환에 따라 좌측 및 우측 45° 지점을 향해야 한다. 동작 중 허실의 전환, 팔을 모으고 펼치는 동작과 발을 내딛거나 당기는 동작들이 하나의 수평선상에서 안정감 있고 자연스럽게 이루어져야 하며, 상하로 기복이 심하거나 서둘러서는 안 된다.

5. 3번째 운수 동작 중 오른발을 당길 때 발을 안쪽으로 꺾는 것은 다음 동작인 단편을 위한 준비 단계이다. 3번째 운수 후의 오른발을 당겨 내디딜 때 발을 안쪽으로 꺾어 팔자보로 착지하지 않으면 다음 초식인 단편 동작을 시작할 때 왼발을 내딛기가 매우 불편해지기 때문이다.

제35식 단편(單鞭)

동작 1 : 운수 중 양팔이 우측 측면에서 서로 만날 때, 오른손은 장(掌)에서 구권(勾拳)으로 바꾸고, 왼손은 손바닥이 몸쪽을 향한 붕의 수형으로 하고, 머리는 몸의 전환에 따라 우측 측면을 향한다. 오른발에 몸의 중심을 싣고, 왼발은 발뒤꿈치가 지면에서 들린 허보 보법을 취한다. **[동작 164]**

동작 2 : 왼발을 들어 발뒤꿈치로 착지하면서 좌측 전방으로 내딛는다. **[동작 165]**
그 밖의 동작은 제4식의 단편과 동일하다. **[동작 166]**

동작 164

동작 165

동작 166

제36식 고탐마(高探馬)

동작 1 : 좌측에서 우측으로 전환하면서 중심을 오른발로 싣고 왼발은 발바닥이 지면에서 떨어진 허보 보법을 취한다. 동시에 오른손의 구권을 장으로 바꾸고 손바닥이 밑을 향하게 한다. 왼손은 손바닥이 위를 향하게 한다. **[동작 167]**

동작 2 : 양팔을 허리 움직임에 따라 좌측에서 정면으로 전환하면서 오른팔은 안쪽으로 굽혀 뒤쪽에서 앞쪽으로 이동하여 가슴 앞에 놓는다. **[동작 168]**

동작 3 : 오른손을 손바닥이 밑을 향하고 손의 수도 부분이 앞을 향하게 하여 가슴 앞에서 전방으로 내민다. 동시에 왼팔을 굽히고 왼 팔꿈치를 뒤로 당기면서 손바닥이 위를 향하고 손가락은 전방을 향하게 하여 왼손을 옆구리 좌측 앞에 놓는다. 동시에 왼발을 들어 정면을 향해 발바닥으로 착지한 허보 보법을 취한다. 얼굴은 정동 방향을 향하고, 눈은 정면을 수평으로 응시한다. **[동작 169, 170]**

◐ 요령 ◑

1. 우측으로 중심을 이동할 때는 허리를 우측으로 전환해서, 왼발에 중심을 실어

야 왼발을 편하게 들 수 있다. 만약 허리 회전을 하지 않으면 왼발을 들어서 당기는 동작이 매우 부자연스럽게 느껴진다.

2. 고탐마는 오른손의 수도 부분을 앞으로 내밀어 가격하는 동작이므로 오른손 팔목을 안쪽으로 꺾고 손가락이 전방을 향하지 않게 해야 한다.

3. 고탐마의 허보 자세는 백학양시와 동일하며, 양자 모두 발바닥으로 착지하기 때문에 수휘비파보다 비교적 높다. 반면 수휘비파 및 제수상세는 모두 발뒤꿈치로 착지하므로 자세는 낮지만, 보폭은 비교적 크다.

제37식 우분각(右分脚)

동작 1 : 몸을 허리 회전에 따라 우측으로 전환하고 중심을 우측으로 이동하면서 오른발에 중심을 싣고, 왼발은 발바닥으로 착지해서 허보 보법을 취한다. 동시에 양팔을 수평으로 원을 그리는데, 오른팔은 전방에서 우측으로, 왼팔은 안에서 좌측으로 둥글게 회전한다. [동작 171]

동작 2 : 양팔을 계속해서 수평으로 회전하는데 왼팔은 앞으로, 오른팔은 안쪽으로 회전한다. [동작 172]

동작 171

동작 172

동작 173

동작 174

동작 3 : 중심을 우측으로 이동하면서 오른발에 중심을 실은 후, 왼발을 좌측으로 발뒤꿈치로 내딛으면서 좌측 대각선 방향으로 허보 보법을 취한다. 양팔은 수평으로 회전한다. [동작 173]

동작 4 : 양팔을 회전하여 오른쪽 가슴 앞에 모으고, 중심은 왼발로 이동한다. [동작 174]

동작 5 : 중심을 좌측으로 이동시켜 좌궁보 자세를 취한다. 동시에 양팔도 둥글게 회전하는데, 왼팔은 작은 원을 그리면서 손바닥이 비스듬히 안쪽을 향하게 하여 좌측 가슴 앞에 놓고, 좌측 무릎과 좌측 팔꿈치가 일치되게 한다. 오른팔은 원을 그리면서 우측 전방에 팔꿈치를 굽히고 손바닥이 비스듬히 바깥쪽을 향한 장의 자세를 취한다. 이때 얼굴은 동남 방향이고, 좌측을 향한 좌궁보의 이(攦) 자세여야 한다. [동작 175]

동작 6 : 양팔을 허리 운동에 따라서 우측 45° 지점에서 좌측 45° 지점까지 이의 자세로 좌측으로 이동한 후, 십자형으로 모으는데, 오른팔이 바깥쪽 왼팔은 안쪽에 놓고, 양 손바닥은 몸쪽을 향하게 한다. 얼굴은 동북 방향을 본다. [동작 176]

동작 7 : 중심을 앞으로 이동하면서 왼 다리에 중심을 두어 서고 오른발은 발바닥을 약간 안쪽으로 당기면서 들어올린다. [동작 177]

동작 8 : 오른발을 들어올려 우측으로 내뻗음과 동시에 양팔을 전후로 벌리는데, 양팔의 손목은 약간 구부리고, 양 손바닥이 바깥쪽을 향하게 하여 벌린다. 이때 오른 무릎과 오른 팔꿈치는 서로 일치되고, 방향

은 동남쪽을 향하며, 왼팔은 좌측으로 벌린다. 얼굴은 동남 방향을 향하고, 눈은 정면을 수평으로 응시한다.

[동작 178]

동작 178

❂요령❂

1. 양팔을 수평으로 둥글게 원을 그리는데 왼팔과 오른팔 각기 하나의 원을 그린다. 오른팔은 전방에서 우측으로 다시 안쪽으로 해서 좌측 전방으로 크게 원을 그리면서 동남 방향에 위치한다. 왼팔은 안쪽에서 좌측 전방으로 회전한 후 다시 우측으로 해서 안쪽으로 작은 원을 그리면서 오른팔목과 팔꿈치 사이에 놓는다. 양팔을 수평으로 회전하는 과정에서 위쪽에 있는 오른팔은 위쪽에 있고, 밑에 있는 왼팔은 밑에 위치하며, 회전 시 양팔의 위치를 변경하면 안 된다.

2. 우분각에서 이(攦)의 자세에서 상체의 동작은 람작미의 이(攦) 자세와 기본적으로 같지만, 하체는 람작미식처럼 왼 다리에 중심을 싣지 않고, 좌궁보 보법을 취하는 점이 서로 다르다. 우분각의 이(攦) 동작 중 오른 무릎과 오른 팔꿈치는 서로 일치되고, 왼발 끝이 가리키는 방향은 동북 방향이지만, 상체와 얼굴은 동남 방향을 향한다. 그리고 양팔을 이(攦) 자세에서 좌측으로 이동하여 두 손을 십자형으로 모을 때의 방향은 좌측 대각선 방향이고, 오른발을 앞으로 내뻗을 때의 오른발과 상체는 우측 대각선 방향이다. 눈은 몸의 전환에 따라 이동하면서 정면을 바라본다.

3. 이의 자세를 완성하는 과정은 허리 운동을 중심으로 해서 몸의 전환이 이루어져야 한다. 즉 팔과 손의 전환은 허리 운동에 따라서 진행되어야 한다.

4. 왼발로 설 때는 자연스럽게 서면 되고, 의식적으로 다리를 굽히거나 지나치게 곧게 서지 않는다. 분각은 발등을 사용하여 앞으로 내차는 동작이다.

5. 양팔을 십자형으로 모을 때 우분각이면 오른손을 바깥쪽에, 좌분각이면 왼손

을 바깥쪽에 놓는다.

제38식 좌분각(左分脚)

동작 1 : 왼팔을 굽히고
손바닥이 비스듬히 바깥
쪽을 향하게 하여 안쪽에
서 가슴 앞으로 놓으며, 동
시에 오른팔도 손바닥을
위로 하여 바깥으로 회전
한다. 오른발은 발끝이 밑
을 향하게 한다. [동작 179]

동작 2 : 왼발에 중심을
싣고 오른발 발뒤꿈치로 착지하고 발바닥은 지면에서 약간 든다. 오른발은 동남 방
향을 지향한다. [동작 180]

동작 3 : 양팔을 동시에 수평으로 원을 그리는데, 오른팔은 전방에서 좌측 그리
고 안쪽으로 회전하여 가슴 앞에 놓고, 왼팔은 안쪽에서 우측을 지나 전방으로 크
게 회전하여 오른팔의 좌측 전방에 놓는다. 동시에 오른발을 앞으로 내딛어서 우궁

보 보법을 취한다. 그리
고 양팔은 우측 측면에서
이의 동작을 취한다. 즉
왼팔이 위쪽에 오른팔은
밑에 위치하고 오른손은
왼팔목과 팔꿈치 사이에
놓으며 오른 팔꿈치와 오
른 무릎이 서로 일치하게
한다. [동작 181, 182]

동작 4 : 좌측에서 우측으로 전환하면서 양팔은 허리 움직임에 따라 이 동작으로 우측 측면으로 이동해서 양 손바닥을 십자형으로 서로 합치는데, 왼팔이 바깥쪽에 오른팔은 안쪽에 두고 양 손등은 바깥을 향한다. 그리고 몸의 중심은 오른 다리로 옮긴다. **[동작 183]**

동작 5 : 중심을 앞으로 이동하면서 오른발로 서고, 왼발을 발끝이 밑을 향하게 해서 들어올린다. **[동작 184]**

동작 6 : 왼 발등을 좌측으로 내뻗음과 동시에 양팔은 좌우 양쪽으로 크게 벌려서 손바닥이 비스듬히 바깥을 향한 좌우 양장의 자세를 취한다. 왼 팔꿈치와 왼 무릎은 서로 일치되어야 하며, 얼굴은 동북 방향을 눈은 정면을 응시한다. **[동작 185]**

◑요령◐

좌분각은 우분각과 그 방법이 동일하며, 하나는 좌측으로 하나는 우측으로 대칭되는 동작이다. 좌분각의 양팔을 수평으로 회전하는 동작은 우분각의 동작보다 비교적 작고 간단하고, 그 밖의 동작들은 같다.

제39식 전신우등각(轉身右蹬脚)

동작 1 : 왼발을 밑으로 내리고, 발끝은 밑을 향한다. **[동작 186]**

동작 2 : 왼팔을 손바닥이 안쪽을 향하게 하고, 오른팔은 손바닥이 우측 측면을 향해 바깥쪽으로 회전하며, 왼발을 좌측 앞 방향으로 뻗친다. [동작 187]

동작 3 : 오른발 뒤꿈치를 축으로 해서 좌측 뒤쪽으로 135° 전환하면서 왼 발등을 약간 들면서 왼발을 당겨 올리면서 양팔은 가슴 앞에 서로 교차해서 십자수 수형을 갖춘다. 이때 왼팔은 밖에, 오른팔은 안쪽에 두고 양팔의 손등은 바깥을 향한다. [동작 188]

동작 186

동작 187

동작 188

동작 189

동작 4 : 왼발을 발끝이 위를 향하게 하고 발뒤꿈치로 앞쪽, 즉 정서 방향으로 내뻗는다. 동시에 양팔을 좌우 양쪽으로 벌리는데, 왼팔은 손바닥을 바깥쪽으로 향해 정서 방향으로 벌리고, 오른팔은 손바닥을 바깥쪽으로 해서 우측 후방의 동북 방향으로 벌린다. 얼굴은 정서 방향이며, 눈은 수평을 응시한다. [동작 189]

◑요령◑

1. 이 동작은 한 발을 사용하여 좌측 후방으로 135° 전환하지만, 전환 후 다리의 허실은 변화하지 않고 단지 방향만 바뀔 뿐이다. 때문에 몸의 전환 시 발뒤꿈치

를 축으로 삼아야 하며, 발바닥을 지면에서 약간 띄우고 허리 운동에 따라 온 몸을 좌측 후방으로 135° 전환하면 된다.

2. 등각은 정면으로 발을 내뻗으며, 좌우 등각을 막론하고 모두 발뒤꿈치로 내뻗는다. 반면에 분각은 발등을 사용하여 측면으로 차기 때문에 우분각은 오른발을 상대방을 향해 약간 비스듬하게 우측 방향으로 차며, 좌분각은 상대방을 향해 약간 비스듬히 좌측 방향으로 내뻗는다.

제40식 좌누슬요보(左摟膝拗步)

동작 1 : 왼발을 당겨 구부리고 발끝이 밑을 향하게 한다. [동작 190]

동작 2 : 오른팔을 밖에서 안으로 다시 뒤쪽으로 회전한 후, 팔꿈치를 굽혀 손바닥이 전방을 향하게 한다. [동작 191]

동작 190

동작 191

동작 3 : 오른발에 중심을 두고 왼발은 발뒤꿈치로 착지한 후 좌궁보 보법으로 내딛으면서 몸의 중심을 좌측으로 이동한다. 왼팔은 앞쪽에서 위쪽으로 다시 밑으로 수평으로 이동해서 좌측 무릎 옆쪽에 놓고, 오른팔은 밑에서 위쪽으로 회전한 후 팔꿈치를 굽혀서 손바닥을 세운 후 전방으로 내뻗는다. 얼굴은 정서 방향이고, 눈은 전방을 수평으로 응시한다. [동작 192~194]

❂요령❂

제7식 동작과 요령은 제7식 좌누슬요보와 기본적으로 동일하다.

동작 192

동작 193

동작 194

제41식 우누슬요보(右摟膝拗步)

동작과 요령은 제10식의 우누슬요보와 동일하다.

[동작 195~198 참조]

동작 195

◑요령◑

제9, 10식의 좌, 우누슬요보는 얼굴이 정동 방향을 향해 동작을 취하지만, 제40, 41식의 좌, 우누슬요보는 정서 방향을 향한다.

동작 196

동작 197

동작 198

제42식 진보재추(進步栽捶)

동작 199

동작 1 : 중심을 약간 뒤로 이동한 후 오른발을 우측 45° 방향으로 벌리고 중심을 오른발로 이동하면서 왼발은 허보를 만들고 발꿈치가 땅에서 약간 떨어지게 한다. 오른팔을 바깥쪽으로 회전하면서 손바닥이 위를 향하게 한다. 왼팔은 안쪽으로 굽히면서 손바닥이 밑을 향하게 한다. **[동작 199]**

동작 2 : 우측으로 몸을 전환하면서 왼발을 들어 앞으로 내딛는데 발뒤꿈치가 먼저 착지하도록 한다. 양팔도 몸의 전환에 따라 함께 움직이는데 왼팔은 안으로 굽히면서 손바닥이 밑을 향하게 하여 복부 앞에 놓는다. 오른팔은 주먹을 쥐면서 손바닥이 위를 향하게 하여 우측 옆구리 옆에 놓는다. **[동작 200]**

동작 3 : 왼발을 앞으로 내딛어 좌궁보를 취하고, 몸은 좌측 앞으로 전환하며, 양팔도 몸의 전환에 따라 우측에서 좌측 전방으로 이동하는데, 왼손은 좌측 무릎 앞을 지나 좌측 무릎 옆에 놓는다. 오른팔은 몸쪽으로 회전하는데 권면이 앞을 향하고, 권안은 위를 향하며 전방 아래 방향으로 주먹을 가격한다. 몸은 정서 방향을 향하고 눈은 오른 주먹 전방을 바라본다. **[동작 201, 202]**

동작 200

동작 201

동작 202

1. 이 식의 과도 동작에서 왼팔 동작은 좌누슬요보와 동일하며, 오른팔은 주먹을 쥐고 상대방의 무릎 부분을 가격한다.

2. 재추는 상대방의 하단 부분을 가격하는 동작이므로 허리와 고관절 부위를 이 완시켜야 한다. 동작 시 등을 구부리거나 둔부가 튀어나오지 않아야 하고, 머리를 밑으로 숙이지 않으며, 눈은 오른 주먹 전방을 봐야 한다.

제43식 전신별신추(轉身撇身捶)

동작 1 : 중심을 뒤로 이 동하면서 허리 운동으로 상체를 우측으로 전환하고, 왼발을 안쪽으로 135° 꺾으면서 왼발에 중심을 싣고 오른발은 허보가 되게 한다. 양팔도 따라서 움직이는데 왼팔을 굽혀서 머리 위쪽 상단에 손바닥

이 바깥을 향하게 두고, 오른팔은 안쪽으로 회전하면서 손바닥이 밑을, 권안은 안쪽을 향하게 하여 팔목을 굽힌 후 주먹을 위쪽으로 들어올리고 팔꿈치는 굽힌 상태로 복부 앞에 놓는다. 얼굴은 서남 방향을 향하고, 눈은 수평으로 응시한다. **[동작 203, 204]**

동작 2와 동작 3은 제28식 전신별신추의 동작 2, 동작 3과 방향만 다를 뿐 그 동작과 요령은 동일하다. **[동작 205~207]**

◐요령◑

제28식의 전신별신추와 동일하며 단지 앞 동작과 연결되는 부분이 다를 뿐이다.

제28식은 선통비 뒤의 동작이고, 제43식은 진보재추 후의 동작이다. 이 식은 진보재추와 이어지는 동작으로 오른팔이 안쪽으로 회전한 후 주먹을 들어서 복부 앞쪽에 놓는 동작만 다를 뿐 그 외의 동작은 같다.

제44식 진보반란추(進步搬攔捶)

동작 및 요령은 제29식의 진보반란추와 동일하며, 단지 방향이 서로 반대이다. 제29식은 얼굴이 정서 방향을 향하면서 진행되고, 제44식은 얼굴이 정동 방향을 향한다. [동작 208~212]를 참조하라.

동작 211
동작 212

동작 213

동작 214

동작 215

동작 216

제45식 우등각(右蹬脚)

동작 1 : 중심을 뒤로 이동한 후 왼발을 좌측으로 45° 벌려 딛고 좌측으로 몸을 전환하면서 중심을 왼발로 이동한다. 왼팔을 손바닥이 안쪽을 향하게 하여 바깥 방향으로 회전한다. [동작 213]

동작 2 : 앞으로 이동하면서 왼 다리에 중심을 싣고, 오른발은 발뒤꿈치가 지면에서 떨어진 허보 보법을 취한다. 오른팔은 팔을 안으로 굽히고 손바닥도 안쪽을 향하게 하여 위에서 밑으로 다시 왼쪽으로 회전한 후 양손을 교차하여 십자형으로 모으는데 오른손이 바깥에 왼손은 안쪽에 오게 해서 가슴 앞쪽에 놓는다. [동작 214]

동작 3 : 왼발로 서면서 오른발은 발끝이 아래쪽을 향하고 발등을 약간 당기면서 들어올린다. [동작

215]

동작 4 : 오른발은 발뒤꿈치를 사용하여 발바닥 전체로 정동 방향으로 내뻗으면서 양팔도 좌우로 벌린다. 오른팔은 오른발과 같은 정동 방향이며 왼 무릎과 왼 팔꿈치가 서로 일치되게 한다. 왼팔도 좌측 45° 방향으로 벌린다. 얼굴은 정동 방향이고, 눈은 정면을 수평으로 바라본다. **[동작 216]**

◖요령◗

이 식은 제39식 전신좌등각과 동일하다. 단지 발을 내뻗는 좌우 방향만이 다르다.

제46식 좌타호(左打虎)

동작 217

동작 218

동작 1 : 오른발을 굽혀서 발끝이 밑을 향하게 한다. **[동작 217]**

동작 2 : 왼발에 중심을 싣고서 오른발을 우측 45° 안쪽으로 꺾은 후 뒤꿈치가 먼저 착지하도록 하여 내딛는다. **[동작 218]**

동작 219

동작 3 : 중심을 오른발로 이동한 후 왼발은 뒤꿈치가 들린 상태의 허보 보법을 취한다. 왼팔은 안쪽으로 굽혀서 손바닥이 안쪽을 향하게 하여 오른팔목과 팔꿈치 중간 밑에 놓아 이의 형태를 취한다. **[동작 219]**

동작 4 : 왼발을 들어 정북 방향으로 발뒤꿈치로 착지하고 발바닥이 들린 상태로 착지한다. 양팔은 허리 운동으로 우측에서 좌측으로 이동하고 중심을 앞쪽으로 전환하면서 왼 발바닥으로 착지한다. 동시에 왼팔은 우

측에서 밑으로 다시 좌측에서 위쪽으로 회전하고, 오른팔은 밑에서 몸쪽으로 이동한다. **[동작 220]**

동작 5 : 왼발을 내딛어서 좌궁보 보법을 취하면서 왼팔은 주먹을 쥐어서 이마 좌측 상단에 팔을 굽혀서 권안이 밑에, 권심은 바깥쪽을 향하게 놓는다. 오른팔도 주먹을 쥐어서 권안이 위를 향하고, 권심은 안쪽을 향하게 하여 복부 앞에 놓는데, 양 권안이 서로 마주 보게 한다. 얼굴은 정북 방향이고, 눈은 정면을 수평으로 응시한다. **[동작 221]**

◐요령◑

1. 동작 1중 왼발에 중심을 싣고 오른발 끝을 안쪽으로 45° 꺾어 오른발을 착지하는 것은 왼발을 전방으로 내딛어 좌궁보 보법을 취하기 위한 팔자보의 예비 동작이다.

2. 왼팔은 밑으로 내렸다가 다시 위로 올라가는 270°로 크게 회전하면서 주먹을 쥐어 머리 상단 부근에 놓는다. 이때 주의할 점은 팔목을 밑으로 꺾어 좌붕의 형상을 취해야 한다는 점이다. 오른팔은 위에서 밑으로 내려오면서 천천히 주먹을 쥐어 복부 앞에 놓는데, 이때 권심이 안쪽을 향하고 팔꿈치는 바깥을 향하게 함으로써 밑에서 우붕의 형상을 취해야 한다.

3. 권의 파지법은 주저간추의 방법과 동일하다. 특히 팔꿈치를 바깥쪽으로 내밀고 팔목은 안쪽으로 꺾어 양팔을 회전함으로써 동작이 크고 기품이 있는 권세(拳勢)를 지녀야 한다.

4. 사지는 허리 운동으로 움직여야 하고, 상체와 하체는 조화되어야 한다. 특히 왼

발이 좌궁보 보법을 취할 때 상·하체 동작의 원만한 조화 및 속도의 협조가 요구된다. 즉 좌측 무릎이 먼저 나오거나, 상체만 움직이고 하체는 움직이지 않거나, 하체는 움직이는데 상체는 정지하는 등 동작 간 불협조가 되지 않도록 주의해야 한다.

5. **[동작 219]**의 동작은 이(攦)의 형상을 취해야 하므로 특히 왼팔의 위치에 주의해야 한다.

제47식 우타호(右打虎)

동작 1 : 중심을 뒤로 이동한 후 허리 운동으로 우측 후방으로 전환하면서 왼발을 135° 안쪽으로 꺾고 양팔도 뒤쪽으로 이동한다. 왼발을 135° 꺾은 후 중심을 왼발로 옮기면서 오른발은 허보가 되게 한다. 양팔을 위에서 밑으로 내리면서 천천히 주먹을 펴서 이의 형상을 취한다. **[동작 222, 223]**

동작 2 : 오른발을 들어 발뒤꿈치로 착지하고 발바닥은 지면에서 떨어진 상태로 정남 방향으로 내딛는다. **[동작 224]**

동작 3 : 좌측에서 우측

으로 전환하면서 중심을 이동하여 오른발은 우궁보 보법을 취한다. 동시에 양팔을 둥글게 회전하는데 오른팔은 위에서 밑으로, 왼팔은 밑에서 몸쪽으로 회전한다.

동작 226

[동작 225]

동작 4 : 오른발을 앞으로 내딛어 우궁보 보법을 취한다. 오른팔은 바깥에서 안으로 크게 회전하면서 주먹을 쥐어 오른 이마 상단에 권심이 바깥으로 권안은 밑을 향하게 놓는다. 왼팔도 주먹을 쥐어 팔목과 팔꿈치를 굽혀서 복부 앞에 권심이 안쪽을 향하고 권안은 위를 향하게 놓아서, 양권의 권안이 서로 마주 보게 한다. 얼굴은 정남 방향이고, 눈은 정면을 수평으로 응시한다. **[동작 226]**

❶**요령**❶

1. 이 동작은 좌타호와 좌우 대칭이며 연결 부분이 약간 다를 뿐, 이 자세를 취한 이후 양팔의 회전 및 궁보의 방법과 요령들은 동일하므로 좌타호의 설명을 참조하라.

2. 왼발을 안쪽으로 135° 꺾은 후 중심을 왼발로 옮길 때 동시에 왼팔도 수평으로 내려 오른손과 조화를 이루어 이(攦)의 수형을 취해야 한다.

3. 오른발을 내딛어 우궁보를 취한 후 양팔은 허리 운동으로 이동하면서 둥근 원 방향으로 회전해야 한다. 단 오른발이 착지하기 전에 미리 몸을 전환해서는 안 된다. 발을 내딛음과 동시에 양팔을 회전해서는 안 되고, 발에 몸의 중심을 두고 다리와 허리 운동에 따른 손동작을 하는 순서로 진행되어야 한다.

제48식 회신우등각(回身右蹬脚)

동작 1 : 먼저 왼발을 좌측으로 90° 꺾은 후 허리 회전에 따라 몸을 우측에서 좌측으로 전환함과 동시에 오른발도 안쪽으로 90° 꺾으면서 왼발에 몸의 중심을 싣는다.

왼팔은 밑에서 좌측으로 다시 위쪽으로 들면서 붕의 자세를 취하고, 오른팔도 위에서 밑으로 회전시킨다. [동작 227]

동작 2 : 계속하여 몸을 좌측으로 전환하면서 오른팔을 좌측에서 위쪽으로 들어올리면서 팔목을 굽히고 팔꿈치를 내린 자세로 왼팔의 바깥쪽에 두어 양팔을 교차해서 십자형을 만든다. 양팔의 권심은 안쪽이고 몸은 좌측으로 편향되고 눈은 정면을 수평으로 바라본다.

[동작 228]

동작 3 : 왼발을 세우면서 오른발을 들어 전방을 향해 내뻗으면서 동시에 양손은 권을 풀어 장의 수형으로 좌우로 벌리는데, 손바닥이 바깥을 향하게 한다. 오른팔은 정동 방향을 향하고 왼팔은 서북 방향을 향하며, 눈은 정동 방향을 바라본다.

[동작 229, 230]

◐요령◑

제45식 우등각의 요령을 참조하라. 우등각과 회신우등각은 용법은 동일하며 단지 연결 동작 부분이 다를 뿐이다.

제49식 쌍봉관이(雙峰貫耳)

동작 1 : 오른 무릎을 굽히면서 발끝이 밑으로 향하게 하고 발등을 약간 당긴다. 허리 회전으로 왼발 뒤꿈치를 사용하여 우측 45° 방향으로 몸을 전환하고 양팔도 따라서 우측으로 전환한다. **[동작 231, 232]**

동작 2 : 왼팔을 좌측에서 우측으로 이동하여 정면으로 이동한 후, 양팔은 손바닥이 위를 향하게 하여 어깨와 같은 너비로 한다. **[동작 233]**

동작 3 : 왼발에 중심을 두고 오른발은 발뒤꿈치로 착지해서 허보 자세를 취한다. 양 팔꿈치를 앞에서 뒤쪽으로 당겨서 양손을 허리 부근에 손바닥이 위를 향하게 둔다. **[동작 234, 235]**

동작 4 : 중심을 오른발로 이동하면서 오른발을

내딛어 우궁보 보법을 취한다. 양팔도 양 손바닥을 뒤집어 커다란 원을 그리면서 뒤쪽 밑에서 앞쪽으로 다시 위쪽을 향해 주먹을 쥐면서 회전한다. 이때 양권은 안쪽을 향하고 권안은 마주 보며, 권심은 비스듬히 바깥을 향하게 하여 상대의 관자놀이 부분을 권으로 가격한다. 얼굴은 동남 방향이고 눈은 정면을 수평으로 바라본다. [동작 236, 237]

동작 237

❂요령❂

1. 우측으로 45° 전환 시 단지 방향만 바뀔 뿐 몸 중심의 허실은 변하지 않는다. 전환 시 왼 발꿈치를 사용하며 신체 각 부분의 조화와 협조를 이뤄서 중심을 잃지 않도록 해야 한다.

2. 이 식은 ① 몸의 전환 ② 왼발로 중심 이동과 팔의 회수 ③ 우궁보와 가격 등 3부분으로 나눈다. 특히 양팔로 상대를 가격하는 양팔의 동작 방향은 밑에서 위쪽으로 다시 양 측면에서 중앙을 향해 상대의 관자놀이 부분을 가격하는 것이다. 그 과정에서 양손을 뒤집으며 주먹을 쥐어 가격하는 과정에서 하체, 즉 양발이 떠받치는 경감(勁感)은 팔 동작을 안정적으로 진행하는 기초가 된다.

3. 양권을 안쪽으로 꺾고, 양 팔꿈치는 바깥쪽으로 뻗어 양팔을 크고 둥글게 회전하면서 측면권을 사용하여 상대의 양 관자놀이를 가격하는 동작이므로 양권안은 비스듬히 마주 보는 자세를 취해야 한다.

제50식 좌등각(左蹬脚)

동작 1 : 중심을 오른발로 이동하면서 왼발을 지면에서 띄운다. 양팔은 위쪽에서 좌우로 벌린 후 다시 아래 방향으로 회전한 후, 가슴 앞쪽으로 당겨 왼팔이 바깥쪽에 위치하고 권심이 몸쪽을 향한 십자형의 수형을 취한다. [동작 238, 239]

동작 2 : 오른발에 중심을 두고 서면서 왼발을 들어 전방으로 내뻗는다. 양손은 권

동작 238

동작 239

동작 240

에서 장으로 바꾸면서 양팔을 좌우 방향으로 벌리는데 손바닥이 비스듬히 바깥을 향한 자세로 왼팔은 전방을 향하고 오른팔은 우측을 향한다. 얼굴은 정동 방향이고, 눈은 전방을 수평으로 바라본다. **[동작 240, 241]**

동작 241

◐ 요 령 ◐

제39식 좌등각과 동일하다.

제51식 전신우등각(轉身右蹬脚)

동작 1 : 왼발을 자연스럽게 굽혀서 발끝이 밑을 향하고 발바닥을 약간 당긴다. **[동작 242]**

동작 2 : 왼발을 밑으로 내린 후 다시 좌측 후방으로 뻗치고 왼팔은 손바닥을 비스듬히 위로 해서 안으로 굽힌다. 오른팔은 손바닥을 밑으로 하여 회전시킨다. 몸은 허리 운동에 따라 오른발을 축으로 해서 왼발을 좌측에서 우측으로 360° 회전시켜 착지하면서 중심을 왼발에 둔다. 오른발은 발뒤꿈치가 땅에서 떨어진 허보 보법을 취한다. 양팔은 몸의 전환에 따라 팔을 굽힌 상태로 비스듬히 서로 마주 보면서 오른팔을 바깥에 두고 손바닥이 안쪽을 향한 십자형 수형을 취한다. **[동작 243, 244]**

동작 3 : 왼발을 세우고 오른발을 들어 전방으로 내뻗는 동시에 양팔은 손바닥이 바깥을 향하게 해서 좌우로 벌리는데, 오른팔은 정동 방향을, 왼팔은 서북 방향을 향한다. 얼굴은 정동 방향이고, 눈은 수평으로 응시한다. **[동작 245, 246]**

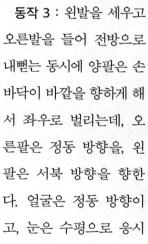

☯요령☯

1. 이 식은 몸의 전환 각도가 360°로 크기 때문에 전환 시 상체와 하체 간의 조화와 협조가 이뤄져야 한다. 즉 몸의 전환 후의 왼발의 착지 및 양팔을 십자형으로 만드는 동작 그리고 오른발을 내뻗음과 동시에 양팔을 좌우로 벌리는 동작의 정확도 및 완급이 적절하게 이뤄져야 한다.

2. 이 식의 전환 동작은 360°를 회전하고 회전 후 여전히 원래와 같은 방향을 향

하지만, 원래 중심의 실린 다리가 허보가 되고, 원래 허보였던 다리에 중심을 싣는 등 양발의 허실 변화에 유의해야 한다. 때문에 몸의 전환 시 오른 발바닥을 축으로 하고 전환 후 왼발이 착지할 때 내딛는 왼발은 다음 동작을 위한 팔자보의 보법을 취해야 한다.

제52식 진보반란추(進步搬攔捶)

동작 1 : 오른발을 내리면서 오른 손바닥은 위를 향하게 하고 왼팔은 팔꿈치를 굽혀 좌장(左掌)의 수형을 취한다. **[동작 247]**

동작 2 : 왼발에 중심을 실은 후 오른발은 발끝을 우측 45° 방향으로 벌려서 착지한다. **[동작 248]**

동작 3 : 중심을 우측으로 이동하여 오른발에 중심을 실은 후, 왼발은 뒤꿈치가 땅에 닿고 발바닥이 들린 자세로 착지한다. 그리고 왼 손바닥을 전방으로 내밀면서 오른손도 주먹을 쥐어 권심이 위를 향하게 하고 권안은 우측을 향하게 해서 허리 우측 옆에 놓는다. **[동작 249, 250]**

동작 4 : 왼발을 앞으로 내딛어서 좌궁보 보법을 취한다. 몸을 우측에서 좌측으로 전환하면서 오른 주먹을 안쪽으로 회전시켜 권면이 전방을 향하고 권안이 위를 향하게 하여 앞으로 내민다. 왼팔은 굽혀서 전방에서 후방으로 당겨서 왼 손바닥이 우측을 향하고 손가락은 위를 향하게 해서 오른 팔뚝 안쪽에 놓는다. 얼굴은 정동 방향이고, 눈은 전방을 수평으로 바라본다. **[동작 251]**

동작 249

동작 250

동작 251

동작 252

동작 253

동작 254

동작 255

❂요령❂

이 식은 제14식 진보반란추와 기본적으로 동일하다. 단지 제52식의 진보반란추는 제14식 진보반란추의 팔목을 안쪽으로 뒤집는 부안반(仆腕搬)의 동작이 없고, 팔목을 뒤집어 오른쪽으로 당기는 번완반(翻腕搬) 동작만 있다.

제53식 여봉사폐
(如封似閉)

동작과 요령은 제15식 여봉사폐와 동일하다.
[동작 252~255 참조]

제54식 십자수(十字手)

동작과 요령은 제16식 십자수와 동일하다.

[동작 256~259 참조]

동작 256

동작 257

동작 258

동작 259

제55식 포호귀산(抱虎歸山)

동작과 요령은 제17식 포호귀산과 동일하다.

[동작 260~269 참조]

동작 260

제56식 사단편(斜單鞭)

사단편과 정단편의 동작과 요령은 동일하며, 동작 방향과 각도의 차이가 있을 뿐이다. 제4식 단편의 동작 방향은 정동이고, 사단편은 동남 방향이다. 사단편은 포호귀산 뒤에 이어지는 동작이므로 대각선 방향으로 진행된다. 그러나 그 방법과 요령은 정단편과 동일하며, 단지 정단편과 달리 대각선상에서 단편 동작을 취하는 점이 다를 뿐이다. **[동작 270 ~276]**

동작 270

동작 271

동작 272

동작 273

동작 274

동작 275

동작 276

동작과 요령은 제4식 단편과 동일하다.

제57식 우야마분종(右野馬分鬃)

동작 1 : 중심을 우측으로 이동하면서 몸을 우측으로 전환하며 왼발을 안쪽으로 90° 꺾고, 양팔도 몸의 전환에 따라 이동한다. **[동작 277]**

동작 2 : 중심을 좌측으로 이동하면서 왼발에 중심을 싣고, 오른발은 발뒤꿈치가 땅에서 떨어진 허보 보법을 취한다. 왼팔을 손바닥이 밑을 향하게 해서 수평으로 굽히고, 오른팔은 손바닥이 위를 향하게 하여 몸쪽으로 이동하여 복부 앞에서 양팔이 서로 마주 보게 하면서 중심을 좌측발에 둔다. **[동작 278]**

동작 3 : 오른발을 우측 전방을 향해 발뒤꿈치로 착지하여 내딛으면서 중심을 우측으로 이동한 후 우궁보 보법을 취한다. 중심 이동과 함께 양팔을 교차해서 위아래로 벌린다. 왼손은 손바닥이 비스듬히 밑을 향하게 하여 허리 옆에 놓고, 오른손은 손바닥을 비스듬히 위로 해서 밑에서 위쪽으로 이동하여 우측 전방에 놓는다. 몸을 약간 우측으로 치우치게 하고, 눈은 오른 손바닥 전방을 본다. **[동작 279]**

제58식 좌야마분종(左野馬分鬃)

동작 1 : 중심을 뒤로 이동한 후 오른 발바닥을 지면에서 띄우고 허리 회전으로 오

른발을 약간 우측으로 내딛는다. **[동작 280, 281]**

동작 2 : 중심을 우측으로 이동하면서 오른발에 중심을 싣고 왼발은 발뒤꿈치가 지면에서 떨어진 허보 보법을 취한다. 몸을 우측 측면으로 전환하면서 양팔도 우측 측면으로 모은다. 즉 오른팔은 손바닥이 밑을 향하게 굽혀서 몸쪽으로 이동하여 가슴 앞에 두며, 왼팔은 손바닥이 위를 향하게 해서 복부 앞에 놓는다. **[동작 282]**

동작 3 : 왼발을 발뒤꿈치로 착지하여 앞으로 내딛고 중심을 좌측으로 옮겨서 좌궁보 보법을 취한다. 몸을 좌측으로 전환하면서 양팔도 위아래로 벌린다. 즉 왼팔은 손바닥을 비스듬히 위로하여 밑에서 위쪽으로 좌측 대각선 방향으로 이동하고, 오른팔은 손바닥을 비스듬히 밑을 향하게 해서 우측 허리 옆부분에 놓는다. 몸은 약간 좌측으로 치우치고 눈은 왼 손바닥 전방을 바라본다. **[동작 283, 284]**

제59식 우야마분종(右野馬分鬃)

우야마분종 동작은 좌야마분종과 동일하고, 좌와 우의 구별이 있을 뿐이며, 동작 방향은 제1야마분종과 동일하게 약간 서북 방향으로 치우친다. [동작 285~288]

동작 285

동작 286

동작 287

동작 288

◖요령◗

1. 우야마분종의 자세는 사비세와 동일하지만, 그 방법과 용법은 서로 다르다. 사비세는 도련후 뒤에 이어지는 동작으로 정동 방향에서 우측 방향을 지나 뒤쪽 서남 방향으로 135° 몸을 크게 전환하는 동작으로서, 팔의 열경(挒勁)을 사용해서 우측 후방에 있는 상대의 목 부위를 가격하는 것이다. 반면 야마분종의 동작 방향은 정면이며, 그 기법은 붕을 위주로 하고, 몸의 전환이 필요 없고, 허리를 약간 우측 방향으로 틀면서 오른손으로 상대방의 겨드랑이 부분을 가격하는 것이다. 양자는 모두 허리와 다리의 운동에 의해 이뤄지지만, 용법이 서로 다르기 때문에 그 차이점에 유의해야 한다.

2. 이 식은 팔과 손의 힘이 이완된 상태에서 허리 회전 운동으로 손과 팔 동작을 진행해야 한다. 그 과정에서 의념으로 손을 안쪽으로 약간 굽히면 되며, 만약

실제로 손을 안으로 꺾는다면 내재적인 힘을 발휘할 수 없게 된다.

3. 야마분종의 동작 방향은 정면도, 45° 대각선 방향도 아닌, 대략 20° 정도가 적절하다.

제60식 람작미(攬雀尾)

동작 1 : 중심을 뒤로 이동하면서 왼발에 중심을 싣고, 오른발은 발바닥이 지면에서 떨어진 허보 보법을 취한다. 오른팔은 손바닥을 위로 해서 안쪽으로 회전하고, 왼손은 손바닥이 밑을 향하게 한다. **[동작 289]**

동작 2 : 오른발을 안으로 꺾어 발끝이 서남 방향을 향하게 하고, 중심을 우측으로 이동하면서 몸을 좌측으로 전환한 후, 왼발을 굽혀서 발뒤꿈치가 지면에서 떨어진 허보 보법을 취한다. 동시에 양팔을 우측에서 좌측으로 전환하면서 우측 측면에 오른팔은 위쪽에서 앞으로 뻗치고, 왼팔은 굽혀 손바닥이 비스듬히 위를 향하게 하여 가슴 앞쪽에서 오른팔 밑에 둔다. 얼굴은 정남 방향이고 눈은 전방을 수평으로 바라본다. **[동작 290, 291]**

동작 289

동작 290

동작 291

동작 292

동작 3 : 왼발을 발뒤꿈치로 착지하고 발바닥이 들린 상태에서 전방으로 내딛는다. **[동작 292]**

이 람작미는 제3식 람작미와 연결 동작만 다를 뿐, 기타 동작들은 동일하다. **[동작 293~306 참조]**

동작 300

동작 301

동작 302

동작 303

동작 304

동작 305

동작 306

제61식 단편(單鞭)

동작과 요령은 제4식 단편과 동일하다.

[동작 307~313 참조]

동작 307

동작 308

동작 309

동작 310

동작 311

동작 312

동작 313

제62식 옥녀천사(玉女穿梭)

옥녀천사(1)

동작 1 : 중심을 우측으로 이동하면서 몸을 우측으로 전환하고 왼발을 안쪽으로 135° 꺾으며 왼팔은 손바닥을 비스듬히 몸쪽을 향하게 해서 바깥에서 안쪽으로 이동한다. **[동작 314]**

동작 2 : 중심을 좌측으로 이동하면서 왼발에 중심

을 신고 오른발은 발뒤꿈치로 착지하고 발바닥이 들린 허보 보법을 취한다. 오른팔은 손바닥을 비스듬히 위를 향해서 구권을 장으로 전환하면서 바깥으로 이동한다. 왼팔은 손바닥을 비스듬히 안쪽으로 향하고 몸쪽으로 이동해서 가슴 앞에 놓는다.

[동작 315]

동작 3 : 좌측에서 우측으로 전환하면서 몸의 중심을 오른발에 싣고 왼발은 발뒤꿈치가 지면에서 떨어진 허보 보법을 취한다. 왼팔은 오른팔 밑으로 손바닥을 비스듬히 안쪽으로 해서 밑에서 위쪽으로 이동하고, 오른팔은 어깨를 낮추고 팔꿈치를 굽혀서 앞쪽에서 뒤쪽으로 이동해서 왼팔 위에 놓는다. **[동작 316]**

동작 4 : 왼발을 들어 서남 방향을 향해 발뒤꿈치로 착지하고 발바닥이 들린 자세로 내딛으면서 동시에 양팔을 뒤집으면서 이동한다. **[동작 317]**

동작 5 : 왼발을 내딛어 좌궁보 보법을 취하면서 왼팔은 바깥을 향해 뒤집

어 붕의 수형으로 이마 좌측 상단에 손바닥이 비스듬히 바깥을 향하게 둔다. 그리고 오른 손바닥을 전방으로 내뻗는다. 얼굴은 서남 방향이고, 눈은 전방을 바라본다. [동작 318]

옥녀천사(2)

동작 6 : 중심을 뒤쪽으로 이동하면서 오른발에 중심을 싣고, 왼발은 발바닥이 지면에서 떨어진 상태의 허보 보법을 취한다. 양팔을 중심 이동에 따라 위에서 밑으로 이동하여 양 손바닥이 밑을 향하게 하여 수평으로 이동하면서 오른 손바닥을 왼팔 밑에 놓는다. [동작 319]

동작 7 : 허리 운동으로 사지를 좌측에서 우측으로 전환하고 왼발을 안쪽으로 135° 꺾고 중심을 왼발에 실으면서 오른발은 발뒤꿈치가 지면에서 떨어진 허보 보법을 취한다. 동시에 양팔도 우측 후방으로 수평 회전하면서 왼손을 오른팔 밑 부분에 둔다. [동작 320, 321]

동작 8 : 왼발에 중심을 실은 후 몸을 우측으로 전환하면서 오른발을 들어 우측 후방, 즉 동남 방향을 향해 내딛는다. 동시에 왼팔을 손바닥이 비스듬히 위로 바깥쪽을 향하게 해서 좌측에서 우측으로, 다시 안쪽으로 회전시킨다. 오른팔도 바깥쪽에서 안쪽으로 회전하여 왼팔 밑부분에 손바닥이 비스듬히 안쪽을 향하게 하여 놓

동작 319

동작 320

동작 321

동작 322

동작 323

동작 324

는다. **[동작 322]**

　동작 9 : 계속해서 좌측에서 우측으로 전환하면서 중심을 오른발에 실은 후, 오른발을 내딛어 우궁보 보법을 취한다. 동시에 왼발은 안쪽으로 꺾어서 발끝이 정동 방향을 향하게 한다. 양팔은 몸의 전환과 동시에 이동한다. 즉 오른팔은 붕의 자세로 밑에서 위쪽으로 손바닥을 뒤집으면서 이마 우측 상단에 손바닥이 바깥을 향하게 놓고, 왼팔은 손바닥이 비스듬히 전방을 향한 장의 수형으로 전방으로 내뻗는다. 얼굴은 동남 방향이고, 눈은 정면을 수평으로 바라본다. **[동작 323, 324]**

옥녀천사(3)

　동작 10 : 중심을 뒤쪽으로 이동하면서 오른발은 발바닥이 지면에서 떨어진 허보 보법을 취한다. 동시에 양팔을 위에서 밑으로 이동하여 수평으로 만들어 왼 손바닥을 오른팔 밑에 놓아 이의 자세를 만든다. **[동작 325]**

동작 325

　동작 11 : 오른발을 안으로 꺾어 발끝이 정동 방향을 향하게 한다. 몸을 좌측으로 전환하면서 중심을 오른발로 옮겨 오른발에 중심을 싣고, 왼발은 발뒤꿈치가 지면에서 떨어진 허보 보법을 취한다. 오른팔을 손바닥이 위를 향하게 하여 바깥쪽으로 회전하고, 왼팔도 손바닥이 비스듬히 위를 향한 자세로 바깥쪽으로 회전하여 오른팔 밑에 놓는다. **[동작 326, 327]**

동작 12 : 왼발을 발뒤꿈치로 착지하고 발바닥은 지면에서 떨어진 보법으로 전방으로 내딛는다. 왼팔은 밑에서 위쪽으로, 오른팔은 앞에서 뒤쪽으로 양팔을 동시에 비스듬히 전후방으로 벌린다. **[동작 328]**

동작 13 : 왼발을 앞으로 내딛어 좌궁보 보법을 취하면서 왼팔은 손바닥이 바깥을 향하게 해서 안으로 둥글게 붕의 자세로 회전해서 이마 좌측 상단에 놓는다. 오른 손바닥은 비스듬히 바깥쪽으로 해서 정면으로 내뻗는다. 얼굴은 동북 방향이고, 눈은 수평으로 바라본다. **[동작 329]**

옥녀천사(4)

동작 14 : 중심을 뒤로 이동하여 오른발에 중심을 싣고, 왼발은 발바닥이 지면에서 떨어진 허보 보법을 취한다. 양팔은 몸의 중심 이동에 따라 움직이며 위에서 밑으로 내려서 양 손바닥이 밑을 향하게 하여 수평으로 하는데 오른 손바닥을 왼팔 밑부분에 놓는다. **[동작 330]**

동작 15 : 허리 운동에 따라 사지를 움직여서 좌측에서 우측으로 몸을 전환하고 왼발은 안쪽으로 135° 꺾으면서 중심을 왼발에 두고, 오른발은 발뒤꿈치가 지면에서 떨어진 허보 보법을 취한다. 오른팔도 몸의 전환에 따라 우측으로 수평으로 이동하고 왼팔도 따라서 이동한다. **[동작 331]**

동작 16 : 왼발에 중심을

싣고 몸을 우측으로 전환하면서 오른발을 들어 우측 후방 즉 서북 방향으로 내딛고, 동시에 왼팔도 바깥으로 이동하여 손바닥을 비스듬히 위를 향해 좌측에서 우측으로 안으로 굽힌다. 오른팔도 바깥으로 회전하는데 손바닥을 비스듬히 안쪽으로 향하여 바깥에서 안쪽으로 이동해서 왼팔 밑에 놓는다. **[동작 332]**

동작 17 : 계속해서 몸을 좌측에서 우측으로 전환하면서 중심을 오른발로 실으면서 오른발을 내딛어 우궁보 보법을 취한다. 동시에 왼발도 안으로 꺾어 발끝이 정서 방향을 향하게 한다. 몸의 전환과 동시에 양팔도 이동한다. 즉 오른팔은 붕의 자세로 밑에서 위쪽으로 손을 뒤집으며 이동하여 이마 우측 상단에 손바닥이 바깥을 향하게 하여 놓고, 왼팔은 손바닥을 비스듬히 해서 전방으로 내뻗는다. 얼굴은 서북 방향을 향하고, 눈은 정면을 수평으로 본다. **[동작 333]**

❶요령❶

1. 옥녀천사는 모두 4번이며, 각기 4번의 대각선 방향으로 동작을 진행한다. 순서에 의해 첫 번째 옥녀천사는 서남 방향, 둘째는 동남 방향, 셋째는 동북 방향, 넷째는 서북 방향이다.

2. 몸의 전환 동작이 비교적 크므로 발을 들어 뒤쪽으로 내딛는 동작은 1번으로 완성할 수 없다. 1번과 3번째 옥녀천사의 발을 들어 내딛는 동작은 중간에 과도적인 동작이 있으며, 2번과 4번째 옥녀천사의 전환 동작은 더욱 커서 다리를 들어 내디딘 후 한 번 더 발의 각도를 꺾어야만 동작을 완성할 수 있다. 즉 먼저 몸을 180° 회전해서 발을 135° 꺾은 후, 몸을 90° 전환하면서 발을 다시 90° 꺾어야 한다. 그 결과 몸의 전환은 270°이고, 발을 꺾는 각도는 225°가 된다.

3. 큰 각도로 몸을 전환해야 하므로 허리 운동이 매우 중요하며, 그렇지 못하면 상하상수나 동작의 연결성이 없어져서 몸의 균형을 잃게 되고 상체와 하체 동작이 조화를 이룰 수 없게 된다.

4. 몸의 전환 과정 중 양팔은 천천히 뒤집으면서 한 손은 위를 향해 붕의 자세를 취하고, 다른 한 손은 장의 수형으로 전방을 향해 가격한다.

5. 제2번과 4번째 옥녀천사의 전환 동작 시 충분히 전환하지 못하면 오른발을 들어 내딛는 다음 동작이 어렵게 되기 때문에 충분한 각도로 전환해야 한다.

6. 옥녀천사의 동작 방향은 대각선이지만, 몸의 자세는 좌우로 치우침이 없는 중정(中定)의 자세여야 한다. 특히 동작 중 오른손을 앞으로 내뻗친 후 몸이 좌측으로 편향되거나, 왼손을 앞으로 내뻗친 후 몸이 우측으로 편향되지 않아야 한다.

제63식 람작미(攬雀尾)

동작 1 : 중심을 뒤로 이동하고 양팔을 굽혀 위에서 밑으로 내리면서 수평이 되게 한다. 오른 손바닥을 비스듬히 바깥을 향하게 하고, 왼팔은 손바닥이 안으로 향하게 하여 오른팔의 밑에 놓아 이의 자세를 취한다. **[동작 334]**

동작 2 : 오른발은 안으로 90° 꺾어서 서남 방향

을 향하게 한 후 중심을 오른발에 싣고, 왼발은 발바닥으로 착지한 허보 보법을 취한다. 몸을 좌측으로 전환하면서 오른팔을 손바닥이 비스듬히 전방을 향하게 하여 앞으로 뻗치며, 왼팔은 손바닥을 안쪽으로 굽혀서 오른팔 밑에 놓아 양팔이 서로 마주 보게 한다. **[동작 335]**

이 람작미 동작은 제3식의 람작미와 기본적으로 동일하다. 단지 연결 동작**[동작 334, 335 참조]**이 다를 뿐이며, 기타 동작은 동일하다. **[동작 336~350 참조]**

제64식 단편(單鞭)

동작과 요령은 제4식 단편과 동일하다. **[동작 351 ~357 참조]**

동작 351

동작 352

동작 353

동작 354

제65식 운수-1(雲手-1)

동작과 요령은 제32식 운수-1과 동일하다. **[동작 358 ~361 참조]**

제66식 운수-2(雲手-2)

동작과 요령은 제32식 운수-2와 동일하다.

[동작 362~365 참조]

제67식 운수-3(雲手-3)

동작과 요령은 제32식 운수-3과 동일하다.

[동작 366~369 참조]

제68식 단편(單鞭)

동작과 요령은 제35식 단편과 동일하다. **[동작 370~372 참조]**

제69식 하세(下勢)

동작 373

동작 1 : 오른발을 우측으로 90° 벌리면서 몸을 우측으로 이동한다. 오른발을 오른발 끝을 향하여 무릎을 굽히면서, 중심을 오른발에 싣고, 왼발은 부보(仆步) 보법을 취한다. 동시에 왼장을 손바닥이 비스듬히 우측을 향하고 손끝은 전방을 향하게 하여 앞에서 뒤쪽으로 당긴 후, 가슴 앞을 지나서 복부 전방으로 이동한다. 얼굴은 동남 방향이고, 눈은 전방을 바라본다. **[동작 373]**

◐요령◑

1. 이 동작은 낮은 자세이므로 다리를 충분히 낮춰야 하며, 그 과정에서 상체가 앞으로 치우치거나 고개를 숙인다든지 엉덩이가 튀어나오지 않게 주의해야 한다.

2. 오른발을 우측으로 90°로 벌리지 않으면 오른발을 굽히는 동작이 부자연스럽게 된다.

3. 왼팔을 전방에서 뒤쪽으로 당긴 후 가슴과 복부 앞을 지나서 왼발 대퇴부 안쪽으로 이동하는 동작은 너무 크게 할 필요는 없으며 힘의 진행 방향에 따라서 팔꿈치를 자연스럽게 굽혀서 동작을 진행하면 된다.

4. 낮은 자세를 취하기 어려우면 약간 높은 자세를 취해도 무방하지만, 머리를 숙인다든지, 등이 튀어나오든지, 허리를 굽히든지, 엉덩이가 튀어나오는 자세를 취해서는 안 된다.

제70식 우금계독립(右金鷄獨立)

동작 1 : 허리 운동으로 사지를 움직이면서, 먼저 오른발을 원래 지점으로 다시 꺾고, 왼발을 우측 45°로 벌리면서 중심을 왼발에 싣는다. **[동작 374, 375]**

동작 2 : 중심을 왼발로 이동하면서 오른발을 지면에서 들어올린다. 오른손 구권을 풀어 장으로 바꾼 후 뒤에서 앞쪽으로 다시 밑으로 원을 그리면서 이동해서 허

리 우측 옆에 놓고, 왼 손바닥은 밑으로 누르는 것처럼 자세를 취한다. 그리고 왼발을 발끝이 밑을 향하고 발등은 평편하게 한다. 오른팔은 손바닥이 좌측을, 손끝은 위를 향하고 팔꿈치를 굽힌 자세로 밑에서 위쪽으로 장의 수형으로 위로 들어올린다. 몸은 약간 좌측으로 치우치며, 얼굴은 정동 방향을 향하고, 눈은 정면을 수평으로 바라본다. [동작 376]

제71식 좌금계독립(左金鷄獨立)

동작 1 : 왼발에 중심을 두고 오른발은 우측 뒤쪽 반보 지점에 발끝이 45°가 되게 착지한다. 오른팔은 손바닥이 밑을 향하게 하여 몸쪽으로 이동한다. [동작 377]

동작 2 : 오른발에 중심을 두고 왼발은 허보 보법을 취하며, 오른팔을 위에서 밑으로 내려 허리 우측 옆에 놓고, 왼팔은 팔꿈치를 굽히면서 좌장의 수형을 취한다. [동작 378]

동작 3 : 오른발로 서면서 왼발을 들어 발끝이 밑을 향하고 발등을 평평하게 한다. 왼팔은 팔꿈치를 굽혀 손바닥은 우측, 손끝이 위를 향한 장의 수형으로 위로 들어올린다. 오른 손바닥은 밑을 손가락이 전방을 향하게 하고, 팔꿈치는 자연스럽게 내린 수형을 취한다. 얼굴은 정동 방향이고, 몸은 약간 우측으로 치우치며, 눈은 정면을 수평으로 바라본다. **[동작 379]**

동작 378

동작 379

◐요령◑

1. 오른발을 안으로 꺾고 왼발을 바깥쪽으로 벌려 내디딘 후, 중심을 왼발로 싣는 동작이 정확하고 안정적으로 이루어져야 다음 동작인 오른발을 들어올리는 자세를 무리 없이 진행할 수 있다.

2. 양발의 안으로 꺾고 밖으로 내딛는 동작은 오른발을 꺾지 않고 왼발도 벌리지 않으면 몸의 균형을 잃게 되기 때문에 정확한 보법에 따른 동작을 진행해야 한다.

3. 첫 번째 금계독립은 우금계독립이기 때문에 우측 무릎은 상대의 복부를, 오른발은 상대의 하반신을 향해 가격한다. 좌·우금계독립의 구별은 서 있는 다리의 좌우 구분에 의한 것이 아니고, 가격하는 발에 따라서 좌·우로 구별되므로, 두 번째 금계독립은 자연히 좌금계독립이 된다.

4. 이 동작은 낮은 자세에서 높은 자세로 전환하므로 동작이 크고, 하체의 부담도 큰 동작이다. 그러므로 허리 운동으로 사지의 운동을 이끌어서 상호 간의 조화를 이뤄야만 비로소 상하상수·내외상합을 이루어 안정적인 동작을 할 수 있다.

제72식 우도련후(右倒攓猴)

동작 1 : 양팔을 뒤집으면서 왼팔은 손바닥이 위를 향하게 하여 앞으로 내민다. 오른팔은 바깥쪽으로 손바닥이 위를 향하게 하여 회전하면서 밑에서 위쪽으로 팔꿈

치를 굽힌 후 손바닥이 비스듬히 앞을 향한 장의 수형을 취한다. [동작 380]

동작 2 : 오른발에 중심을 싣고 왼발을 내려서 왼발을 뒤쪽으로 발끝이 먼저 착지한 팔자보 보법으로 반보를 내딛는다. [동작 381, 382]

제73식 좌도련후(左倒攆猴)

동작과 요령은 제20식 좌도련후와 동일하다. [동작 383~385 참조]

제74식 우도련후(右倒攆猴)

동작과 요령은 제21식 우도련후와 동일하다. **[동작 386~388 참조]**

동작 386

동작 387

동작 388

제75식 사비세(斜飛勢)

동작과 요령은 제22식 사비세와 동일하다. **[동작 389~392 참조]**

동작 389

동작 390

동작 391

동작 392

제76식 제수상세
(提手上勢)

동작과 요령은 제23식 제수상세와 동일하다.

[동작 393~396 참조]

동작 393

동작 394

동작 395

동작 396

제77식 백학양시(白鶴晾翅)

동작과 요령은 제24식 백학양시와 동일하다.

[동작 397~400 참조]

제78식 좌누슬요보(左摟膝拗步)

동작과 요령은 제25식 좌누슬요보와 동일하다.

[동작 401~404 참조]

제79식 해저침(海底針)

동작과 요령은 제26식 해저침과 동일하다. **[동작 405~407 참조]**

제80식 선통비(扇通臂)

동작과 요령은 제27식 선통비와 동일하다. **[동작 408~409 참조]**

제81식 백사토신(白蛇吐信)

동작 1 : 중심을 뒤로 이동한 후 좌측에서 우측으로 몸을 전환하고 허리 운동으로 왼발을 135° 안쪽으로 꺾은 후 다시 중심을 왼발로 싣고 오른발은 발뒤꿈치가 지면에서 들린 상태의 허보 보법을 취한다. 왼팔을 굽혀 위를 향해 둥글게 들어올려 이마 위쪽에 손바닥이 바깥을 향하게 놓는다. 오른팔은

바깥쪽으로 회전하면서 손바닥이 밑을 향하게 하여 위에서 밑으로 이동하여 복부 앞에 놓으면서 장을 권으로 전환하는데 이때 손바닥이 밑을, 권안은 몸쪽을 향하게 한다. **[동작 410, 411]**

동작 2 : 계속하여 몸을 허리 회전에 따라 좌측에서 우측으로 전환하면서 오른발을 들어 발뒤꿈치로 착지하여 정서 방향으로 내딛는다. 양팔도 몸의 전환에 따라 왼팔은 팔꿈치를 굽혀 장의 수형으로 손바닥이 비스듬히 앞을 향하게 하여 가슴 앞에 놓고, 오른팔은 복부 앞에서 위쪽으로 권을 풀어 장의 수형으로 전환하고 손바닥이 위를 향하게 하여 손등으로 상대의 얼굴을 내리치면서 가격한다. **[동작 412, 413]**

동작 3 : 중심을 우측으로 이동하여 오른발을 내딛어 우궁보 보법을 취하면서, 오른팔은 위에서 밑으로 이동하여 허리 우측 부근에 손바닥이 위를 향하게 하여 놓는다. 동시에 왼손은 손바닥을 전방으로 향해 가격한다. 얼굴은 정서 방향이고, 눈은 정면을 수평으로 바라본다. **[동작 414]**

동작 412

동작 413

동작 414

❂요령❂

이 식은 전신별신추의 방법과 동일하며, 단지 전신별신추는 권배(拳背)로 상대의 얼굴을 가격하는 것이고, 백사토신은 손등으로 상대의 얼굴을 가격하는 것으로, 권과 장의 차이만 있다.

제82식 진보반란추(進步搬攔捶)

동작과 요령은 제29식 진보반란추와 동일하며, 단지 권이 아닌 장의 차이만 있다. **[동작 415~419 참조]**

동작 415

동작 416

동작 417

동작 418

동작 419

제83식 상보람작미(上步攬雀尾)

동작과 요령은 제30식 상보람작미와 동일하다.

[동작 420~430 참조]

동작 420

동작 421

제84식 단편(單鞭)

동작과 요령은 제31식 단편과 동일하다.

[동작 431~437 참조]

동작 431

동작 432

동작 433

동작 434

동작 435

동작 436

동작 437

제85식 운수-1(雲手-1)

동작과 요령은 제32식 운수-1과 동일하다. **[동작 438~441 참조]**

제86식 운수-2(雲手-2)

동작과 요령은 제33식 운수-2와 동일하다. **[동작 442~445 참조]**

동작 444

동작 445

제87식 운수-3(雲手-3)

동작과 요령은 제34식 운수-3과 동일하다.

[동작 446~449 참조]

동작 446

동작 447

동작 448

동작 449

제88식 단편(單鞭)

동작과 요령은 제35식 단편과 동일하다. **[동작 450~452 참조]**

제89식 고탐마천장(高探馬穿掌)

동작 1 : 이 동작은 제36식 고탐마와 동일하다. **[동작 453~456 참조]**

동작 2 : 오른발에 중심을 싣고 왼발을 들어 발뒤꿈치로 착지하면서 앞으로 내딛고 중심을 왼발로 이동해서 좌궁보 보법을 취한다. 오른팔을 앞에서 뒤쪽으로 당기면서 팔꿈치를 굽히고 손바닥이 밑을 향하게 하여 왼팔 겨드랑이 밑에 놓는다. 동시

에 왼팔을 뒤쪽에서 앞으로 손바닥이 위를 향하게 하여 내민다. 얼굴은 정동 방향이고, 몸은 약간 동남 쪽으로 치우치며, 눈은 전방을 수평으로 바라본다.
[동작 457]

동작 456

동작 457

◐요령◑

1. 고탐마천장은 한 동작이지만, 실제 두 동작, 즉 고탐마와 천장으로 나뉘는데, 고탐마는 제36식 고탐마와 동일하다.
2. 보법상 고탐마는 허실보이고, 천장은 좌궁보로서 보법의 전환에 주의해서 동작 해야 한다. 왼발을 내딛어 좌궁보를 취할 때 내딛는 지점이 오른발과 일직선상 이 아닌 약간 좌측으로 착지해야 몸의 균형을 안정적으로 유지할 수 있다.

제90식 십자퇴(十字腿)

동작 1 : 중심을 뒤로 이동하고 몸을 우측으로 전환하 며 허리 운동으로 왼발을 안쪽으로 135° 꺾은 후, 중심 을 다시 왼발에 두면서 오른발은 발뒤꿈치가 지면에서 들린 상태의 허보 보법을 취한다. 동시에 양팔도 몸의 전환에 따라 이동해서 왼팔은 손바닥이 안쪽을 향하 게 하여 몸 안으로 회전하고, 오른팔은 손바닥이 안으 로 향하게 해서 바깥으로 회전하여 가슴 앞에서 오른 팔이 바깥쪽에, 왼팔은 안쪽에 있는 십자수 자세를 취 한다. [동작 458]

동작 458

동작 2 : 왼발에 중심을 두고 서면서 오른발을 들어 전방으로 내뻗음과 동시에 양

동작 459

동작 460

동작 461

팔도 손바닥이 모두 바깥을 향하게 하여 좌우 방향으로 벌린다. 이때 오른발과 오른팔은 정서 방향을 지향하고, 왼팔은 적절하게 왼쪽 후방에 놓는다. [동작 459, 460]

동작 3 : 오른발을 몸쪽으로 당긴다. [동작 461]

◐요령◑

1. 십자퇴의 동작은 전신우등각과 유사하고, 수법상 약간 차이가 있을 뿐이다. 즉 십자퇴의 전신(轉身) 후의 오른 장은 상대의 가슴 부분을 가격하는 용법으로, 우등각 시 양손을 붕의 자세로 좌우로 벌리는 것과는 다르다.

2. 십자퇴의 기타 동작은 우등각의 방법과 동일하다.

동작 462

제91식 진보지당추(進步指襠捶)

동작 1 : 왼발에 중심을 싣고 오른발을 당긴 후 우측 45° 방향으로 벌려 착지한다. [동작 462]

동작 2 : 중심을 오른발로 이동하고 몸도 우측으로 전환하면서 오른발에 중심을 싣고, 왼발은 발뒤꿈치가 지면에서 들린 허보 보법을 취한다. 왼팔은 안쪽으로 굽히고 오른팔은 바깥으로 회전시킨다. [동작 463]

동작 3 : 왼발을 발뒤꿈치로 착지하면서 내딛는다. 오른손은 주먹을 쥐어 손바닥이 위를 향하고 권안이 바깥을 향하게 하여 허리 우측 옆에 놓고, 왼팔은 굽혀서 복부 앞에 손바닥이 밑을 향하게 놓는다. **[동작 464]**

동작 4 : 허리 운동으로 몸을 좌측으로 전환하면서 왼발을 전방으로 내딛어 좌궁 보 보법을 취한다. 왼팔도 몸의 전환에 따라 안에서 바깥쪽으로 회전하고 좌측 무릎 앞을 지나 좌측 무릎 옆에 손바닥이 밑을 향하게 하여 놓는다. 오른팔은 안쪽으로 회전하면서 권안이 위를 향하고 권면은 전방을 향하게 하여 상대의 사타구니를 가격한다. 중심은 약간 앞으로 치우치고, 얼굴은 정서 방향을, 눈은 상대의 사타구니 부분을 바라본다. **[동작 465]**

◗요령◖

이 동작은 진보재추와 유사하며, 진보지당추는 권으로 상대의 하반신 중 사타구니 부분을 가격하는 것이다. 권의 가격 방향에서 진보재추는 상대 무릎 부분, 즉 하단 가격이고, 반란추는 수평, 즉 중단 가격이며 지당추는 양자 간의 중간 부분을 가격하는 것이다.

제92식 상보람작미(上步攬雀尾)

동작과 요령은 제30식 상보람작미와 동일하다.

[동작 466, 467 및 468~477 참조]

동작 466

동작 467

동작 468

동작 469

동작 470

동작 471

동작 472

동작 473

제93식 단편(單鞭)

동작과 요령은 제4식 단편과 동일하다.

[동작 478~484 참조]

동작 479

동작 480

동작 481

동작 482

동작 483

동작 484

제94식 하세(下勢)

　동작과 요령은 제69식 하세와 동일하다. **[동작 485]**

동작 485

제95식 상보칠성(上步七星)

동작 1 : 허리 운동으로 사지를 움직이면서 몸을 좌측으로 전환하고, 오른발을 안쪽으로 90° 꺾는다. [동작 486]

동작 2 : 왼발을 바깥으로 45° 벌리면서 오른 주먹을 쥔다. [동작 487]

동작 3 : 중심을 앞으로 이동하고 왼발에 중심을 싣는다. 오른발을 들어 전방으로 내딛어 발바닥으로 착지한 허보 보법을 취한다. 오른팔을 굽혀 권으로 밑에서 위쪽으로, 다시 전방으로 가격함과 동시에 왼손도 권의 수형으로 전방을 향해 가격한다. 오른팔을 왼팔 앞쪽에 놓고, 양 권안은 안쪽을 향하며 양권은 팔목을 굽혀 안으로 꺾는다. 얼굴은 정동 방향이고, 눈은 정면을 수평으로 바라본다. [동작 488, 489]

동작 486

동작 487

동작 488

동작 489

❶요령❶

1. **동작 1**과 **동작 2**는 보법의 전환을 통해 발의 자세를 조절함과 동시에 오른 권은 주먹을 쥐어 상대를 가격하기 전 단계의 준비 자세를 취한다.

2. 상보칠성은 양권으로 상대를 가격하는 것이고, 특히 오른 권은 허리와 다리 운

동으로 전방을 향해 가격하는 동작이므로 용법상 권으로 가격한다는 의도를 지니고서 동작해야 한다.

3. 발을 들어 앞으로 내디딜 때 동작의 허실이 분명해야 한다. 즉 중심이 실린 다리는 낮고 안정적 자세가 되어야만 허보 상태의 발을 앞으로 내딛는 동작을 가볍고 민첩하게 할 수 있다.

제96식 퇴보과호(退步跨虎)

동작 1 : 오른발을 들어 뒤쪽으로 내딛으면서 몸은 우측으로 이동하고 중심을 오른발에 싣고 왼발은 허보 보법을 취한다. 양팔은 몸의 전환에 따라 오른팔은 권심이 위를 향하고 팔꿈치를 굽힌 자세로 바깥쪽으로 회전하면서 앞에서

뒤쪽으로 이동해서 우측 옆구리 옆에 권안이 우측을 향하게 놓고, 왼쪽 권은 여전히 몸 앞에 둔다. **[동작 490]**

동작 2 : 오른발에 중심을 싣고 몸을 좌측으로 전환하면서 왼발을 바로 해서 좌허보 보법을 취한다. 양팔은 몸의 전환과 함께 움직이는데 오른팔은 바깥쪽으로 밑에서 위쪽을 향해 이동하면서 권에서 장으로 전환해서 팔을 둥글게 하여 이마 우측 상단에 손바닥이 바깥을 향하게 놓는다. 왼팔은 팔꿈치를 굽혀 앞에서 왼쪽으로 다시 밑으로 이동하면서 권에서 장으로 바꿔서 좌측 옆구리 옆에 손바닥이 밑을, 손가락은 전방을 향하게 하여 놓는다. 얼굴은 정동 방향이고, 눈은 정면을 수평으로 바라본다. **[동작 491]**

◐요령◐

1. 정확한 자세와 동작을 위해서 보법의 중심선에서 크게 벗어나서는 안 되고, 퇴보 시의 착지점과 진보 시의 착지점도 일직선상에서 이루어지면 안 된다.

2. 퇴보 시 허리 운동으로 사지를 뒤로 이동하면서 비록 퇴보 동작이지만 전방을 향해 가격한다는 마음으로 동작해야 한다.

3. 양팔을 위아래로 벌리는 동작은 너무 크게 하지 말고, 백학양시의 자세와 동일하게 하면 된다.

제97식 전신파련(轉身擺蓮)

동작 1 : 양팔을 앞으로 회전하는데, 왼팔은 팔을 굽혀 밑에서 왼쪽으로 다시 앞으로 밀면서 가슴 앞에 놓고, 오른팔도 굽혀 위에서 우측 밑으로 내려서 왼팔 밑 부분에 놓는다. 이때 양팔의 손바닥은 비스듬히 앞을 향하고 양장은 안으로 약간 꺾는다. **[동작 492]**

동작 492

동작 2 : 사지는 허리 운동에 따라 움직이며 오른 발바닥이 축이 되어 좌측에서 우측으로 180° 전환한다. 중심을 오른발에 두며 몸의 자세를 바로 하고 왼발은 발뒤꿈치가 지면에서 들린 허보 보법을 취한다. 동시에 오른팔을 안에서 바깥 방향으로 커다란 원을 그리면서 이동하고, 왼팔도 앞에서 안쪽으로 굽혀서 가슴과 복부 중간 지점에 놓는다. **[동작 493, 494]**

동작 3 : 계속해서 허리

동작 493

동작 494

회전에 따라 몸을 우측으로 225° 회전하면서 왼발을 내딛어 동남 방향에 이르게 하고, 오른발은 허보 보법을 취한다. 양팔은 몸 앞에 놓는데, 오른팔을 앞쪽에, 왼팔은 뒤쪽에 두고 왼손은 오른 팔꿈치 안쪽에 두며, 양 손바닥이 밑을 향하게 한다. **[동작 495]**

동작 4 : 왼발을 세우면서 오른발을 들어올리는데 이때 오른발은 자연스럽게 밑으로 내리고 발등은 약간 평편하게 당긴다. **[동작 496]**

동작 5 : 허리 회전으로 오른발을 좌측에서 우측

위쪽 바깥 방향으로 둥글게 발등으로 돌려찬다. 동시에 양장은 우측에서 좌측으로 이동하면서 왼 손바닥과 오른 손바닥의 순서로 오른 발등과 양장이 서로 부딪친다. 오른 발등과 양장이 부딪친 후, 왼발에 중심을 두고서 오른발은 발끝이 밑을 향하게 하여 무릎을 굽힌다. 양손은 좌측 측면에서 이의 자세를 취한다. 얼굴은 동남 방향이고, 눈은 수평으로 바라본다. **[동작 497, 498]**

◑요령◐

1. 전신파련의 동작은 모두 405° 전환으로, 즉 정동 방향에서 동남 방향에 이르는 그 전환 폭이 매우 크다. 때문에 몸의 전환과 발을 내딛는 순서를 정확하게 진행해야 하며, 그렇지 않으면 하체의 자세가 불안해지고 몸의 균형을 잃게 되어 동작이 부정확해진다. 몸의 전환과 발을 내딛는 동작은 3단계로 진행된다. 첫째, 허리 운동으로 몸을 135° 전환하는데 이때 오른발은 움직이지 않고, 왼발은 몸의 전환에 따라 적절히 이동한다. 둘째, 몸의 전환과 함께 오른발 뒤꿈치는 지면에서 들린 상태로 오른발바닥을 축으로 삼아 90° 회전한다. 셋째, 여전히 오른발 바닥을 축으로 삼고 왼발을 들어 몸의 전환과 함께 내딛는다. 이런 순서에 의해서 동작을 취하면 405° 전환 동작을 몸의 균형을 잃지 않고 안정적이고 여유 있게 진행할 수 있다.

2. 돌려차는 발과 양 손바닥이 부딪치는 동작에서 무리하게 양손으로 발등을 부딪치고자 하는 시도는 오히려 몸의 균형이 흩뜨려뜨리고 자세가 불안정해진다. 때문에 자신의 역량에 맞는 무리 없는 동작을 함이 바람직하다. 설사 양 손바닥으로 발등을 부딪칠 수 없더라도 자연스러운 동작을 하는 것이 원칙이다.

3. 오른발로 돌려차는 동작은 수직으로 차는 것이 아니고, 가로로 포물선을 그리며 돌려차야 한다.

제98식 만궁사호(彎弓射虎)

동작 1 : 왼발에 중심을 싣고 오른발을 내려서 발뒤꿈치로 착지한다. **[동작 499]**

동작 2 : 사지를 허리 운동으로 좌측에서 우측으로 전환하고 중심을 오른발로 이동한다. 양팔은 허리 운동으로 밑으로 둥글게 회전시키고 무릎 앞을 지나 우측 상단으로 비스듬하게 이동하면서 양손은 천천히 주먹을 쥔다. **[동작 500, 501]**

동작 499

동작 3 : 오른발을 앞으로 내딛어 우궁보 보법을 취함과 동시에 양팔을 우측에서 좌측으로 가격하는데, 오른팔은 위쪽에서 굽혀 오른 권이 이마 우측 상단에, 권안이 밑을, 권면은 전방을 향하게 하며, 왼쪽 권은 왼쪽 가슴 앞에, 권안이 위를, 권면이 전방을 향하게 한다. 얼굴은 동북 방향이고, 눈은 수평으로 바라본다. [동작 502]

◑요령◐

1. 오른발을 착지한 후 좌측에서 우측으로 몸을 전환할 때, 오른발도 천천히 전방으로 내디디며 궁보 보법을 취함과 동시에 양팔을 좌측에서 우측 상단으로 이동한 후, 다시 우측에서 좌측으로 몸을 전환하여 양권으로 상대를 가격한다. 이 동작은 둔부의 운동 반경이 비교적 크지만, 양발의 내딛고 뻗치는 동작은 상대적으로 작기 때문에 상체와 하체의 조화와 협조를 잘 이뤄서 균형 있고 안정적인 자세를 취해야 한다.

2. 이 동작 중 양팔의 가격 방향은 내딛는 오른발의 방향과 다르다. 즉 내딛는 오른발의 방향은 동남 방향이고, 상체와 양팔은 동북 방향을 지향한다.

3. 동작 완료 후 몸은 약간 좌측 전방으로 치우쳐야 한다.

제99식 진보반란추(進步搬攔捶)

동작 1 : 왼발을 좌측으로 벌려 동북 방향으로 내딛으면서, 몸을 좌측으로 전환하고, 오른발은 안쪽으로 꺾어서 중심을 왼발로 싣고 오른발은 허보 보법을 취한다. 왼팔을 안으로 굽혀 복부 앞에서 권을 장으로 전환하고 손바닥은 안쪽을 향한다. 오른팔은 권의 자세로 팔 뒤꿈치와 팔목을 내려서 권심이 비스듬히 밑을 향한 반(搬)의 수형으로 왼손 위쪽에 놓는다. **[동작 503]**

기타 동작은 제14식 진보반란추와 동일하며, **[동작 504~507]**를 참조하라.

◑요령◑

제14식 진보반란추와 동일함.

제100식 여봉사폐(如封似閉)

동작과 요령은 제15식, 제53식 여봉사폐와 동일하다. [동작 508~511 참조]

동작 508

동작 509

동작 510

동작 511

제101식 십자수(十字手)

동작과 요령은 제16식, 제54식 십자수와 동일하다. [동작 512~515 참조]

동작 512

동작 513

제102식 수세(收勢)

동작 : 양발을 세워 바로
서면서 양팔을 좌우 양쪽
으로 벌려 어깨 너비와 동
일하게 한다. 양손을 안쪽
으로 회전함과 동시에 앞
에서 밑으로 팔을 천천히
내려 옆구리 부근에 손바
닥은 밑을, 손가락은 앞을

향하게 놓는다. 얼굴은 정남 방향이고, 눈은 정면을 수평으로 바라본다. **[동작 516,
517]**

◐요령◑

이 동작은 모든 초식 동작을 끝낸 후의 마무리 자세로서 그 방법은 기세와 같지
만, 쉽게 처리하려는 생각으로 동작을 대충해서는 안 된다. 태극권의 수련은 심신을
수양하는 것이므로 권가(拳架)의 처음과 끝 동작에 이르기까지 성의를 갖고 임하는
수련습관을 견지해야 한다. 그리고 이 동작은 수세 동작이지만, 언제라도 공세로 전

환할 수 있는 마음 자세를 지녀야 한다.

동작 518

제103식 환원(還原)

이 동작은 태극권 수련 이전 상태로 되돌아가는 자세이다. **[동작 518]**

3. 전통 양식 태극권 49식 초식 명칭 및 순서

제1식   기세(起勢)

제2식   람작미(攬雀尾)

제3식   단편(單鞭)

제4식   운수(雲手)

제5식   단편(單鞭)

제6식   고탐마(高探馬)

제7식   우분각(右分脚)

제8식   좌분각(左分脚)

제9식   전신좌등각(轉身左蹬脚)

제10식   좌누슬요보(左摟膝拗步)

제11식   수휘비파(手揮琵琶)

제12식   고탐마천장(高探馬穿掌)

제13식   십자퇴(十字腿)

제14식   좌타호세(左打虎勢)

제15식   우타호세(右打虎勢)

제16식   회신우등각(回身右蹬脚)

제17식   쌍봉관이(雙峰貫耳)

제18식   좌등각(左蹬脚)

제19식   전신별신추(轉身撇身捶)

제20식   진보지당추(進步指襠捶)

제21식   여봉사폐(如封似閉)

제22식   십자수(十字手)

제23식   포호귀산(抱虎歸山)

제24식   사단편(斜單鞭)

제25식   주저추(肘底捶)

제26식   우금계독립(右金鷄獨立)

제27식   좌금계독립(左金鷄獨立)

제28식   도련후(倒攆猴)

제29식   사비세(斜飛勢)

제30식   제수상세(提手上勢)

제31식   백학양시(白鶴亮翅)

제32식   좌누슬요보(左摟膝拗步)

제33식   해저침(海底針)

제34식   선통비(扇通臂)

제35식   전신백사토신(轉身白蛇吐信)

제36식   진보재추(進步栽捶)

제37식   우야마분종(右野馬分鬃)

제38식   옥녀천사(玉女穿梭)

제39식   람작미(攬雀尾)

제40식   단편(單鞭)

제41식   하세(下勢)

제42식   상보칠성(上步七星)

제43식   퇴보과호(退步跨虎)

제44식   전신파련(轉身擺蓮)

제45식   만궁사호(彎弓射虎)

제46식   진보반란추(進步搬攔捶)

제47식   여봉사폐(如封似閉)

제48식   십자수(十字手)

제49식   수세(收勢)

4. 전통 양식 태극권 49식 도해(圖解)

제1식 기세(起勢)

동작 1 : 양팔을 바깥 방향으로 회전하면서 손등이 위를 향하고, 손바닥은 아래로 향하여 허리로부터 어깨 너비를 유지해서 어깨 높이와 비슷한 높이로 천천히 위로 들어올려서 양 손바닥은 밑을, 양 손가락은 전방을 향한다.
[동작 1, 2]

동작 2 : 양 팔꿈치와 양 손목을 약간 내리고서 위에서 밑으로 허리 위치까지 천천히 내리며, 손바닥은 밑으로 손가락은 전방을 향한다. **[동작 3]**

☯요령☯

1. 권가를 시작하면서 동시에 반드시 방송(放鬆)에 주의해야 한다. 방송은 정신적으로 긴장 상태를 배제하는 것뿐 아니라 전신(全身)의 관절·근육 및 신체의 모든 부분을 최대한 이완시키는 것이다. 전신, 즉 심신(心身)을 편안하게 최대한 이완 확장함으로써 동작이 경직되지 않고 신체의 각 부분이 하나의 정체(整體)로 연결돼 경(勁)의 내재적 자아 감각을 지녀야 한다.

2. 양팔을 들어올릴 때 경직된 자세로 딱딱하게 들어올리거나 무기력하게 들어올

려서는 안 된다.

3. 양팔을 밑으로 내릴 때 팔의 형상은 곧아 보이면서 약간 굽혀 있고, 굽혀 있는 것 같으면서도 곧은 자세이다. 양팔을 어깨 높이와 같은 위치로 들어올렸을 때의 모양은 밑으로 향한 활의 형상이며, 양팔을 내렸을 때의 모양은 위로 향한 활의 형상으로 바뀐다. 이 동작들은 각기 다른 팔의 형상을 보여주고 있지만 모두 팔을 쭉 뻗은 것도 안 뻗은 것도 아닌 자세이다.

제2식 람작미(攬雀尾)

좌붕(左挪)

동작 1 : 앞 초식에서 팔을 허리 앞부분까지 내린 후, 계속해서 몸의 중심을 좌측으로 이동하고 상체를 허리의 회전을 이용해서 오른쪽으로 45° 몸을 회전시키면서 동시에 오른발을 지면에서 약간 띄워서 우측으로 45° 내딛는다. 이때 양팔은 우측으로 이동하며 손바닥은 고관절 우측 옆에 둔다. **[동작 4]**

동작 2 : 오른 다리는 약간 굽히면서 몸의 중심을 오른 다리로 이동시킨다. 왼 다리는 원래 지점에 그대로 두고 자연스럽게 굽혀지는 허보 보법을 취한다. 동시에 오른팔은 밑에서 위로 바깥으로부터 상체 쪽으로 회전하면서 오른손은 손바닥을 밑으로 향하게 해서 가슴과 배의 중간 부분에 위치한다. 왼팔은 밑에서 안쪽으로 약간 굴절하면서 손바닥을 위쪽으로 뒤집으면서 복부 전방에 놓아서, 오른손이 위에 왼손은 밑에 놓아 양손이 서로 마주 보는 자세를 만든다. **[동작 5]**

동작 3 : 오른발에 몸의 중심을 이동시킨 후, 왼발을

전방으로 내딛는데, 이때 발뒤꿈치가 먼저 착지해야 하고 발바닥은 지면에서 떨어진 상태를 유지한다. **[동작 6]**

동작 4 : 왼발을 착지한 후 몸의 중심을 왼 다리로 이동하면서 오른발을 내딛으면서 왼발은 좌궁보 보법을 취한다. 동시에 왼팔은 밑에서 위로 들어올려서 좌붕을 취하는데 왼팔이 어깨 높이와 수평이 되고, 손바닥은 안쪽을 향하며 손가락은 팔목보다 약간 높게 한다. 그리고 오른손은 위에서 아래쪽으로 움직여서 오른쪽 허리 앞에 손바닥이 밑을 향하게 놓는다. 얼굴은 정서(正西) 방향을 향하고 눈은 전방을 수평으로 바라본다. **[동작 7]**

우붕(右掤)

동작 5 : 몸의 중심을 약간 뒤로 옮긴 후 허리 회전으로 중심을 오른 다리로 옮기면서 왼발을 안쪽으로 45° 당긴다. **[동작 8, 9]**

동작 6 : 허리 회전을 이용해서 우측에서 좌측으로 몸을 45°로 전환하고 몸의 중심을 왼 다리로 옮기면서 오른 다리는 발뒤꿈치로 착지하는 허보 보법을 유지한다. 동시에 오

동작 10

동작 11

동작 12

른팔도 허리 회전에 따라 우측에서 좌측으로 이동하여 왼팔 밑 부분, 즉 복부 앞에서 손바닥이 위를 향하게 하여 놓는다. 왼 팔꿈치를 굽혀서 몸쪽으로 붙이면서 좌측 45° 방향에서 손바닥이 밑을 향하게 하고, 왼팔은 위에, 오른팔은 밑에 놓아 양손이 서로 마주 보게 한다. 왼 다리에 몸의 중심을 둔 후 오른발을 정면으로 내딛는데, 이때 오른발 뒤꿈치가 먼저 착지하고 발바닥은 지면에서 떨어진 보법을 유지해야 한다. **[동작 10~12]**

동작 13

동작 7 : 왼 다리를 전방을 향해 내딛음과 동시에 오른 다리도 무릎을 굽히면서 우궁보(右弓步) 보법을 취한다. 동시에 오른팔을 좌측에서 위쪽을 향해 이동하여 가슴 앞쪽에 놓는데, 이때 손바닥이 비스듬히 안쪽을 향하게, 팔꿈치는 내리고 손가락이 팔꿈치보다 약간 높게 한 우붕의 수형을 취한다. 왼손은 안쪽으로 굽혀서 손바닥이 바깥을 향하게 하여 오른팔목과 오른 팔꿈치 중간 부분에서 왼 손가락 끝이 오른팔목 밑에 주먹 하나 간격이 떨어진 위치에 놓는다. 얼굴은 정면을 향하고, 눈은 수평 방향을 응시한다. **[동작 13]**

●요령● 좌붕과 우붕의 경우

1. 몸의 회전 시 반드시 허리 회전을 먼저 한 후에 신체의 다른 부분의 동작을 이끈다.

2. 발을 바깥 또는 안쪽으로 위치 이동을 할 경우 보법의 전환과 연계해서 진행되어야 한다. 즉 허리 회전 동작을 하면서 동시에 몸의 중심이 실린 쪽 다리를 약간 이완시키면 발의 각도 전환 및 착지가 쉽고, 자세의 평형감도 유지할 수 있다. 그러나 몸을 전환하기 위해 의도적으로 지나치게 큰 전환 동작을 취해서는 안 된다.

3. 궁보 보법을 하는 과정에서 허실 변환 시 양발의 내딛고 뻗치는 2가지 내재적 힘의 상호 조화와 협조에 주의해야 한다. 이들 2가지 발동작은 발이 경직되거나 무기력하게 해서도 안 된다. 그 과정에서 허리 운동은 다리의 운동을 관장하는 중추적 기능을 지녀서 손과 발의 동작을 선도하여 손, 발, 허리 및 상체의 운동까지 하나가 되는 상하상수(上下相隨)를 이루어 동작과 자세를 더욱 완전하게 만들어 준다. 만약 두 다리의 운동이 상호조화 및 협조가 안 되면 허리가 손과 발의 동작을 주재하는 기능이 있더라도 아무런 영향을 미칠 수 없게 된다. 그러므로 수련 중 신체 각 부분이 상호조화 및 협조에 의한 정체(整體)적 운용을 중시해야 하는데, 이것은 태극권이 전신(全身)운동으로서 기타 무술과 구별되는 특징이기도 하다.

4. 궁보의 방법: 발을 지면에 내디딜 때는 발뒤꿈치를 먼저 착지하고, 발바닥과 발가락의 순서로 착지한 후, 내딛는 다리의 무릎은 앞으로 굽혀야 한다. 이때 무릎과 내디딘 발의 각도가 직각이 되면 뒷다리 뻗침의 내재적 힘을 발휘할 수 없게 된다. 때문에 무릎이 발끝을 지나치지 않도록 유지함은 물론이고, 몸의 중심이 실린 앞다리의 등(蹬 : 내 밟음)과 중심이 실리지 않은 뒷다리의 탱(撑 : 뻗음), 이 두 동작의 조화협조를 통해 내재적 힘을 발휘하게 해야 한다. 특히 몸 중심이 실리지 않은 다리의 버팀 동작은 힘을 너무 주거나 무기력하게 해서는 안 된다. 왜냐하면 다리가 무기력하면 몸의 중심을 잃게 되고, 너무 힘을 주게 되면 몸이

경직되기 때문이다. 궁보 보법을 정확히 취한다면 보법 전환 동작 중의 상하상수를 무리 없이 잘할 수 있는 유리한 조건을 갖게 될 것이다.

5. 좌붕과 우붕: 좌붕은 왼손만을, 우붕은 양손을 사용하지만, 양자는 모두 팔목 부분을 사용한 붕경으로써 상대방이 가격해오는 권(拳)이나 장(掌)의 공격에 대해 방어하는 동작이다. 그러나 좌붕 시는 상체는 바로 세우고, 우붕 시는 상체가 앞으로 약간 치우친 자세를 취해야 한다. 그 이유는 인체의 골격구조가 다르고, 권세(拳勢)와 권법(拳法)의 요구에 따른 자세이기 때문이다. 좌·우붕 모두 궁보 보법으로 취하는 동작이지만, 만약 순경(順勁:자연스러운 내재적 힘의 사용)일 경우 양팔을 동일한 방향으로 앞으로 내밀면서 상체를 비스듬히 앞으로 향하면 하체의 뒷받침을 받으면서 강력한 내재적 힘을 발휘할 수 있게 된다. 반면에 좌붕처럼 상하 또는 전후 등 서로 다른 방향으로 경(勁)을 사용할 경우, 상체의 두 팔은 상하로 나눠야 한다. 이는 권법 요구의 다름과 인체 골격 구조상의 특징에 의한 동작으로서, 이 경우 상체와 하체는 허리를 경계로 하여 좌우 어느 쪽에도 치우치지 않은 중정(中正)의 바른 자세를 유지해야 한다. 좌붕 시 상체를 앞으로 기울게 되면 상대의 공격을 방어할 수 있는 내재적 힘을 발휘할 수 없다.

6. 다리를 굽혀서 자세를 낮게 하는 동작 시 엉덩이, 즉 둔부(臀部)가 튀어나오지 않도록 해야 한다. 왜냐하면 그런 자세는 외형도 아름답지 못하지만 동작 중 스스로 불편함을 느끼고 쉽게 호흡이 막힐 수 있어 내재적 힘의 발휘가 불가능하기 때문이다. 비만형이건, 왜소형의 수련자이건 막론하고 자세가 자연스럽고 아름다울 때, 동작하는 본인도 편안하게 느낀다. 이것이 바로 순(順)이며, 자세가 불순(不順)하면 아름답지도 못하고 또한 동작 시 부자연스런 느낌을 받고, 내재적 힘도 발휘할 수 없다.

7. 좌붕 시 우측 팔뚝이 쉽게 들리거나 좌측 다리를 내디딜 때 우측으로 편향되거나, 우붕 시에도 왼 팔뚝이 들리거나 오른 다리를 전방으로 내디딜 때도 좌측으로 편향되는 경우가 많은데, 그때는 침견추주(沉肩墜肘) 및 허리와 고관절의 이완에 유의해야 한다.

이(擺)

동작 9 : 허리 회전에 따라 전방 우측 방향으로 상체를 45° 전환하면서 양팔을 뒤집어 양 손바닥이 측면으로 마주 보게 하고 왼손은 오른 팔꿈치 밑에 놓는다. 얼굴은 서북 방향을 향한다. **[동작 14]**

동작 14

동작 15

동작 10 : 허리 회전에 따라 상체를 움직이고 양팔은 우측에서 전방으로 그리고 계속해서 좌측 45°까지 이동한 후, 몸의 중심을 좌측 다리로 이동하며 우측 다리는 허보 보법을 취하고 얼굴은 서남 방향을 향한다. **[동작 15]**

◑요령◐

1. 양팔을 전환하면서 이동할 때 상체의 전환에 따라 양팔을 뒤집어야 하는데, 오른팔은 바깥쪽으로 돌리고, 왼팔은 안에서 돌리면서 양손을 전환하는데, 손과 팔의 움직임은 각기 따로 움직이는 것이 아니고 상호 일치되어야 하며, 상체의 움직임과도 조화를 이뤄야 한다.

2. 양팔의 운동 과정 중 팔을 마무리하거나 뒤로 당길 때 자주 겨드랑이에 밀착되면 불편한 느낌을 받으며 자세가 아름답지 못하고 동작도 피동적으로 된다. 때문에 팔의 운동 과정 중 양 겨드랑이와 두 팔이 너무 멀리 떨어지거나 가까이 밀착되지 않게 주먹 하나 사이의 공간을 유지해야 한다. 그 같은 팔의 동작만이 침견낙주와 함흉발배를 자연스럽게 만들어 낼 수 있고, 보법과 수법의 전환도 원활히 할 수 있게 되어 상대방에게 쉽게 제압당하지 않는다. 뿐만 아니라 외형이 크면서도 아름답고 편안한 느낌을 주게 되며, 내재적 힘을 더욱 충실하게 한다. 전통적인 태극권 수련자들은 '권법 수련 시 양 겨드랑이에 만두(饅頭)

를 끼고 해야 한다.'라고 말하는데, 왜냐하면 겨드랑이와 양팔 간의 일정한 간격을 유지해야만 자세의 전환이 민첩하고 원활해지는 수련 습관을 형성할 수 있기 때문이다.

3. 이 자세 시 상체의 전환 방향은 먼저 전방에서 우측(서북 방향)으로 45° 이동한 후, 다시 우측에서 전방을 지나 좌측(서남 방향) 45°로 이동한다. 우측에서 좌측으로의 회전 각도는 90°이다.

제(擠)

동작 11 : 양팔을 허리의 회전에 따라 좌측에서 우측으로 이동함과 동시에 오른팔은 안쪽으로 굽히고 오른 손바닥이 얼굴을 향해서 오른팔목으로 우붕의 자세를 취한다. 그리고 왼팔은 몸 안쪽으로 회전하면서 손바닥이 바깥

동작 16
동작 17

을 향하게 하고 오른팔목 끝에서 손바닥 하나 떨어진 위치에 왼 손바닥을 놓는다.
[동작 16]

동작 12 : 상체를 전환하여 왼 손바닥을 오른팔 목에 있는 후, 뒷다리를 뻗치면서 상체를 앞으로 향하고 몸의 중심을 천천히 오른발로 이동시켜서 왼발은 뻗고 오른발은 내딛어 우궁보 보법을 취한다. 얼굴은 정서(正西) 방향으로 향하고, 양팔을 허리 회전에 따라 전방을 향해 민다. **[동작 17]**

❂요령❂

1. 양손을 전방으로 밀 때 어깨가 들리거나, 엉덩이가 튀어나와선 안 된다. 그리고

오른손을 굽힐 때는 우붕의 의념과 내재적 힘을 느끼면서 동작을 해야 한다.

2. 왼 손바닥을 오른팔에 붙일 때, 오른팔목 부분에 밀착시켜야 한다. 여기에서 밀착은 오른팔목과 왼 손바닥이 서로 밀착됨을 의미하며, 왼 손바닥은 오른손 팔목에서 주먹 하나 떨어진 부분에 밀착시켜 오른손의 미는 힘을 증가시켜주는 보조적 역할을 해야 한다. 양손을 앞으로 미는 제와 우붕 자세의 차이점은 제의 경우 왼손이 오른팔목 부분에 닿아야 하고, 우붕은 왼손이 오른팔목 밑 주먹 하나 간격의 밑 부분에 떨어져 위치해야 한다. 양자 모두 오른팔은 수평으로 굽혀진 붕의 자세를 취하며, 손이 안으로 굽혀져서는 안 되고 손가락은 팔목보다 약간 높게, 손과 팔의 각도는 90°의 호형을 이루면서 무릎과 팔목이 서로 대칭이 된다.

3. 상체가 직각이 되면 허리의 운동이 차단되어 내재적 힘(勁)이 단절되므로 상체는 약간 전방을 향한 자세를 취해야 한다.

안(按)

동작 13 : 양팔을 좌우로 벌려 어깨 너비만큼 벌리면서 손바닥은 밑을 향한다. **[동작 18]**

동작 14 : 앞 다리를 내딛고 뒷다리는 뻗는 동작에서 허리 회전에 따라 몸의 중심을 뒤로 이동해서 왼 다리에 몸의 중심을 싣는다. 동시에 양팔을 굽히고 양손을 가슴 앞으로 모으면서 손바닥이 밑을 향하게 한다. **[동작 19]**

동작 15 : 양팔을 허리 운동에 따라 전방으로 내밀어

동작 18

뻗는 동시에 몸의 중심도 오른 다리로 이동시켜서 오른 다리를 앞으로 내디디며 우궁보 보법을 취한다. 이때 얼굴은 정서(正西) 방향을 향한다. **[동작 20]**

❶요령❶

1. 양 팔목을 굽혀서 양손을 가슴 앞으로 당겨 모을 때 상체는 함흉(含胸)의 자세를 만들고, 앞으로 지나치게 치우치거나 뒤로 젖히지 않도록 주의해야 한다.

2. 양팔을 모으고 내뻗는 동작이 경직되거나 무기력하지 않아야 한다.

3. 양손을 가슴 앞으로 모을 때 상체의 중심을 뒤로 이동함과 함께 진행해야 하며, 계속해서 양손을 가슴 앞에서 위에서 밑으로 작은 곡선을 그리는 것처럼 약간 내렸다가 손바닥이 전방을 향하게 하여 양손을 내밀어야 한다. 만약 자세가 적정한 동작 범위를 벗어날 경우 동작의 리듬감을 잃게 되므로 크고 호방한 자세 중에서도 절제된 작은 동작을 취해야 하며, 동시에 작은 동작 중에서도 호방한 자세와 기품을 표현하면서 양자를 잘 조화시켜야만 한다.

4. 자세와 동작의 전체적인 조화와 협조의 중요한 요인은 앞과 뒤 두 다리의 내딛고 뻗침에 있음에 유의해야 한다.

제3식 단편(單鞭)

동작 1 : 양팔을 약간 밑으로 내리고 몸의 중심을 뒤쪽으로 이동하면서 양손은 수평으로 유지한다. 손바닥은 밑을 향하고 우측 다리는 땅에서 약간 들면서 몸의 중심을 좌측 다리로 이동시킨다. **[동작 21]**

동작 2 : 왼팔을 안으로 굽히면서 왼손 손바닥을 밑으로 하는 수평 상태를 유지한 채 안쪽으로 굽히는데 이때 채(採)의 수형이 되며, 몸의 중심은 왼 다리에 둔다. **[동작 22]**

동작 3 : 상체와 하체를 허리의 전환에 따라 정서 방향에서 좌측 방향으로 이동함과 동시에 오른발은 안쪽으로 135°를 꺾고 양팔은 둥근 포물선을 그리는데, 왼팔이 앞쪽에서 주도하고 오른팔은 뒤쪽에서 왼팔을 따르면서 왼손의 포물선 각도는 상체 뒤쪽 225°까지 이동한다. 계속해서 왼팔은 동북 방향으로 향하고 오른팔도 가슴 앞에서 손바닥이 밑을 향한 수평 자세를 만들면서 몸의 중심을 오른발로 이동하는데 이때 왼발은 허보가 되고 왼발 뒤꿈치는 지면에서 약간 떨어진다. **[동작 23]**

동작 4 : 양팔을 허리 전환에 따라서 좌측에서 우측으로 상체 뒤쪽까지 포물선을 그리면서 이동하는데 이때 오른팔을 안쪽에서 바깥쪽으로 하여 서남 방향으로 이동하고, 왼팔도 팔목을 안쪽으로 굽힌 채 오른팔과 같은 방향으로 이동해서 상체의 우측 겨드랑이 앞쪽까지 이동한다. **[동작 24]**

동작 5 : 오른손은 다섯 손가락을 모아 구권(勾拳)을 취하고 왼팔은 안쪽으로 뒤집

으면서 왼 손바닥이 얼굴을 향한 붕의 수형을 만든다. **[동작 25]**

동작 6 : 상체는 움직이지 않고 왼쪽 다리를 들어 정서 방향으로 내딛으면서 오른발의 좌측 앞에 놓는다. 왼발 뒤꿈치가 지면에 닿은 후, 상체를 우측에서

전방으로 전환하는데 이때 구권을 한 오른팔은 움직이지 않고 왼팔을 안쪽에서 바깥쪽으로 회전시키면서 손바닥이 전방을 향하게 해서 밀어낸다. 동시에 왼발을 전방을 향해 좌궁보 보법으로 내딛는데, 이때 얼굴은 정동 방향이고, 눈은 전방을 수평 방향으로 응시한다. **[동작 26, 27]**

☯요령☯

1. 양팔을 수평으로 이동할 때 허리 회전에 따라야 하며, 양발도 허리 회전에 따라 중심을 왼발에서 오른발로 이동시켜야 한다. 양팔은 활 모양의 둥근 자세를 만들며 먼저 왼팔이 주가 되어 앞에서 이동하고 오른팔은 왼팔의 운동 방향에 따르며, 다시 오른팔이 주가 되어 앞에서 이동하면서 왼팔은 오른팔의 운동 방향을 따라야 한다. 양팔의 이동 시 직선으로 이동해선 안 되고 활 모양의 둥근 자세를 유지하면서 동작해야 한다.

2. 상체는 바른 중정(中正)의 자세를 유지해야 하며, 특히 양발의 허실(虛實) 전환은 천천히 해야 한다. 또한 함흉발배(含胸拔背)와 송요송과(鬆腰鬆胯: 허리와 사타구니의 이완)의 자세를 유지해야 하며, 그 과정에서 둔부가 튀어나오지 않게 유의하고 전

체적으로 안정적인 자세를 유지해야 한다.

3. 단편은 궁보 보법에 속하지만, 상체를 앞으로 기울지 않고 바로 세우는 중정의 자세를 지녀야 한다. 그리고 오른손으로 구권 동작을 하기 위해 상체를 약간 우측으로 전환해야 양팔의 운동을 동시에 장악할 수 있고, 자세도 편안하고 자연스러워진다.

4. 머리는 몸의 전환에 따라야 하고, 눈은 선행하는 손의 운동 방향을 응시해야 한다. 그러나 너무 지나치게 손만을 집중적으로 보면 자세가 경직되어 보일 뿐 아니라 심하면 두통과 현기증을 유발할 수도 있다.

5. 구권의 방법은 팔목 관절을 밑으로 구부린 후 다섯 손가락을 밑으로 향하게 하면서 모으는데, 손가락을 지나치게 구부리거나 손가락 끝부분에 너무 힘을 줘서 모아선 안 된다.

6. 오른발을 안쪽으로 꺾는 각도는 135°가 되어야 하고, 상체를 전환한 후 오른발은 왼발과 같은 방향의 45° 위치에 있어야 하며, 오른발 끝은 동남 방향을 향해야 한다.

7. 동작 시 내재적 경(勁)의 느낌과 신체 각 부위 간의 조화와 협조에 유의해야 한다.

제4식 운수(云手)

운수(1)

동작 1 : 허리의 움직임에 따라 우측으로 몸을 전환하면서 중심을 오른발로 옮긴다. 동시에 왼발도 안쪽으로 90° 꺾어서 정남 방향으로 향하고, 왼팔은 손바닥이 비스듬히 바깥쪽을 향한 상태에서 약간 굽혀 수평인 상태로 이동하여 가슴 앞에 위치한다. **[동작 28]**

동작 28

동작 2 : 우측에서 좌측으로 몸을 전환하면서 정면을

지나 우측 45° 지점까지 중심을 좌측으로 옮기는데 그 과정에서 오른발은 허보가 되고, 왼팔은 손바닥이 비스듬히 바깥쪽을 향해 위로 둥글게 포물선 방향으로 이동한다. 동시에 오른팔은 구권을 장으로 바꿔서 위에서 밑으로 둥글게 포물선을 그리면서 내린다. **[동작 29]**

　동작 3 : 상체를 좌측으로 이동할 때 중심을 왼발로 옮기고, 왼팔은 손바닥이 밑을 향하게 하여 위에서 밑으로 포물선을 그리면서 내린다. 오른팔은 손바닥이 안쪽을 향하게 하고 팔꿈치를 내린 상태로 밑에서 위를 향한 붕의 자세로 들어올린다. 그리고 오른발을 들어 좌측으로 반보 이동하여 발끝으로 착지하면서 양발 간격이 어깨 너비 정도의 마보(馬步) 보법을 취한다. **[동작 30]**

　동작 4 : 중심을 우측으로 이동하면서 상체를 우측으로 전환하고 양팔도 따라서 움직이는데, 오른팔은 둥글게 원을 그리면서 우측으로 이동하고, 왼팔도 둥글게 이동하여 복부 앞에 놓는데, 오른 손바닥이 밑을 향한 채(採)의 수형이 되어야 한다. 눈은 우측 전방을 향해 수평으로 응시한다. **[동작 31]**

운수(2)

　동작 1 : 오른팔을 손바닥이 밑을 향하게 하여 바깥쪽으로 회전한다. 왼팔은 밑에서 위쪽으로 붕의 자세로 들어올려 가슴 앞에 위치한다. 중심을 오른발로 이동해서 몸의 중심을 싣는다. 왼발을 들어 좌측으로 내딛는데, 먼저 발끝으로 착지한 후 발을 안쪽으로 꺾어서 마보 보법을 만들고, 양팔은 우측 옆에 손바닥을 마주 보게 모은다. **[동작 32]**

동작 2 : 왼발을 착지한 후 좌측으로 몸을 전환하고 중심도 왼발로 이동하고, 오른발은 발뒤꿈치가 지면에서 들린 상태의 허보를 만든다. 동시에 양팔을 상하로 둥글게 원을 그리는데, 오른팔이 위로, 왼팔은 밑으로 둥글게 원을 그린다. **[동작 33]**

동작 3 : 계속해서 왼쪽

으로 전환하면서 왼발에 중심을 싣고, 오른발을 좌측으로 당겨 발끝으로 착지한 후 어깨 너비 간격으로 벌린 마보 보법을 취한다. 양팔을 위와 밑으로 둥글게 교차하는데, 오른팔은 손바닥이 안쪽을 향하게 하여 위로 향한 붕의 수형으로 위로 올리고, 왼팔은 손바닥이 비스듬히 밑을 향한 채의 수형으로 밑으로 내린다. **[동작 34]**

동작 4 : 좌측에서 우측으로 전환하면서 오른발에 몸의 중심을 싣고 왼발은 허보 보법을 취한다. 양팔은 몸의 전환에 따라 오른팔은 우측 옆에서 손바닥이 비스듬히 밑으로 향한 채의 수형을 취하고, 왼팔은 손바닥을 안으로 해서 이동하여 복부 앞에 놓는다. 얼굴은 우측이고, 눈도 같은 방향을 수평으로 응시한다. **[동작 35]**

운수(3)

동작 1 : 오른팔은 손바닥을 비스듬히 밑을 향해 바깥쪽으로 둥글게 회전하고, 왼팔은 밑에서 위쪽으로 붕의 수형으로 들어올려 가슴 앞에 놓는다. 몸의 중심을 오른발로 이동한 후, 왼발을 들어 발끝을 안쪽으로 꺾어 발바닥의 안쪽 모서리 부분으로 착지해서 마보 보법을 취하고, 양팔은 우측 옆에서 양 손바닥이 마주 보는 자세로 모은다. **[동작 36]**

동작 36

동작 37

동작 2 : 왼발을 착지한 후 좌측으로 전환하고 중심도 왼발로 이동하면서 왼발에 중심을 싣고, 오른발은 발뒤꿈치가 지면에서 떨어진 허보 보법을 취한다. 동시에 양팔은 상하로 원을 그리는데, 오른팔이 위쪽으로, 왼팔은 밑으로 회전한다. **[동작 37]**

동작 38

동작 39

동작 3 : 왼발에 중심을 두고 오른발은 발끝을 안쪽으로 꺾으면서 좌측으로 반보 당겨 착지한다. 양팔은 여전히 상하 방향으로 둥글게 회전하는데, 오른팔은 손바닥을 안으로 해서 위쪽으로, 왼팔은 손바닥을 비스듬히 밑으로 해서 아래 방향으로 회전한다. **[동작 38]**

동작 4 : 몸의 중심이 좌측에서 우측을 지나 우측 측면으로 전환함과 동시에 양팔도 상하로 회전한다. 즉 오른팔은 손바닥을 안쪽으로 해서 가슴 앞에 두고, 왼팔도 손바닥을 안쪽으로 해서 복부 앞에 둔다. 얼굴은 서남 방향을 향하고, 눈은 수평으로 응시한다. **[동작 39]**

◐요령◐

1. 운수는 좌우 양쪽으로 회전하며 그 회전 폭이 매우 크기 때문에 허리의 회전 운동에 따라 사지를 천천히 움직여서 상하좌우의 동작들이 서로 협조가 되어야 한다.

2. 양팔의 회전 운동은 상하 및 좌우로 상호 교체하면서 전환한다. 좌측으로 전환할 때는 왼팔이 주가 되어 몸을 좌측으로 전환하고, 왼팔을 붕의 자세로 위로 들면서 중심을 좌측으로 이동함과 동시에 오른팔은 밑으로 돌려 내리면서 오른발을 좌측으로 모아 마보 보법으로 착지한다. 만약 우측으로 전환할 경우는 오른팔이 주가 되어 몸을 우측으로 전환하고 오른팔을 붕의 자세로 들어올리면서 중심을 우측으로 이동함과 동시에 왼팔도 밑으로 둥글게 내리면서 왼발을 좌측으로 반보 모으는데, 이때 발끝은 모두 안쪽으로 꺾어야 하고 착지는 발바닥 가장자리로부터 발바닥의 순서로 내딛어서 마보 보법을 취해야 한다.

3. 운수는 좌와 우로 나뉘고 양 팔 중 한 팔은 위로, 다른 한 팔은 밑으로 원을 그리면서 교차한다. 일반적으로 운수는 연속적으로 3번을 하지만 때로는 5번 혹은 1번만 할 수도 있다. 전체 동작의 구성상 운수 동작의 횟수는 홀수만 가능하며 짝수로 하지는 않는다.

4. 동작 시 허리 회전으로 몸의 좌우 전환 운동을 선도해야 한다. 머리는 몸의 전환에 따라 좌측 및 우측 45° 지점에 있어야 한다. 동작 중 허실의 전환 시와 구부리고 펼치는 동작과 발을 내딛거나 모으는 동작들은 하나의 수평선상에서 안정감 있고 균일한 속도로 이루어져야 하며, 자세의 기복이 크거나 서둘러서는 안 된다.

5. 운수 동작은 몸 전환의 폭이 크기 때문에 좌우 및 상하를 나누거나 허실의 전

환 등이 비교적 분명히 이루어지며, 허리 회전으로 복부 운동을 선도하고 그 결과 오장육부의 기능을 개선하는 등 신체 단련의 효과가 매우 크다. 그러나 정확한 동작을 하지 못하고 허리 운동에 의하지 않은 단지 손만의 동작만으로 상하로 손을 휘젓는 동작은 그 형상이 아름답지 못할뿐더러 단련 효과도 미미하게 된다.

6. 3번째 운수 중 오른발을 모을 때 발을 안쪽으로 꺾는 것은 다음 동작인 단편을 위한 팔자보(八字步)의 준비 단계이다. 그렇지 않으면 다음 초식인 단편 동작 시 왼발을 내딛기가 불편해지기 때문이다.

제5식 단편(單鞭)

동작 1 : 운수 중 양팔이 우측 측면에서 서로 만날 때, 오른손을 장(掌)에서 구권으로 바꾸고, 왼손은 손바닥이 얼굴을 향한 붕의 수형으로 하며, 머리는 몸의 전환에 따라 우측 측면으로 돌린다. 오른발에 몸의 중심을 싣고, 왼발은 발뒤꿈치가 지면에서 들린 허보 보법을 취한다. [동작 40]

동작 2 : 왼발을 들어 발뒤꿈치로 착지하면서 좌측 전방으로 내딛는다. [동작 41, 42]

그 밖의 동작 및 요령은 제3식 단편과 동일하다.

제6식 고탐마(高探馬)

동작 1 : 좌측에서 우측으로 전환하면서 중심을 오른발로 옮기고 왼발은 발바닥이 지면에서 떨어진 허보 보법을 취한다. 동시에 오른팔의 구권을 장으로 바꾸고 손바닥이 밑을 향하게 한다. 왼 손바닥은 왼팔의 바깥쪽으로 회전하면서 손바닥이 위를 향하게 한다. [동작 43]

동작 2 : 양팔을 허리 회전에 따라 좌측에서 정면으로 전환하면서 오른팔은 안쪽으로 굽힌 뒤 다시 뒤쪽에서 전방으로 내밀어서 가슴 앞에 놓는다. [동작 44, 45]

동작 3 : 오른손은 손바닥이 밑을 향하고 손바닥의 수도 부분이 앞을 향하

게 하여 가슴 앞에서 전방으로 내민다. 동시에 왼팔을 굽혀서 왼 팔꿈치를 뒤로 당기면서 손바닥이 비스듬히 위로 하고 손가락도 비스듬히 전방을 향하게 하여 왼 손바닥을 좌측 옆구리 부근에 놓는다. 왼발을 약간 들어서 정면을 향해 앞 발바닥으로 착지하는 허보 보법을 취한다. 얼굴은 정동 방향을 향하고, 눈은 정면을 수평으로 응시한다. [동작 46]

◐요령◑

1. 우측으로 중심을 이동할 때 몸도 우측으로 전환해야 하며 오른발 쪽으로 중심

을 실어야 왼발을 편하고 자연스럽게 들 수 있다. 몸을 우측으로 전환하지 않으면 왼발을 당겨서 드는 동작이 부자연스럽게 된다.

2. 우장(右掌)의 수도 부분을 앞으로 내밀어 상대의 목 부분을 가격하는 동작이므로 오른손 팔목을 너무 안쪽으로 꺾거나 손가락이 전방을 향하지 않아야 한다.

3. 고탐마의 왼발이 허보인 자세는 백학양시와 동일하지만 수휘비파의 좌허보보다 약간 높다. 그리고 고탐마는 앞 발바닥으로 착지하지만 수휘비파와 제수상세등은 모두 발뒤꿈치로 착지하며 고탐마보다 보폭이 비교적 크다.

제7식 우분각(右分脚)

동작 1 : 몸을 허리 회전에 따라 우측으로 전환하여 중심을 우측으로 이동하면서 오른발에 중심을 싣고, 왼발은 발바닥으로 착지한 허보 보법을 취한다. 동시에 양팔을 수평으로 둥글게 원을 그리는데, 오른팔을 전방에서 우측

동작 47 동작 48

으로, 왼팔은 안에서 좌측으로 둥글게 회전한다. 계속해서 양팔을 수평으로 회전하면서 왼팔을 앞으로, 오른팔은 안쪽으로 회전한다. [동작 47, 48]

동작 2 : 중심을 우측으로 이동하면서 오른발에 중심을 실은 후, 왼발은 좌측으로 발뒤꿈치로 착지하여 내딛어 좌측 대각선 방향의 허보 보법을 취한다. 양팔을 크게 수평으로 회전하여 우측 가슴 앞에 모으면서, 중심을 천천히 왼발로 이동한다. [동작 49, 50]

동작 3 : 중심을 좌측으로 이동시켜 좌궁보 보법을 취한다. 동시에 양팔을 이동하는데, 왼팔은 둥글게 원을 그리면서 손바닥이 비스듬히 안쪽을 향하게 좌측 가슴

앞에 놓으며, 이때 왼 무릎과 왼 팔꿈치가 일치하게 한다. 오른팔도 둥글게 원을 그리면서 우측 전방에 팔꿈치를 굽히고 손바닥이 비스듬히 바깥쪽을 향하는 장의 수형을 취한다. 이때 얼굴은 동남 방향을 보며, 동작은 좌궁보의 이(摋)의 자세를 취한다. [동작 51]

동작 4 : 양팔을 허리 회전에 따라서 좌측으로 전환하고, 우측 45° 지점에서 좌측 45° 지점까지 이의 자세로 이동하여 십자형으로 서로 모아서 오른팔은 바깥쪽, 왼팔은 안쪽

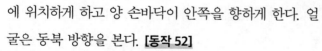

에 위치하게 하고 양 손바닥이 안쪽을 향하게 한다. 얼굴은 동북 방향을 본다. [동작 52]

동작 5 : 중심을 앞으로 이동하고 왼 다리로 서면서 오른발을 발바닥이 약간 안쪽으로 향하게 하여 들어올린다. [동작 53]

동작 6 : 오른발을 우측으로 들어올려 내참과 동시에 양팔은 전후로 벌리는데, 양팔의 손목은 약간 구부리고, 양손바닥은 바깥쪽을 향해 크게 벌린다. 오른발과

오른팔은 각각 오른 무릎과 오른 팔꿈치가 일치되고,  동남 방향을 향해야 하며, 왼팔은 좌측으로 벌린다. 얼굴은 동남 방향을 향하고, 눈은 정면을 수평으로 응시한다. **[동작 54]**

◐요령◐

1. 양팔을 수평으로 둥글게 원을 그리면서 왼팔과 오른팔은 각기 원을 그린다. 오른팔은 전방에서 우측으로 다시 안쪽으로 이동하여 좌측 앞으로 회전한 후 커다란 원을 그리면서 동남 방향에 위치한다. 왼팔은 안쪽에서 좌측 전방으로 회전한 후 다시 우측으로 이동하면서 안쪽으로 둥글게 원을 그리면서 오른 팔목과 팔꿈치 사이에 놓아서 궁보(弓步) 보법의 이(攦) 자세를 취한다. 양팔을 수평으로 크게 회전하는 과정에서 오른팔이 위쪽에 있고, 왼팔은 밑에 위치하며 회전 시 양팔의 위치를 바꾸면 안 된다.

2. 우분각에서 이의 동작은 상체 동작이 람작미 중의 이(攦)와 기본적으로 같지만, 하체는 람작미처럼 왼발에 중심을 두지 않고, 좌궁보 보법을 취하는 점이 서로 다르다. 우분각의 이 동작 중 오른 무릎과 오른 팔꿈치는 서로 일치되고, 왼발 끝이 가리키는 방향은 동북 방향이지만, 몸과 얼굴은 동남 방향을 향해야 한다. 그리고 양팔을 이 자세에서 좌측으로 이동하여 양손을 십자형으로 모을 때는 좌측 대각선 방향이고, 오른발을 앞으로 내찰 때의 오른발과 몸은 우측 대각선 방향을 향한다. 눈은 몸의 전환에 따라 이동하면서 정면을 바라본다.

3. 이의 자세를 완성하는 과정에서 허리 회전에 의한 신체의 전환이 이루어져야 한다. 즉 팔과 손의 전환은 허리의 회전에 따라서 진행되어야 운동 효과를 발휘할 수 있다.

4. 왼발로 직립 시에는 자연스럽게 서면 되고, 의식적으로 다리를 굽히거나 지나치게 곧게 세우지 않는다. 분각은 발등을 사용해서 앞으로 차는 동작이다.

5. 양팔을 십자형으로 모을 때 우분각이면 오른손이 바깥쪽에, 좌분각이면 왼손을 바깥쪽에 놓는다.

제8식 좌분각(左分脚)

동작 1 : 왼팔을 굽혀 손바닥이 비스듬히 바깥쪽을 향하게 하여 안쪽에서 가슴 앞에 놓고, 동시에 오른팔도 손바닥을 위로 하여 바깥에서 안쪽으로 회전한다. 오른발을 자연스럽게 발끝이 밑을 향하게 들어올린다. **[동작 55]**

동작 2 : 왼발에 중심을 싣고 오른발을 발뒤꿈치로 착지하며 발바닥은 지면에서 약간 든다. 오른발은 동남 방향을 지향한다. **[동작 56]**

동작 3 : 양팔을 동시에 수평으로 원을 그리는데, 오른팔은 전방에서 좌측, 그리고 안쪽으로 회전하여 가슴 앞에 놓고, 왼팔은 안쪽에서부터 우측, 그리고 전방으로 회전하여 오른팔 좌측 전방에 놓는다. 동시에 오른발을 앞으로 내딛어서 우궁보의 보법을 취한다. 양팔은 우측 측면에서 이의 수형을 취하는데, 즉 왼팔이 위쪽에, 오른팔은 밑에 위치하며 오른손은 왼팔목과 팔꿈치 사이에 놓고, 오른 팔꿈치와 오른 무릎이 서로 일치하게 한다. **[동작 57, 58]**

동작 4 : 좌측에서 우측으로 전환하면서 양팔은 허리 회전에 따라 이 자세로 우측 측면으로 이동해서 십자형으로 서로 합치는데 왼팔을 바깥쪽에, 오른팔은 안쪽에 두며 양 손등이 바깥을 향한다. 몸의 중심은 오른발로 옮긴다. **[동작 59]**

동작 5 : 중심을 앞으로 이동하며 오른발로 서면서 왼발을 들어올리는데 왼 발끝

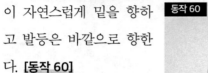

이 자연스럽게 밑을 향하고 발등은 바깥으로 향한다. [동작 60]

동작 6 : 왼발은 발등으로 좌측 방향으로 내참과 동시에 양팔은 좌우 양쪽으로 크게 벌려서 손바닥이 비스듬히 바깥을 향한 좌우 양장(兩掌)의 수형을 취한다. 왼 무릎과 왼쪽 팔꿈치는 일치되어야 하고, 얼굴은 동북 방향을, 눈은 정면을 응시한다. [동작 61]

☯요령☯

좌분각은 우분각과 그 방법이 동일하며, 하나는 좌측으로 하나는 우측으로 대칭되는 동작이다. 좌분각의 양팔을 수평으로 회전할 때 우분각의 동작보다 비교적 간단하며, 그 밖의 동작들은 서로 같다.

제9식 전신좌등각(轉身左蹬脚)

동작 1 : 왼발을 아래로 굽히고, 발끝이 밑을 향하게 한다. **[동작 62]**

동작 2 : 왼 손바닥을 앞으로 내밀면서 비스듬히 안쪽을 향하게 하여 굽히고, 오른팔은 손바닥이 비스듬히 우측 측면을 향해 바깥쪽으로 회전하며, 왼발을 좌측 전방으로 뻗친다. **[동작 63]**

동작 3 : 오른발 뒤꿈치를 축으로 해서 왼쪽 후방으로 135° 전환하면서 왼발을 굽혀 들어올리면서 양팔은 가슴 앞에 서로 교차하여 십자 모양을 갖춘다. 이때 왼손을 밖에, 오

동작 62

동작 63

동작 64

동작 65

른손은 안쪽에 두고 양팔의 손등은 바깥을 향한다. **[동작 64]**

동작 4 : 양팔을 좌우 양쪽으로 벌리는데, 왼팔은 손바닥을 바깥쪽으로 향해 정서 방향으로 벌리고, 오른팔은 손바닥을 바깥쪽으로 해서 우측 후방으로 크게 벌린다. 동시에 왼발은 발바닥을 정서 쪽으로, 발끝은 위를 향하게 하여 발뒤꿈치를 사용해서 내뻗는다. 이때 얼굴은 정서 방향이며, 눈은 수평을 응시한다. **[동작 65]**

1. 이 동작은 한 발을 사용하여 왼쪽 후방 방향으로 135° 전환하지만, 다리의 허실은 변화하지 않고 단지 방향만 전환될 뿐이다. 때문에 몸의 전환 시 발바닥을 지면에서 약간 띄우고 발뒤꿈치를 축으로 하여 허리 회전에 따라 몸을 좌측 후방으로 135° 전환한다.

2. 등각은 좌·우 등각을 막론하고 모두 발뒤꿈치와 발바닥을 사용해서 정면으로 내뻗는다. 그러나 분각은 발등을 사용하여 측면으로 차기 때문에 우분각 시는 오른 발등으로 상대방을 향해 비스듬하게 차며, 좌분각 시는 왼 발등으로 상대방을 향해 비스듬히 차야 한다.

제10식 좌누슬요보(左摟膝拗步)

동작 1 : 왼발을 당겨서 구부린다. **[동작 66]**

동작 2 : 오른팔을 밖에서 몸쪽으로 이동한 후 다시 몸 뒤쪽에 놓는다. **[동작 67]**

동작 3 : 오른 다리에 중심을 두고 왼발의 발뒤꿈치가 먼저 착지하도록 한

후 좌궁보 보법으로 내딛으면서 몸의 중심을 좌측으로 이동한다. 왼팔은 앞쪽에서 위쪽으로 다시 왼발 앞쪽으로 내뻗은 후, 왼 무릎 앞에서 회전시켜 무릎 옆쪽에 놓고, 오른팔은 팔꿈치를 내린 우장(右掌)의 자세로 좌장을 몸쪽으로 당김과 동시에 허리 회전을 이용하여 전방으로 내뻗는다. 얼굴은 정서 방향이고, 눈은 전방을 수평으로 응시한다. **[동작 68~70]**

동작 68 동작 69 동작 70

◉요령◉

1. 오른팔은 위에서 아래로 다시 뒤쪽을 향해 부드럽고 이완된 동작으로 허리의 회전 운동에 따라서 크고 둥글게 원을 그린다. 오른손을 우측 허리 부근까지 내린 후 뒤쪽으로 원을 그리면서 다시 위쪽으로 올리는데 이때 오른 손바닥이 전방 측면을 향하고 팔꿈치를 약간 내려서 오른팔목이 들리지 않게 한다.

2. 팔의 내뻗음은 상대방에 대한 가격의 의미를 지니고서 허리 회전과 다리를 뻗는 동작과 조화를 이루면서 팔을 앞으로 내뻗어야 한다. 팔을 앞으로 내뻗침은 온몸의 내재적 힘인 경을 발휘하는 것이므로 온몸이 이완된 상태에서 신체 각 부분의 전체적인 협조와 조화가 이루어져야 한다.

3. 왼발이 지면과 약간 떨어질 때 왜 좌측 방향으로 왼발을 내딛어야 하는가? 누슬요보의 정상적인 보법은 궁보이고 양발의 간격을 어깨 너비 정도로 벌려야 하기 때문이다. 만약 왼쪽 발을 내디딜 때 원래의 허보 자세에서 내딛으면 발의 자세가 불안해진다. 때문에 궁보 시의 보법 전환은 내딛는 발을 바깥쪽으로 내디어야 하고, 궁보에서 허보로 전환 시 발을 안쪽으로 모아야 한다.

4. 오른팔을 전방으로 내뻗을 때, 상체가 한쪽으로 치우치지 않도록 몸의 바른 자세를 유지해야 한다.

5. 동작 중 둔부가 쉽게 튀어나오는 경향이 있으므로 둔부가 나오지 않도록 주의

해야 한다.

제11식 수휘비파(手揮琵琶)

동작 1 : 몸의 중심을 전 방으로 이동하면서 자연 스럽게 오른발의 뒤꿈치를 지면에서 떼운다. [동작 71]

동작 2 : 오른발이 지면 에 닿음과 동시에 몸의 중 심을 뒤쪽에 두면서 오른 발을 견실하게 하고, 왼발 은 발뒤꿈치로 착지하고

동작 71

동작 72

발바닥은 들린 상태의 허보 보법을 취한다. 동시에 왼팔은 손바닥이 우측을 향하게 하여 위로 들어올리고, 오른팔은 팔목을 구부리며 앞에서 뒤쪽으로 당기면서 오른 손바닥이 밑을 향해 이동하여 왼팔목 밑에 위치한다. 이때 얼굴은 정동 방향이고, 눈은 정면을 수평으로 응시한다. [동작 72]

❂요령❂

1. 몸의 중심을 이동 시 상체가 좌우로 편향되지 않게 바르게 유지하고, 하체는 안 정되어야 한다.

2. 양팔을 한쪽은 들고 한쪽은 내리는 동작은 허리의 회전에 따라야 하고, 그 과 정에서 어깨와 팔꿈치가 들리지 않아야 한다. 즉 오른팔은 몸 안쪽으로 당기면 서 채(採)의 수형을 취해야 하고, 왼팔은 바깥쪽으로 회전하면서 열(挒)의 수형으 로 동작을 진행해야 한다.

3. 수휘비파와 제수상세는 모두 양팔을 교차하는 동작이지만, 제수상세는 양팔 의 좌우 합력(合力)을 운용하는 합경(合勁)을 운용하고, 수휘비파는 좌열(左挒)·우채(

右採)로서 상하의 열경(挒勁)을 사용하므로 이 두 동작의 힘의 운용 및 전환 과정은 서로 다르다.

제12식 고탐마천장(高探馬穿掌)

동작 1 : 이 동작은 제6식 고탐마와 동일하다. **[동작 73, 74 참조]**

동작 2 : 오른발에 중심을 싣고 왼발을 들어 발뒤꿈치로 착지해서 앞으로 내디딘 후 중심을 왼발로 이동해서 좌궁보 보법을 취한다. 오른팔을 앞에서 뒤쪽으로 당기면서 팔꿈치를 굽히고 손가락 끝이 정면을, 손바닥은 밑을 향하게 하여 왼팔 겨드랑이 밑에 놓는다. 동시에 왼팔을 뒤쪽에서 손가락 끝이 정면을, 손바닥은 위를 향하게 하여 앞으로 내민다. 얼굴은 정동 방향이고, 눈은 전방을 수평으로 바라본다. **[동작 75]**

◐요 령◐

1. 고탐마천장은 한 동작이지만, 실제 두 동작, 즉 고탐마와 천장으로 나뉘는데, 고탐마는 제6식 고탐마와 동일하다.
2. 보법상 고탐마는 허실보이고, 천장은 좌궁보이므로 보법의 전환에 주의해서 동작을 진행해야 한다. 왼발을 내딛어 좌궁보를 취할 때 내딛는 지점이 오른 다리

동작 73 / 동작 74 / 동작 75

와 일직선상이 아닌 좌측으로 약간 벌려서 착지해야만, 착지 후 몸의 균형을 안정적으로 유지할 수 있다.

제13식 전신십자퇴(轉身十字腿)

동작 1 : 허리 회전으로 중심을 뒤로 이동하고 몸을 우측으로 전환하며 왼발을 안쪽으로 135° 꺾은 후, 중심을 다시 왼발에 두면서 오른발은 발뒤꿈치가 지면에서 들린 상태의 허보 보법을 취한다. 동시에 양팔도 몸의 전환에 따라 이동하여 왼팔을 손바닥이 안쪽을 향하게 하여 몸 안으로 회전하고, 오른팔은 손바닥이 안으로 향하게 하여 바깥으로 회전해서 가슴 앞에서 오른손이 바깥쪽에, 왼손은 안쪽에 있는 십자수 자세를 취한다. **[동작 76]**

동작 2 : 왼 다리를 세우면서 오른발을 들어 전방으로 내뻗음과 동시에 양팔도 손바닥이 바깥을 향하게 하여 좌우 방향으로 벌린다. 이때 오른발과 우장(右掌)은 정서 방향을 향하고, 좌장(左掌)은 왼쪽 후방을 향한다. **[동작 77, 78]**

◐요령◑

1. 십자퇴의 동작은 전신우등각의 방법과 유사하며, 수법상 약간 차이가 있을 뿐이다. 즉 십자퇴의 전신(轉身) 후 우장은 상대의 가슴 부분을 가격하는 의미를

동작 76 동작 77 동작 78

지니고 있으며, 우등각 시 양손을 붕의 자세로 좌우로 벌리는 것과는 다르다.

2. 십자퇴의 기타 동작은 우등각의 방법과 동일하다.

제14식 좌타호(左打虎)

동작 1 : 오른발을 굽혀서 발끝이 아래를 향하게 한다. [동작 79]

동작 2 : 왼 다리에 중심을 싣고서 오른발을 우측 45° 안쪽으로 꺾은 후 뒤꿈치가 먼저 착지하도록 하여 내딛는다. [동작 80]

동작 3 : 중심을 오른 다리로 이동한 후 왼발은 뒤꿈치가 들린 상태의 허보 보법을 취한다. 왼팔은 안쪽으로 굽혀서 손바닥이 비스듬히 안쪽을 향하게 하여 오른팔목과 팔꿈치 중간 밑부분에 놓아서 이의 형태를 취한다. [동작 81]

동작 4 : 왼발을 들어 정북 방향으로 발뒤꿈치가 먼저 내딛고 발바닥이 들린 상태로 착지한다. 양팔은 허리 운동으로 우측에서 좌측으로 이동하고 중심을 앞쪽으로 이동하면서 왼 발바닥으로 착지한다. 왼팔을 우측에서 밑으로 다시 좌측에서 위쪽으로 회전하고, 오른팔은 밑에서 몸 안쪽 방향으로 회전시킨다. [동작 82]

동작 5 : 왼발을 내딛어서 좌궁보 보법을 취하면서 왼팔은 주먹을 쥐어 좌측 이마 상단 지점에 팔을 굽혀서 권안(拳眼)이 밑을, 권심(拳心)은 바깥쪽을 향하게 놓는다. 오른팔도 주먹을 쥐어서 권안이 위를 향하고, 권심은

안쪽을 향하게 하여 복부 앞에 놓는데, 양팔의 권안이 서로 마주 보게 한다. 얼굴은 정북 방향이고, 눈은 정면을 수평으로 응시한다. **[동작 83]**

동작 82

동작 83

◐요령◑

1. 동작 1에서 왼 다리에 중심을 싣고 오른발 끝을 안쪽으로 45° 꺾어 오른발을 착지하는 것은 왼발을 전방으로 내딛어 좌궁보 보법을 취하기 위한 팔자보의 예비 동작이다.

2. 왼팔은 밑으로 내렸다가 다시 위로 올라가는 식으로 270° 크게 회전하면서 천천히 주먹을 쥐어 머리 상단 부근에 놓고 팔목을 밑으로 꺾어서 좌붕의 형상을 취해야 한다. 오른팔은 위에서 밑으로 내려오면서 주먹을 쥐어 복부 앞에 놓는데, 권심이 안쪽을 향하고 팔꿈치는 바깥을 향하게 하여 밑에서 자연스럽게 우붕의 형상을 취해야 한다.

3. 권의 파지법은 주저간추의 방법과 같다. 팔꿈치를 바깥쪽으로 내밀고 팔목은 안쪽으로 꺾어 양팔을 회전함으로써 동작이 크면서도 기품이 있는 권세(拳勢)를 지녀야 한다.

4. 사지(四肢)는 허리 회전에 의해서 움직여야 하고, 상체와 하체는 조화를 이루어야 한다. 특히 왼발이 좌궁보 보법을 취할 때 상·하체 동작의 원만한 조화 및 속도의 협조가 요구된다. 즉 왼 무릎이 먼저 나오거나, 상체만 움직이고 하체는 움직이지 않거나, 하체는 움직이는데 상체가 안 움직이는 등 상·하체 동작 간에 부조화가 없어야 한다.

5. **[동작 81]**의 동작은 천천히 이의 형상을 취해야 하므로 왼팔의 위치에 주의해야 한다.

제15식 우타호(右打虎)

동작 1 : 중심을 뒤로 이동한 후 상체를 허리 회전에 따라 우측 후방으로 전환하면서 왼발을 135° 안쪽으로 꺾고, 양팔도 뒤쪽으로 이동한다. 왼발을 135° 꺾은 후 중심을 왼발로 옮기면서 오른발은 허보 보법을 취한다. 양팔을 위에서 밑으로 내리면서 천천히 주먹을 펴서 이의 형상을 취한다. **[동작 84, 85]**

동작 2 : 오른발을 들어 발뒤꿈치로 착지하고 발바닥은 지면에서 떨어진 허보 보법으로 정남 방향으로 내딛는다. **[동작 86]**

동작 3 : 좌측에서 우측으로 전환하면서 중심을 오른 다리로 이동함과 동시에 양팔을 둥글게 회전하는데 오른팔은 밑에서 위쪽으로 크게, 왼팔은 밑에서 몸 안쪽으로 작게 회전한다. **[동작 87]**

동작 4 : 오른발을 앞으로 내딛어 우궁보 보법을 취한다. 오른팔은 바깥에서 안으로 크게 회전하면서 주먹을 쥐어 이마 우측 상단에 권심이 바깥으로, 권안은 밑을

향하게 놓는다. 왼팔도 주먹을 쥐어 팔목과 팔꿈치를 굽혀서 복부 앞에 권심이 안쪽을 향하고 권안은 위를 향하게 놓아서, 양권의 권안이 서로 마주 보게 한다. 얼굴은 정남 방향이고, 눈은 정면을 수평으로 응시한다. **[동작 88]**

◐요령◑

1. 이 동작은 좌타호와 좌우 대칭이며 연결되는 부분이 약간 다를 뿐, 이 자세를 취한 이후 양팔의 회전 및 궁보 방법과 요령들은 동일하므로 좌타호의 설명을 참조하라.

2. 왼발은 안쪽으로 135° 꺾은 후 중심을 왼발로 옮기는 동시에 왼팔도 수평으로 내려 오른손과 조화를 이루어 이의 자세를 취해야 한다.

3. 오른발을 내딛어 우궁보를 취한 후 양팔은 허리 회전으로 이동하면서 둥근 원 방향으로 회전해야 한다. 그리고 오른발이 착지하기 전에 미리 몸을 전환하거나, 발을 내딛음과 동시에 양팔을 회전해서는 안 되며, 발에 몸의 중심을 두고 다리와 허리 회전에 의한 손동작을 하는 순서로 내재적인 힘의 운용을 진행해야 한다.

제16식 회신우등각(回身右蹬脚)

동작 1 : 왼발을 좌측으로 90° 꺾은 후 허리 회전에 따라 몸을 우측에서 좌측으로 전환함과 동시에 오른발도 안쪽으로 90° 꺾으면서 왼 다리에 몸의 중심을 싣는다. 왼팔은 밑에서 좌측으로 다시 위쪽으로 올리면서 붕의 자세를 취하고, 오른팔도 위에서 밑으로 회전시킨다. **[동작 89]**

동작 2 : 몸을 좌측으로 전환하면서 오른팔을 좌측에서 위쪽으로 회전시켜 팔목을 굽히고 팔꿈치를 내린 자세로 왼팔의 바깥쪽에 두어 양팔을 교차하여 십자형을 만든다. 양팔의 권심이 안쪽이며 몸의 중심은 좌측으로 이동하고 눈은 정면을 수평으로 바라본다. **[동작 90]**

동작 3 : 왼발로 서면서 오른발을 들어 전방을 향해 내뻗으면서 동시에 양손은 주

먹을 풀어 장의 수형으로 좌우로 벌리는데, 양 손바닥이 비스듬히 바깥을 향하게 한다. 오른손은 정동 방향을 향하고 왼손은 서북 방향을 향하며, 눈은 정동 방향을 바라본다. **[동작 91]**

❂요 령❂

등각은 발을 정면으로 내뻗는데 좌·우각을 막론하고 모두 발뒤꿈치를 사용하여 발바닥으로 내뻗는다.

제17식 쌍봉관이(雙峰貫耳)

동작 1 : 오른발을 아래로 당기면서 발끝이 밑을 향하게 하고 발바닥을 약간 당긴다. 허리 회전으로 왼발 뒤꿈치를 사용하여 우측 45° 방향으로 몸을 전환하고 양팔도 우측으로 전환한다. **[동작 92, 93]**

동작 2 : 왼팔을 좌측에서 우측으로 이동하여 정면으로 이동시킨 후, 양팔은 손바닥이 위를 향하고 어깨 너비와 같은 간격을 유지한다. **[동작 94]**

동작 3 : 왼발에 중심을 두고 오른발은 발뒤꿈치로 지면에 착지한 허보 보법을 취한다. 양 팔꿈치를 앞에서 뒤쪽으로 당겨서 양손을 허리 부근에 손바닥이 위를 향하게 둔다. **[동작 95~97]**

동작 4 : 중심을 오른발로 이동하면서 오른발을 내딛어 우궁보 보법을 취한다. 양 팔도 천천히 뒤에서 위를 향해 손바닥을 뒤집어 커다란 원을 그리면서 뒤쪽에서 앞 쪽으로 다시 위쪽을 향해 주먹을 쥐면서 회전한다. 양권은 안쪽을 향하고 권안은 비스듬히 마주 보며, 권심이 비스듬히 바깥을 향하게 하여 상대의 관자놀이 부분 을 향해 가격한다. 얼굴은 동남 방향이고 눈은 정면을 수평으로 바라본다. **[동작 98, 99]**

◑요령◐

1. 우측으로 45° 전환 시 방향만 바뀔 뿐 몸 중심의 허실은 변하지 않는다. 전환 시 왼 발꿈치를 사용하고 신체 각 부분의 전체적인 조화와 협조를 이루어서 몸의 중심을 잃지 않아야 한다.

2. 이 초식은 ① 몸의 전환 ② 왼 다리로 중심 이동 및 팔의 회수 ③ 우궁보 및 가격 등 3부분으로 나뉘며, 각 동작은 상호조화와 협조를 이뤄야 한다. 특히 양권으로 상대를 가격함에 있어서 양팔의 동작 방향은 밑에서 위쪽으로 다시 양측면에서 중앙을 향해 상대의 머리 부분을 가격하는 비교적 어려운 동작이다. 양손을 뒤집고 주먹을 쥐어 가격하는 과정에서 양발이 떠받치는 내재적 경감(勁感)은 상체의 팔 동작을 안정적으로 만들어 주는 기초가 됨에 유의해야 한다.

3. 양권은 안쪽으로 꺾고, 양 팔꿈치는 바깥쪽으로 뻗어 양팔을 크고 둥글게 회전하면서 측면권을 사용하여 상대의 양 관자놀이를 가격하는 동작이므로, 양권안이 정면으로 마주 보지 않고 비스듬히 마주 보는 수형을 취해야 한다.

제18식 좌등각(左蹬脚)

동작 1 : 중심을 오른 다리로 이동하면서 왼발을 지면에서 띄운다. 양팔은 위쪽에서 좌우로 다시 아래 방향으로 회전시켜 가슴 앞쪽으로 당겨 왼팔을 바깥쪽에, 오른팔은 안쪽에 놓고, 권심이 몸쪽을 향한 십자형의 자세를 취한다. **[동작 100, 101]**

동작 2 : 오른 다리에 중심을 두고 직립하면서 왼발을 들어 전방으로 내뻗는다. 양손은 권에서 장으로 바꾸면서 양팔을 좌우 방향으로 벌리는데 왼팔은 손바닥이 비스듬히 바깥을 향한 수형으로 전방을 향하고 오른팔은 우측을 향한다. 얼굴은 정동 방향이고, 눈은 전방을 수평으로 바라본다. **[동작 102]**

◑요령◐

제16식 우등각과 방향만 다를 뿐, 방법은 동일하다.

제19식 전신별신추(轉身撇身捶)

동작 1 : 왼발을 자연스럽게 굽혀서 발끝이 아래를 향하게 한다. **[동작 103]**

동작 2 : 왼발을 밑으로 내린 후 다시 좌측 후방으로 뻗치면서, 왼팔을 손바닥이 안을 향하게 하여 굽힌다. 오른팔은 손바닥이 비스듬히 밑을 향하게 하여 아래로 둥글게 이동한다. 허리 회전으로 팔과 다리의 운동을 하는데, 오른 발바닥을 축으로 삼아 왼발을 좌측에서 우측으로 360° 회전한 후, 왼발을 착지하면서 중심을 왼 다리로 이동한다. 그리고 오른발은 발바닥으로 착지한 허보 보법을 취한다. 동시에 오른손은 주먹을 쥐어 권배가 정면을 향하게 하고,

왼손은 손바닥이 비스듬히 정면을 향한 좌장의 수형으로 좌측 어깨 앞에 놓는다. [동작 104, 105]

동작 3 : 오른손은 주먹을 쥐어 밑으로 내리면서 동시에 오른발을 들어 발뒤꿈치로 착지하여 앞으로 내디딘 후, 우권이 전방 위쪽으로 권심이 안쪽을 향하고 권배를 사용하여 상대방의 얼굴 부분을 향해 가격한다. 얼굴은 정서 방향이고, 눈은 정면을 수평으로 응시한다. [동작 106]

동작 3 : 중심을 우측으로 이동하면서 우궁보 보법을 취한다. 우권을 전방

에서 밑으로 내려 당겨서 우측 옆구리 옆에 권심이 위를 향하게 하여 놓음과 동시에 좌장(左掌)으로 정면을 향해서 가격한다. 얼굴은 정서 방향이고, 눈은 정면을 수평으로 바라본다. [동작 107]

◑요령◐

1. 이 동작은 연속 동작이 많아서 동작 중 부분 동작들의 협조와 연결에 유의해서 과도적 동작들이 정지되지 않도록 해야 한다.

2. 별신추의 권형은 권배(拳背)를 사용하여 상대방의 얼굴을 가격하는 것이며 그 의

미는 반란추의 손목을 뒤집는 자세와 유사하다. 권을 파지하는 방법상 권심이 안쪽을 향하게 하고, 손목을 구부리며, 권배를 들어올리는 자세를 취해야만 권과 신체 간의 유기적 연관성을 지니게 된다.

3. 몸을 전환하는 과정 중 왼발을 135° 안쪽으로 꺾은 후, 오른발을 내딛어 우궁보 보법을 취해야 한다. 몸의 전환이 충분히 안 되면 왼발을 제대로 꺾을 수 없게 되며, 그 결과 오른발의 동작도 부자연스럽고 불안하게 된다. 때문에 왼발의 정확한 꺾음과 상체의 바른 자세 및 기타 신체부분과의 조화는 동작 간의 자연스러운 연결과 안정성에 중요한 영향을 미치게 됨을 유의해야 한다.

제20식 진보지당추(進步指襠捶)

동작 1 : 왼 다리에 중심을 싣고 오른발을 당긴 후 오른발을 우측 45° 방향으로 벌려 착지한다. **[동작 108]**

동작 108

동작 2 : 중심을 오른 다리로 이동하고 몸도 우측으로 전환하면서 오른 다리에 중심을 싣고, 왼발은 발뒤꿈치가 지면에서 들린 허보 보법을 취한다. 왼팔은 안쪽으로 굽히고 오른팔은 바깥으로 회전하면서 왼발 발뒤꿈치로 착지하여 내딛는다. 우권은 손바닥이 위를 향하고 권안이 바깥을 향하게 하여 우측 허리 옆에 놓고, 왼팔은 몸쪽으로 굽혀서 좌장을 복부 앞에 손바닥이 밑을 향하게 하여 놓는다. **[동작 109]**

동작 109

동작 3 : 허리 회전으로 몸을 좌측으로 전환하면서 왼발을 앞으로 내딛어 좌궁보 보법을 취한다. 왼팔도 몸의 전환에 따라 안에서 바깥쪽으로 회전하고 왼무릎 앞을 지나서 좌장을 왼 무릎 옆에 손바닥이 밑을 향하게 하여 놓는다. 우권은 안쪽으로 회전하면서 권안은 비스듬히 바깥을 향하고 권면은 전방을 향하게 하여 상대의 사타구니를 향해서 가격한다. 몸을 전방으로 치우치고, 얼굴은 정서 방향을, 눈은 상대의 사타구니 부분을 바라본다. [동작 110]

●요령●

이 동작은 진보재추와 유사하지만, 진보지당추는 상대의 하반신 중 사타구니 부분을 가격하는 것이다. 권의 가격 방향을 보면 재추는 상대 무릎 부분, 즉 하단 가격이고, 반란추는 상대 가슴 부분을 향한 중단가격이며, 지당추는 재추와 반란추 양자의 중간 부분을 가격하는 것이다.

제21식 여봉사폐(如封似閉)

동작 1 : 왼손을 손바닥이 안쪽으로 향하게 하여 오른팔 겨드랑이 밑으로 집어넣은 후 다시 위쪽으로 전환하고, 오른팔은 전방에서 약간 좌측으로 이동하면서 권을 장으로 바꿔서 손바닥이 위를 향하게 하여 중심을 우측으로 이동하기 시작한다. [동작 111]

동작 2 : 중심을 뒤쪽으로 이동하여 오른 다리를 견실하게 한 후 몸을 우측으로 전환하고 오른손을 당겨 손바닥이 안쪽을 향하게 하여 우측 가슴 앞에 놓는다. 왼손은 팔꿈치를 내린 상태에서 오른팔의 겨드랑이 부분을 스쳐 회전하면서 몸쪽으로 당겨 손바닥을 안쪽으로 하여 왼쪽 가슴 앞에 놓는다. [동작 112]

동작 3 : 양손을 우측에서 좌측으로 허리 회전에 따라 몸을 전환함과 동시에 손바닥이 정면을 향한 양장

의 수형으로 만들고, 중심을 오른 다리에서 왼 다리로 이동하면서 오른발을 내딛고, 왼발은 밀어내는 자세를 취한다. **[동작 113]**

동작 4 : 허리 회전에 따라 양손을 앞쪽으로 내밀며, 좌궁보 보법을 취함과 동시에 양손을 정면으로 내뻗는다. 얼굴은 정동 방향이고, 눈은 정면을 수평으로 응시한다. **[동작 114]**

❶요령❶

1. 양손을 교차할 때 오른손을 뒤쪽으로 당기면서 오른팔이 몸에 붙지 않도록 주의해야 하는데, 즉 오른팔과 겨드랑이 사이는 주먹 하나 정도로 떨어져야 하며, 오른팔이 앞으로 구부러지거나 뒤로 들어올려져서도 안 된다.
2. 양손을 앞으로 내밀 때 상체는 약간 앞으로 향한 채 둔부가 튀어나오지 않게 하고, 양팔을 직선으로 내뻗지 않으며 양 팔꿈치는 약간 내린 자세여야 한다.

제22식 십자수(十字手)

동작 1 : 양장(掌)을 안쪽으로 향하게 하여 둥근 형태를 만든 후, 중심을 뒤쪽으로 이동하면서 몸을 우측으로 전환한다. 허리 회전에 따라 몸을 우측으로 이동하면서 왼발을 안쪽으로 90° 꺾어 정남 방향을 향하게 하고, 오른발로 중심을 이동한 후, 양손은 위에서 아래쪽으로 좌우 양쪽으로 벌리는데, 오른손이 앞쪽에 왼손은 뒤쪽에 위치하게 하며, 양 손바닥은 비스듬히 밑을 향하게 한다. **[동작 115]**

동작 2 : 중심을 오른발에서 왼발로 이동하여 왼발을 견실하게 하고, 오른발은 허보 보법을 취한 후에 지면에서 약간 든다. 동시에 양손은 밑으로 둥글게 내리면서 양팔의 운동에 따라 손바닥이 안쪽을 향하게 천천히 뒤집는다. 이때 얼굴은 서남 방향이고, 눈은 수평을 응시한다. **[동작 116]**

　동작 3 : 왼발을 견실하게 한 후 오른발을 들어 왼발 우측에 놓으면서 중심을 양발에 균등히 놓는다. 양손은 손바닥을 안쪽으로 하여 허리 전환에 따라 밑에서 안쪽으로 올려 양손을 교차시켜 가슴 앞에서 오른손이 왼손 바깥에 있는 십자형의 자세를 만든다. 얼굴은 정남 방향이고, 눈은 전방을 수평으로 응시한다. **[동작 117]**

☯요령☯

1. 양손을 좌우로 벌릴 때 큰 동작이지만 양 팔꿈치가 들릴 정도로 지나치게 벌려서는 안 된다. 그리고 양손을 교차한 후 양 팔꿈치가 들려서 바깥쪽으로 향하면 어깨가 들리게 되는 부정확한 자세가 되므로, 양손은 둥근 붕의 자세를 유지해야 한다.

2. 오른발을 당긴 후 마보 보법을 취할 때, 둔부가 뒤로 튀어나오거나 가슴이 앞으로 튀어나와서는 안 된다.

제23식 포호귀산(抱虎歸山)

　동작 1 : 중심을 우측으로 이동하면서 왼발을 안쪽으로 꺾고, 오른발은 허보 보법

으로 해서 몸을 우측으로 전환한다. [동작 118]

동작 2 : 왼손을 밑으로 둥글게 회전시키면서 팔꿈치를 굽혀 장을 만든다. 오른손은 가슴 앞에 놓고 손바닥이 비스듬히 밑을 향하게 하고, 왼손은 좌장의 수형을 취한다. [동작 119]

동작 3 : 오른발을 들어 서북 방향으로 내딛는데, 발뒤꿈치로 착지하고 발바닥이 지면에서 들린 자세를 취한다. [동작 120]

동작 4 : 양손을 우측으로 이동하면서 오른손은 좌측에서 우측으로, 오른무릎을 지나 무릎 옆에 손

바닥이 밑을 향하고 손가락은 전방을 향하게 놓는다. 동시에 오른발은 앞으로 내딛어서 우궁보 보법을 취한다. [동작 121]

동작 5 : 중심을 뒤쪽으로 이동하면서 오른손을 밑에서 위쪽으로 들어올리고, 왼손은 오른팔목과 팔꿈치의 중간지점에 놓아서 이(挒)의 수형을 취한다. [동작 122]

동작 6 : 양손을 굽혀 당긴 후 왼 손바닥을 오른팔목 밑에 주먹 하나 간격에 위치하고, 양손을 앞으로 밀어 제(擠)의 수형을 취한다. [동작 123, 124]

동작 7 : 양손의 팔꿈치를 내린 자세로 좌우로 벌린 후 중심을 뒤쪽으로 이동하면서 양 손바닥이 비스듬히 밑을 향하게 하여 천천히 당겨 가슴 앞에서 손바닥이 전

방을 향한 양장의 수형을 취한다. 다시 오른발을 궁보로 내딛으면서 전방을 향해 양장을 내민다. **[동작 125~127]**

❶요령❶

이 동작은 우누슬요보와 같으며, 단지 용법의 요구가 다를 뿐이다. 포호귀산 동작 중 이·제·안 3자세는 그 방법과 요구가 람작미의 이·제·안과 동일하며, 동작의 진행방향이 대각선 방향인 서북을 향한 점이 다를 뿐이다.

제24식 사단편(斜單鞭)

사단편과 정단편의 동작과 요령은 동일하며, 동작 방향과 각도의 차이가 있을 뿐이다. 제5식 단편의 동작 방향은 정동이고, 사단편은 동남 방향이다. 사단편은 포호귀산 동작 뒤에 이어지는 동작이므로 기본적으로 대각선으로 진행된다. 그러나 그 동작과 요령은 정단편과 동일하며, 단지 형상을 볼 때 정단편과 달리 사단편은 대각선상에서 단편 동작을 취하는 점에 차이가 있다. [동작 128 ~134]

동작 128

동작 129

동작 130

동작 131

동작 132

동작 133

동작 134

제25식 주저추(肘底捶)

동작 1 : 중심을 왼발에 두고 오른발 뒤꿈치를 들면서 동시에 양손도 우측으로 원을 그리면서 이동한다. 단편에서는 오른손이 구권 자세를 취하지만, 주저간추에서는 장을 만들며, 왼손은 손바닥이 안쪽을 향한 자세로 바깥쪽으

동작 135   동작 136

로 회전하여 붕의 수형으로 오른손 밑에 놓는다. [동작 135, 136]

동작 2 : 왼발을 들어 좌측 전방으로 내딛는데, 발뒤꿈치로 착지하고 동남 방향으로 좌궁보 보법으로 내딛으면서 중심을 좌측으로 이동한다. 계속해서 중심을 앞으로 이동하면서 왼발에 중심을 싣고, 오른발은 발이 지면에서 떨어진 허보 보법을 취한다. 다시 중심을 뒤쪽으로 이동하면서 오른발에 중심을 둔 후 왼발은 뒤꿈치로 착지하고 발바닥이 지면에서 들린 허보 보법을 취한다. 왼손은 팔꿈치를 내린 좌장의 자세로 밑에서 위쪽으로 치켜 들어올리고, 오른손은 권의 자세로 수평으로 굽히면서 안쪽으로 향하는데, 권안이 위를, 권심은 안쪽을 향하게 하여 왼 팔꿈치 밑에 놓는다. 얼굴은 정동 방향이고, 몸은 우측 45° 방향으로 향하며, 눈은 전방을 수평으로 응시한다. [동작 137, 138]

동작 137   동작 138

◑요령◑

1. 주저간추와 단편의 과도적 동작은 같으며, 주저간추의 동작 방향이 대각선일 뿐 기본적 동작은 단편과 동일하다.

2. 몸을 전환하고 오른발을 내디딘 후 중심을 뒤쪽으로 이동하면서 왼손을 둥글 게 내리고 오른손은 수평으로 굽히면서 주먹을 쥔다. 그리고 오른발을 견실하 게 한 후 왼발을 내딛고 좌장을 들어올려 우권을 왼손 팔꿈치 밑에 놓은 동작 들이 상호 간 협조를 이뤄야 한다.

3. 주저간추는 상대의 팔을 들어올리면서 겨드랑이 부분을 권으로 가격하는 것이 다. 때문에 좌장을 들어올리고, 우권은 팔목을 구부려야 한다. 특히 우권을 안 쪽으로 꺾어서 우붕(右掤)의 자세를 취해야 한다. 또한 동작 중 둔부가 튀어나오 지 않아야 한다.

제26식 우금계독립(右金鷄獨立)

동작 1 : 오른발에 중심을 두고 왼발을 뒤로 이동하면서 좌장은 손바닥이 비스듬 히 밑을 향하게 하여 내리며, 우권을 풀어 우장으로 한 후 손바닥을 밑으로 향하게 하면서 중심을 왼발로 옮긴 우허보 보법을 취한다. **[동작 139, 140]**

동작 2 : 왼 다리로 서면서 오른발을 들어 발끝이 밑을 향하고 발바닥을 당긴 자세

를 취한다. 동시에 오른팔은 우장을 손바닥이 좌측을, 손끝은 위를 향하게 하고 팔꿈치를 굽힌 자세로 밑에서 위로 들어올리며, 왼손은 손바닥이 밑을 향하며 손가락은 전방을 향하게 하고, 팔꿈치는 뒤쪽을 향한 좌장의 수형을 취한다. 얼굴은 정동 방향을 향하고, 눈은 정면을 수평으로 바라본다. **[동작 141]**

제27식 좌금계독립(左金鷄獨立)

동작 1 : 왼발에 중심을 두고 오른발은 우측 뒤쪽 반 보 지점에 발끝이 45°가 되게 착지한다. 오른팔은 손바닥이 밑을 향하게 하여 몸 안쪽으로 이동한다. 오른 다리로 서면서 왼발을 들어 발끝이 밑을 향하고 발바닥을 약간 당긴 자세를 취한다. 동시에 왼팔은 팔꿈치를 굽히고 손바닥은 우측, 손끝이 위를 향하게 한 좌장의 수형으로 위로 들어올리고, 오른팔은 손바닥이 밑을 손가락은 전방을 향하고, 팔꿈치가 뒤쪽을 향한 우장의 수형을 취한다. 얼굴은 정동 방향이고, 몸은 우측으로 치우치며, 눈은 정면을 수평으로 바라본다. **[동작 142]**

동작 142

●요령●

1. 오른발을 안으로 꺾고 왼발을 바깥쪽으로 벌려 내디딘 후, 중심을 왼발로 이동하는 동작이 정확해야 다음 동작인 오른발을 들어올리는 동작을 무리 없이 진행할 수 있다.

2. 양발을 안으로 꺾고 밖으로 내딛는 동작은 내재적 힘의 전달과 정확한 자세에 영향을 미친다. 만약 오른발을 꺾지 않고 왼발도 벌리지 않으면 몸의 균형을 잃게 되기 때문에 정확한 보법에 따른 동작을 취해야 한다.

3. 첫 번째 금계독립은 우금계독립으로 오른 무릎은 상대의 복부를, 오른발은 상대의 하반신을 향해 가격하는 것이다. 좌·우금계독립의 구별은 서 있는 다리의

좌우 구분에 의한 것이 아니고, 가격하는 발에 따라서 좌·우로 구별되므로, 두 번째 금계독립은 자연히 좌금계독립이 된다.

4. 이 동작은 낮은 자세에서 직접 높은 자세로 전환하므로 운동량이 크고, 하체의 부담도 크기 때문에 동작의 진행이 어렵다. 때문에 동작 중 신체 각 부분의 협조, 특히 허리 운동으로 사지의 동작을 이끌어서 상호 간의 긴밀한 조화를 이뤄야만 상하상수와 내외상합을 이루어 안정되고 정확한 동작을 할 수 있다.

제28식 도련후(倒撑猴)

동작 1 : 우장을 밑으로 내려서 손바닥이 위를 향하게 하여 우측 허리 옆 부분에 놓는다. 좌장을 바깥쪽으로 회전시켜 손바닥이 비스듬히 위쪽을 향하게 하고 중심을 우측으로 이동한다. 오른팔을 우측 방향 뒤쪽으로 둥글게 원을 그리면서 팔꿈치를 굽힌 우장의 수형을 취한다. 왼발을 들면서 좌측 뒤쪽으로 뒷걸음으로 내딛으면서 발바닥이 땅에 착지하도록 한다. [동작 143]

동작 143

동작 2 : 몸을 좌측으로 전환하고 중심은 뒤쪽으로 이동하여 왼발에 중심을 두면서 오른발 앞바닥으로 회전하여 정면 방향에 둔다. 동시에 우장은 허리의 회전에 따라 앞으로 내뻗음과 동시에 좌장을 몸쪽으로 당겨서 왼쪽 옆구리 옆에 놓는다. 이때 몸은 측면으로 45°를 유지하고 얼굴은 정동 방향이며 눈은 정면을 수평으로 응시한다. [동작 144]

동작 144

❶요령❶

1. 도련후의 동작은 발이 뒤쪽을 향해 뒷걸음치는 후퇴보의 자세이므로 뒷발을 착지할 때는 정확한 보

법을 취해야 한다. 그렇지 않으면 전체 동작의 정확도와 자세가 불안하게 된다. 후퇴 보법 시 상체를 먼저 움직이지 않고, 왼 다리를 들어 직선으로 뒤쪽으로 뒷걸음 한 후 왼발을 착지하기 전 먼저 바깥 방향으로 발을 벌려서 팔자보(八字步)를 만들면 몸의 중심이 흔들리지 않고 자세를 안정적으로 취할 수 있다. 그러나 발을 뒷걸음치기 전에 상체를 먼저 전환하거나 움직이게 되면 왼발의 균형을 잃게 되며 착지점이 좌우 어느 쪽도 아닌 부정확한 지점에 착지하게 되어 동작이 부정확하고 불안정하게 된다.

2. 도련후의 동작은 비록 후퇴 보법이지만 뒷걸음치는 동시에 장으로써 상대방을 타격하는 후퇴 중에 공격을 가하는 것이다. 때문에 장의 내뻗음은 단순한 뻗침이 아니고 타격의 의지를 지닌 자세를 표현해야 한다.

3. 동작 중 둔부가 쉽게 튀어나오는 경향이 있으므로 둔부가 튀어나오지 않도록 주의해야 한다.

제29식 사비세(斜飛勢)

동작 1 : 양팔을 좌측 아래쪽으로 이동하는데 왼팔로 오른팔의 이동을 이끈다. 왼팔은 안쪽으로 회전하여 손바닥이 밑을 향하게 하며 가슴 앞쪽에 놓고, 오른팔은 복부 앞에 손바닥이 위를 향하게 놓아 양장이 마주 보게 한다. **[동작 145]**

동작 2 : 왼 다리에 중심을 싣고, 오른발을 지면에서 약간 들어 우측 뒤쪽으로 135° 회전한 후 발뒤꿈치로 착지하여 내딛는다. **[동작 146, 147]**

동작 3 : 허리 회전에 따라 사지를 좌측에서 우측으로 전환하여 중심을 이동하면서 우궁보 보법을 취함과 동시에 왼발을 안쪽으로 꺾는다. 양팔을 상하로 벌리는데 왼손을 안쪽으로 꺾어서 좌측 옆구리 앞에 채(採)의 수형으로 손바닥이 아래를 향하게 놓고, 오른손은 밑에서 위쪽으로 손바닥이 비스듬히 위쪽을 향하게 하여 크게 벌린다. 얼굴은 서남 방향을 향하고, 눈은 오른손 전방을 응시한다. **[동작 148]**

1. 이 동작은 회전 각도
가 크고 양손의 동작
을 크게 벌려야 하므
로 몸의 중심을 유지
하기가 쉽지 않다. 그
러므로 전체적인 몸의
전환 과정에서 왼 다
리의 균형을 유지해서
회전 시 자세가 흐트
러지지 않아야 한다.

2. 오른발을 전방에서
우측으로 몸을 전환
하면서 내디딜 때, 고
관절, 즉 사타구니 부
분을 이완해서 둥글
게 자세를 취해야 하
며, 그 과정에서 허리

를 굽히거나 서둘러 내딛지 않아야 한다.

3. 왼발을 안쪽으로 꺾은 후 몸의 전환에 따라 양손을 상하 방향으로 크게 벌릴
때 조화와 협조를 이루지 못하면 몸의 전환이 매우 경직되고 자세도 불안정해
진다.

4. 오른손을 벌리면서 동시에 우장(右掌)을 우측 대각선 방향으로 팔꿈치를 굽히고
손가락을 펼친 상태로 이동해야 하며, 이동 시에 우장이 굽혀지거나 무기력하
게 동작해선 안 된다.

제30식 제수상세(提手上勢)

동작 1 : 중심을 앞으로 이동하면서 왼발을 지면에서 약간 띄운 후 바깥 방향으로 벌리면서 내딛는다. **[동작 149]**

동작 149

동작 150

동작 2 : 중심을 좌측으로 이동하여 왼 다리에 중심을 둔 후, 오른발은 허보 보법을 취하고 양팔은 양 팔꿈치를 사용해서 좌우 양측으로 벌린다. 오른발을 당김과 동시에 양팔도 안쪽을 향해서 모은다. **[동작 150, 151]**

동작 151

동작 152

동작 3 : 오른발을 전방을 향해 발꿈치로 착지하여 발바닥이 들린 허보 보법을 취한다. 오른팔도 전방을 향해 오른발과 동일한 방향으로 내딛어서 오른 팔꿈치와 오른 무릎이 서로 일치되도록 하며, 왼손은 안쪽으로 이동하여 오른 팔꿈치 밑 안쪽에 놓는다. 몸은 좌측으로 비스듬한 자세를 취하고, 얼굴은 정남 방향이고 눈은 정면을 수평으로 바라본다. **[동작 152, 153]**

동작 153

◉요령◉

이 동작은 전환 동작에 주의해서 왼발을 바깥쪽으로 벌려 동남 방향으로 45° 벌린 후, 오른발을 정남향으로 내딛어야 한다. 실제로 왼발은 바깥쪽으로 약간 벌리는 팔 자보의 보법을 취해야만 전체 동작의 정확성과 안정성을 유지할 수 있다.

제31식 백학양시(白鶴亮翅)

동작 1 : 양팔을 동시에 몸쪽으로 당기는데 오른팔은 손바닥이 밑으로 향한 채 안쪽으로 회전하고, 왼팔은 손바닥을 위로 향하게 하여 바깥쪽으로 회전하며, 왼손이 오른팔목 밑에 놓인 이의 자세를 만든다. **[동작 154]**

동작 154

동작 2 : 양팔을 허리 회전에 따라 복부 좌측 앞까지 커다란 포물선을 그리면서 내려 당기는데, 왼팔은 아래에서 위쪽으로 이동하여 손바닥이 밑을 향하게 하고 오른팔과 마주 보게 하면서 오른팔 위쪽에 위치한다. **[동작 155]**

동작 155

동작 3 : 오른발을 안쪽으로 45° 꺾으면서 우측으로 이동하여 중심을 오른발에 두며, 왼손은 오른팔목 안쪽에 놓아 제(挒)의 수형을 취한다. 몸의 중심을 오른발로 이동하면서 왼발은 허보 보법이 되어 발뒤꿈치를 들어 지면에서 약간 띄운 후 계속해서 전방을 향해 발끝으로 내딛는다. 동시에 오른팔은 안쪽에서 바깥쪽으로 그리고 밑에서 위쪽으로 가슴과 얼굴을 지나서 머리 상단까지 손바닥이 위쪽을 손가락이 좌측을 향하면서 팔을 둥글게 하여 들어올린다. 반면 왼팔은 복부 앞을 지나 좌측 옆구리 부근까지 손바닥을 밑으로 누르면서 내리는데 이때 손가락이 전방을 향하고 팔 뒤꿈치는 후방을 향한다. 얼굴은 정동 방향을 눈은 전방을 수평으로 응시한다.
[동작 156, 157]

◑요령◐

1. 백학양시는 허보 보법을 취하지만 앞발의 발끝 부분으로 착지해야 하며, 제수상세가 앞발 뒤꿈치로 착지하는 것과 다름에 유의해야 한다. 백학양시의 오른팔은 얼굴을 방어하기 위해 위를 향한 붕의 자세이고, 왼팔도 밑으로 내려 복부를 보호하려는 의미를 지니고 있다.

2. 앞발 끝부분으로 착지할 때 양다리의 힘의 배분은 앞발(왼발)에 3, 뒷발(오른발)에 7 정도로 체중을 배분해야 한다. 이것은 바로 실(實) 중에 허(虛)가 있고, 허 중에 실이 있음을 의미하며, 또한 양다리의 힘이 중복되는 것을 피하고 동작의 민첩성을 유지하기 위함이다.

3. 동작 시 가슴과 둔부가 튀어나오지 않아야 한다.

제32식 좌누슬요보(左摟膝拗步)

동작 1 : 몸의 중심을 약간 우측으로 이동하여 몸을 전환하면서 우장(右掌)을 위로 하여 오른팔을 안쪽에서 바깥쪽으로 회전한다. 동시에 왼팔을 위로 들었다가 손바닥이 비스듬히 밑을 향하게 해서 좌측 옆구리 앞쪽에 놓는다. **[동작 158]**

동작 2 : 상체를 우측으로 전환함과 동시에 오른팔을 위에서 밑으로 포물선을 그리면서 우측 옆구리 방향 45° 정도 내렸다가 손바닥을 비스듬히 바깥쪽을 향하게 하여 다시 위로 들어올린다. 동시에 왼팔을 들어올려 우측 가슴 앞쪽에 놓는데 이때 손바닥은 아래쪽을 향한다. **[동작 159]**

동작 3 : 왼발을 지면에서 약간 들어 좌측으로 내딛어서 발뒤꿈치가 먼저 착지한 후 발바닥이 지면에 닿는 좌궁보 보법을 취한다. 양팔은 몸의 중심 전환에 따라 우측에서 전방으로 뻗는데, 왼팔은 위쪽에서 아래쪽으로 전방을 향해 움직여서 좌측 무릎을 지나 무릎 옆에 손바닥이 밑을, 손가락 끝은 전방을 향하게 놓는다. 오른팔은 손바닥이 정면을 향한 장의 수형으로 전방을 향해 민다. 얼굴은 정동 방향을 향하고 눈은 전방을 수평으로 바라본다. [동작 160, 161]

동작 158

동작 159

동작 160

동작 161

◑요령◐

1. 허리 회전에 따라서 오른손은 우측 허리 부근까지 내린 후 뒤쪽으로 원을 그리면서 다시 위쪽으로 향해 올린 후 팔꿈치를 굽힌 상태에서 우장이 전방 측면을 향한 수형을 취하는데, 이때 오른팔목이 들리지 않게 주의해야 한다.
2. 팔의 내뻗음은 상대방에 대한 가격의 의미를 지니기 때문에 허리 회전과 다리 동작이 상호 조화를 이루면서 팔을 앞으로 내뻗어야 한다. 팔을 앞으로 내뻗침

은 실제로 온몸의 내재적 힘인 내경(內勁)을 발휘하는 것이므로 온몸이 이완된 상태에서 신체 각 부분의 전체적인 협조와 조화가 이루어져야 하며 그렇지 않다면 단지 손동작일 뿐이다.

3. 좌누슬요보의 좌궁보보법에서 좌측으로 내디딜 때 양발의 간격을 어깨 너비 정도로 벌려야 한다. 만약 왼발을 내디딜 때 원래의 허보 자세에서 일직선 방향으로 내딛게 되면 동작이 불안해진다. 때문에 궁보 시 보법의 전환은 발을 바깥쪽으로 내딛어야 하며, 반면 궁보에서 허보로 전환 시에는 발을 안쪽으로 모아야 한다.

4. 오른팔을 전방으로 내뻗을 때, 상체가 한쪽으로 치우치는 경향이 쉽게 나타나므로 몸의 바른 자세를 유지해야 한다.

5. 동작 중에 둔부가 쉽게 튀어나오는 경향이 있으므로 둔부가 나오지 않게 해야 한다.

제33식 해저침(海底針)

동작 1 : 중심을 앞으로 약간 이동하면서 오른발을 들어서 앞으로 반보 내딛고, 오른팔목을 구부려 밑으로 향한다. **[동작 162]**

동작 2 : 오른발을 착지한 후 중심을 우측으로 이동해서 오른발을 견실하게 하고 왼발은 허보 보법을 취한다. 허리 회전에 따라 양손을 전방에서 우측으로 몸의 전환과 함께 이동하면서 중심을 오른발로 이동한다. 우장은 전방에서 위로 당긴 후 다시 뒤쪽으로 이동시켜 상체의 우측에 놓는데, 이때 호구(虎口)가 위쪽을, 손바닥은 좌측을 향하게 한다. 오른팔의 움직임과 동시에 왼팔은 손바닥이 밑을 향하게 하여 어깨와 수평 위치까지 들어올린다. **[동작 163]**

동작 3 : 오른 다리를 견실하게 한 후 왼발은 약간 안으로 당겨서 허보가 되게 한다. 오른손은 몸의 전환에 따라 뒤에서 앞쪽으로 허리를 굽히고 손목을 아래로 꺾으면서 밑으로 향한다. 그리고 왼손은 손바닥이 밑을 향하고 손가락은 전방을 향하게 해서 좌측 옆구리 옆에 놓는다. 얼굴은 정동 방향이고 눈은 오른손 앞쪽을 바라

본다. **[동작 164]**

◐ 요 령 ◑

1. 이 초식의 손을 들어올리고 내리는 동작은 허리 회전에 따라서 진행해야 한다. 단지 팔 동작만으로 들어올리고 내리는 것은 부정확하고 의미 없는 자세이다.

2. 허리를 굽혀 밑으로 이동하는 동작은 허리와 고관절을 이완한 상태에서 허리를 굽혀야 하며, 둔부를 뒤로 빼면서 등을 굽힌 부정확한 자세가 되지 않도록 주의해야 한다.

3. 오른팔을 들어올릴 때 팔꿈치가 들리지 않아야 한다.

4. 왼팔의 동작은 오른팔의 동작과 상응하게 이뤄져야 하므로 작은 동작일지라도 경직되지 않아야 한다.

제34식 섬통비(扇通臂)

동작 1 : 상체를 위쪽으로 들어올리면서 몸을 우측으로 약간 전환하고, 오른손을 밑에서 위쪽으로 들어올린 후 다시 안에서 바깥쪽으로 뒤집으면서 들어올려 머리 우측 옆에 손바닥이 바깥을 향하게 놓는다. 왼팔은 팔꿈치를 구

부리고, 왼손은 오른팔목 부근에 손바닥이 바깥쪽을 향하게 놓는다. **[동작 165]**

동작 2 : 왼발을 들어 전방을 향해 뒤꿈치로 내딛어서 좌궁보 보법을 취한다. 양손을 앞과 뒤쪽으로 벌려서 오른손은 우측 이마 옆 상단 부근에, 왼손은 손바닥을 비스듬히 전방으로 한 장의 수형으로 앞으로 내민다. 얼굴은 정동 방향이고, 눈은 좌장의 호구를 통해 전방을 바라본다. **[동작 166]**

❶요령❶

1. 왼발을 들어 앞으로 내딛어서 좌궁보 보법을 취할 때, 전후 양발을 동일선상에 놓아서 하체의 균형이 불안해지지 않도록 해야 한다.

2. 왼발을 내디딜 때 오른 다리가 견실해야만 상체가 위로 들려지는 불안정한 자세를 피할 수 있다. 우장은 이마 우측 상단에 놓아야 하고, 어깨와 팔꿈치가 들리지 않아야 한다.

3. 궁보 시 양팔은 앞뒤로 동시에 벌려야 하고, 상체가 앞쪽으로 치우치지 않도록 바로 세우며, 몸의 중심을 비스듬히 우측 방향에 두어야 양팔을 앞뒤로 벌리는 동작을 원활하게 할 수 있다.

제35식 전신백사토신(轉身白蛇吐信)

동작 1 : 중심을 뒤로 이동한 후 좌측에서 우측으로 몸을 전환하고 허리 회전으로 왼발을 안쪽으로 135° 꺾은 후 다시 중심을 왼발로 이동하며 오른발은 발뒤꿈치가 지면에서 들린 상태의 허보 보법을 취한다. 왼팔을 굽혀 위를 향

해 둥글게 들어올려 이마 위쪽에 손바닥이 바깥을 향하게 놓는다. 오른팔은 바깥쪽으로 회전하면서 손바닥이 밑을 향하게 하여 위에서 밑으로 이동하여 복부 앞에 놓으면서 장을 권으로 전환하는데 이때 손바닥이 아래를, 권안은 몸쪽을 향하게 한다. **[동작 167, 168]**

동작 2 : 팔과 다리를 허리 회전에 따라 좌측에서 우측으로 전환하고 오른발을 들어 정서 방향을 향해 발뒤꿈치로 착지한다. 몸의 전환에 따라 왼팔은 팔꿈치를 굽혀 장의 수형으로 손바닥이 비스듬히 앞을 향하게 하여 가슴 앞에 놓는다. 오른팔은 복부 앞에서 위쪽으로 권에서 장의 수형으로 전환해서 손바닥이 위를 향하게 하여 손등으로 상대의 얼굴을 내리치면서 가격한다. **[동작 169, 170]**

동작 3 : 오른발을 내딛어 우궁보 보법을 취하면서 중심을 우측으로 이동하여, 우장을 위에서 밑으로 이동하여 우측 옆구리 부근에 손바닥이 위를 향하게 하여 놓는다. 동시에 좌장은 손바닥을 앞으로 향해 전방으로 내민다. 얼굴은 정서 방향이고, 눈은 정면을 수평으로 바라본다. **[동작 171]**

❶요령❶

이 식은 전신별신추의 방법과 동일하며, 전신별신추는 권배(拳背)로서 상대의 얼굴

동작 169 동작 170 동작 171

을 가격하는 것이고, 백사토신은 손등을 사용하여 상대의 얼굴을 가격하기 때문에
권과 장의 차이만 있을 뿐이다.

제36식 진보재추(進步栽捶)

동작 1 : 중심을 뒤로 이동하면서 오른발을 우측 45° 방향으로 벌린 후 중심을 다
시 오른발로 이동하여 왼발은 허보를 만들면서 왼 발꿈치가 땅에서 떨어지게 한다.
오른팔을 바깥쪽으로 회전하면서 손바닥이 위를 향하게 한다. 왼팔은 안쪽으로 굽
히면서 손바닥이 밑을 향하게 한다. **[동작 172, 173]**

동작 2 : 우측으로 몸을 전환하면서 왼발을 들어 앞으로 내딛는데 발뒤꿈치가 먼
저 착지하도록 한다. 양팔을 몸의 전환에 따라 함께 움직이는데 왼팔은 안으로 굽히
면서 권심이 밑을 향하게 하여 복부 앞에 놓는다. 오른팔은 주먹을 쥐면서 권심이
위를 향하게 하여 우측 옆구리 옆에 놓는다. **[동작 174]**

동작 3 : 왼발을 앞으로 내딛어 좌궁보 보법을 취하면서 몸은 좌측 앞으로 전환하
며, 양팔은 몸의 전환에 따라 우측에서 좌측 전방으로 이동하는데, 왼손은 좌측 무
릎 앞을 지나 왼 무릎 옆에 놓는다. 동시에 우권은 전방 아래로 권면이 앞을 향하고
권안은 위를 향하게 하여 상대의 무릎 부분을 가격한다. 몸은 정서 방향을 향하고
눈은 우권 전방을 바라본다. **[동작 175]**

1. 이 식의 과도 동작 중 왼팔은 좌누슬요보와 동일하며, 오른손은 권의 수형으로 상대방의 무릎 부분을 가격하는 것이다.

2. 재추는 상대방의 하단 부분을 가격하는 동작이므로 허리와 고관절을 이완해야 한다. 동작 중 등을 구부리거나 둔부가 튀어나오지 않아야 하며, 머리를 지나치게 밑으로 숙이지 말고, 눈은 우권의 전방을 봐야 한다.

동작 172

동작 173

동작 174

동작 175

제37식 우야마분종(右野馬分鬃)

동작 1 : 중심을 우측으로 이동하여 몸을 우측으로 전환하고 왼발을 안쪽으로 90° 꺾으면서 양팔도 몸의 전환에 따라 이동한다. [동작 176]

동작 2 : 중심을 좌측으로 이동하면서 왼 다리에 중심을 싣고, 오른발은 발뒤꿈치가 땅에서 떨어진 허보 보법을 취한다. 왼팔을 손바닥이 밑을 향하게 해서 수평으로 굽히고, 오른팔은 손바닥을 비스듬히 위를 향하게 하여 안쪽으로 이동하여 가슴 앞에서 양팔이 서로 마주 보게 한다. 이때 몸은 약간 좌측으로 치우친다. [동작 177]

동작 3 : 오른발은 우측 전방을 향해 발뒤꿈치로 착지하면서 중심을 우측으로 이동한 후 오른발을 내딛어 우궁보 보법을 취한다. 중심을 오른발로 이동하면서 몸도 우측으로 전환하고 양팔을 교차해서 상하로 벌린다. 좌장은 손바닥이 밑을 향하게 하여 좌측 허리 옆에 놓고, 우장은 손바닥이 비스듬한 자세로 밑에서 위쪽으로 이동하여 우측 전방에 놓는다. 몸은 약간 우측으로 치우치고, 눈도 우측 전방을 본다. [동작 178, 179]

제38식 옥녀천사(玉女穿梭)

옥녀천사(1)

동작 1 : 중심을 약간 우측으로 이동하면서 왼팔은 손바닥이 안쪽을 향하게 하여 바깥에서 몸 안쪽으로 이동해서 가슴 앞에 놓는다. [동작 180]

동작 2 : 몸의 중심을 오른발로 이동하면서 왼발 뒤꿈치가 지면에서 들리게 하고, 오른 팔꿈치를 낮추고 오

른 손바닥을 뒤집어 밑을 향하게 한다. 왼팔은 오른팔 밑으로 손바닥을 비스듬히 안쪽으로 이동한다. 왼발을 들어 서남 방향을 향해 발뒤꿈치로 착지하고 발바닥이 들린 보법으로 내디디며 동시에 양팔도 뒤집으면서 이동한다. **[동작 181, 182]**

동작 3 : 왼발을 들어 서남 방향을 향해 발뒤꿈치로 착지하고 발바닥이 들린 자세로 내디디며 동시에 양팔을 뒤집으면서 이동한다. 왼발을 내딛어 좌궁보 보법을 취함과 동시에 왼팔은 바깥을 향해 뒤집어서 붕의 자세로 좌측 이마 위쪽에 손바닥이 바깥을 향해 치켜들면서 동시에 우장을 전방으로 내뻗는다. 얼굴은 서남 방향이고, 눈은 전방을 바라본다. **[동작 183]**

옥녀천사(2)

동작 4 : 중심을 뒤쪽으로 이동하면서 오른발에 중심을 두고, 왼발은 허보 보법을 취한다. 양팔은 중심 이동에 따라 위에서 밑으로 이동하여 양 손바닥이 밑을 향하게 하여 수평으로 이동하면서 오른손을 왼팔 밑에 놓는다. **[동작 184]**

동작 5 : 허리 운동으로 팔과 다리를 좌측에서 우측으로 전환하면서 왼발을 안쪽으로 135° 꺾고 중심을 왼발에 싣고 오른발은 발뒤꿈치로 착지한 허보 보법을 취한다. 동시에 양팔도 우측 후방으로 수평 회전하면서 오른손을 왼팔 밑 부분에 둔다. **[동작 185, 186]**

동작 184

동작 185

동작 186

동작 6 : 왼발에 중심을 실은 후 몸을 우측으로 전환하여 오른발을 들어 우측 후방 즉 동남 방향을 향해 발뒤꿈치로 내딛는다. 동시에 왼 손바닥이 비스듬히 위를 향하게 하여 바깥쪽을 향해 좌측에서 우측으로, 다시 안쪽으로

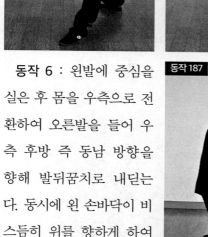

동작 187

동작 188

회전시킨다. 오른팔도 바깥쪽에서 안쪽으로 회전하여 왼팔 밑 부분에 손바닥이 안쪽을 향하게 놓는다. **[동작 187]**

동작 7 : 몸을 좌측에서 우측으로 전환하면서 중심을 오른발에 실은 후, 오른발을 내딛어 우궁보 보법을 취한다. 동시에 왼발을 다시 안쪽으로 꺾어 발끝이 정동 방향을 향하게 한다. 양팔은 몸의 전환과 함께 이동한다. 즉 오른팔은 붕의 자세로 밑에서 위쪽으로 손바닥을 뒤

동작 189

집으면서 이마 우측 상단 부근에 손바닥이 바깥을 향하게 놓고, 왼팔은 손바닥이 전방을 향한 좌장의 수형으로 전방으로 내뻗는다. 얼굴은 동남 방향이고, 눈은 정면을 수평으로 바라본다. **[동작 188, 189]**

옥녀천사(3)

　동작 8 : 중심을 뒤쪽으로 이동하면서 오른발은 발바닥이 지면에서 떨어진 허보 보법을 취한다. 동시에 양팔을 위에서 아래로 수평 이동하면서 왼손을 오른팔 밑에 놓아 이의 자세를 만든다. **[동작 190]**

　동작 9 : 왼발을 안으로 꺾어 발끝이 정동 방향을 향하게 한다. 몸을 좌측으로 전환하면서 중심을 우측 발로 옮겨 오른발에 중심을 싣고, 왼발은 발뒤꿈치가 지면에서 떨어진 허보 보법을 취한다. 오른팔을 손바닥이 위를 향하게 하여 바깥으로 회전하고, 왼팔도 손바닥이 비스듬히 위를 향한 자세로 바깥으로 회전하여 오른팔 밑에 놓는다. **[동작 191, 192]**

　동작 10 : 왼발을 발뒤꿈치로 착지하고 발바닥이 지면에서 떨어진 자세로 앞으로 내딛는다. 왼팔은

아래에서 위쪽으로, 오른팔은 앞에서 뒤쪽 대각선 방향으로 양팔을 동시에 벌린다. **[동작 193]**

동작 194

동작 11 : 왼발을 앞으로 내딛어 좌궁보 보법을 취하고 왼팔은 붕의 자세로 회전하여 좌장을 손바닥이 바깥을 향하게 해서 이마 좌측 상단 부근에 놓는다. 우장은 손바닥을 바깥으로 하여 정면으로 내뻗는다. 얼굴은 동북 방향이고, 눈은 수평으로 바라본다. **[동작 194]**

옥녀천사(4)

동작 195

동작 12 : 몸을 뒤로 이동하여 오른발에 중심을 싣고, 왼발은 발바닥이 지면에서 떨어진 허보 보법을 취한다. 양팔은 몸의 중심 이동에 따라 움직이며 위에서 밑으로 내리면서 양 손바닥이 밑을 향하게 하여 수평 이동하면서 오른 손바닥을 왼팔 밑에 놓는다. **[동작 195]**

동작 13 : 허리 회전에 따라 팔과 다리를 움직여서 좌측에서 우측으로 몸을 전환하고 왼발은 안쪽으로 135° 꺾으면서 오른발에 중심을 싣고, 왼발은 발뒤꿈치로 착지한 허보 보법을 취한다. 오른팔은 몸의 전환에 따라 우측으로 수평 이동 하고 왼팔도 따라서 이동한다. **[동작 196]**

동작 196

동작 14 : 왼발에 중심을 싣고 몸을 우측으로 전환하면서 오른발을 들어 우측 후방 즉 서북 방향으로 내딛고, 동시에 왼팔도 바깥으로 이동하여 좌장이 위를 향하게 한 후, 다시 좌측에서 우측 방향 안쪽으로 굽힌다. 오른팔도 바깥으로 회전하는데 손바닥이 몸을 향한 자세로 바깥에서 안쪽으로 이동해서 왼팔 밑에 놓

는다. [동작 197, 198]

동작 197

동작 198

동작 15 : 몸을 좌측에서 우측으로 전환하며 중심을 오른발로 실으면서 오른발을 내딛어 우궁보 보법을 취한다. 동시에 왼발을 다시 안으로 꺾어 발끝이 정서 방향을 향하게 한다. 몸의 전환과 동시에 양팔을 이동하는데 즉 오른팔은 붕의 자세로 밑에서 위쪽으로 손을 뒤집으며 이동하여 이마 우측 상단에 손바닥이 바깥을 향하게 하여 놓고, 왼팔은 좌장의 수형으로 손바닥을 비스듬히 전방으로 하여 앞으로 내뻗는다. 얼굴은 서북 방향을 향하고, 눈은 정면을 수평으로 본다. [동작 199]

동작 199

◐요령◑

1. 옥녀천사의 동작은 모두 4번이며, 4번 모두 대각선 방향으로 동작을 진행한다. 순서에 의해 첫 번째 옥녀천사는 서남 방향, 둘째는 동남 방향, 셋째는 동북 방향, 넷째는 서북 방향이다.

2. 몸의 전환 동작의 각도가 매우 크며, 다리를 들어 뒤쪽으로 내딛는 동작은 한 번에 완성할 수 없다. 1번과 3번째 옥녀천사의 다리를 들어 내딛는 동작은 중간에 과도적인 동작이 있으며, 2번과 4번째 옥녀천사의 전환 동작은 더욱 커서 다리를 들어 내디딘 후 다시 발의 각도를 90° 꺾어야 동작을 완성할 수 있다. 즉 먼저 몸의 전환을 180° 회전하면서 발을 135° 꺾은 후, 몸을 90° 전환하면서 다시 발을 90° 꺾어야 한다. 그 결과 몸의 전환은 270°이고, 발의 꺾는 각도는

225°가 된다.

3. 큰 각도로 몸을 전환해야 하므로 허리 회전이 매우 중요하며, 그렇지 못하면 상하상수나 동작의 연결성이 끊겨 몸의 균형을 잃게 되고 상체와 하체 동작 간의 조화를 이룰 수 없게 된다.

4. 몸의 전환 과정 중 양팔을 천천히 뒤집으면서 한 손은 위를 향한 붕의 자세를 취하고, 다른 한 손은 장으로 전방을 향해 가격한다.

5. 사우(四隅)는 4개의 대각선 방향을 말하는 것이다.

6. 제2번과 4번째 옥녀천사 동작에서의 전환 동작 시 몸을 충분히 전환하지 못하면 오른발을 들어 내딛는 다음 동작이 어렵게 되므로 충분한 각도로 전환해야 한다.

7. 옥녀천사의 동작 방향은 대각선이지만, 몸의 자세는 좌우로 치우침이 없는 중정의 바른 자세를 유지해야 한다. 특히 동작 중 오른팔을 앞으로 내뻗친 후 몸이 좌측으로 편향되거나, 왼팔을 앞으로 내뻗친 후 몸이 우측으로 편향되지 않게 해야 한다.

제39식 람작미(攬雀尾)

동작 1 : 중심을 뒤로 이동하고 양팔을 굽혀 위에서 밑으로 내리면서 수평이 되게 한다. 오른 손바닥을 바깥을 향하게 하고, 왼팔은 손바닥이 안으로 향하게 하여 오른팔 밑에 놓아서 이(攦)의 자세를 취한다. **[동작 200]**

동작 2 : 오른발은 안으로 90° 꺾어 서남 방향을 향하게 한 후 중심을 오른 다리에 싣고, 왼 다리는 발바닥으로 착지한 허보 보법을 취한다. 몸을 좌측으로 전환하면서 오른팔을

동작 200

동작 201

손바닥이 전방을 향하게 하여 앞으로 내밀며, 왼팔은 손바닥을 안쪽으로 굽혀서 오른팔 밑에 놓아 양팔이 서로 마주 보게 한다. **[동작 201]**

이 람작미 동작은 제2식의 람작미와 동일하다. 단지 연결 동작이 다를 뿐이며, 기타 동작은 동일하다. **[동작 202~216 참조]**

제40식 단편(單鞭)

동작 1 : 양팔을 약간 밑으로 내리면서 몸의 중심을 뒤쪽으로 이동하고 양손은 수평으로 유지한다. 손바닥은 밑을 향하고 오른발은 땅에서 약간 들면서 몸의 중심을 좌측 다리로 이동시킨다. [동작 217]

동작 217

동작 2 : 몸의 중심은 좌측 다리에 두면서 좌측 팔을 안으로 굽히고 왼 손바닥을 밑으로 하여 수평 상태를 유지한 채 안쪽으로 굽혀서 채(採)의 수형을 취한다. [동작 218]

동작 3 : 상체와 하체를 허리 회전에 따라 좌측으로 이동함과 동시에 오른발은 안쪽으로 135° 회전하고, 양팔은 둥근 포물선을 그리면서 왼팔이 앞쪽에서 선도하며 오른팔은 뒤쪽에서 왼팔을 따르면서 왼손의 포물선 각도를 상체 뒤쪽 225°까지 이동한다. 계속해서 왼팔은 동북 방향을 향하고 오른팔은 가슴 앞에서 손바닥을 밑으로 한 수평 자세를 만든 후, 다시 몸의 중심을 오른발로 이동시키는데 이때 왼발은 발뒤꿈치가 지면에서 약간 떨어진 허보 보법을 취한다. [동작 219]

동작 218

동작 4 : 양팔을 허리 전환에 따라 좌측에서 우측으로, 다시 상체 뒤쪽까지 포물선을 그리면서 이동하는데 이때 오른팔을 안쪽에서 바깥쪽으로 하여 서남 방향으로 이동하고, 왼팔도 팔목을 안쪽으로 굽힌 자세로 오른팔과 같은 방향으로 이동해서 상체의 우측 겨드랑이 앞쪽까지 이동한다. [동작 220]

동작 219

동작 5 : 오른손은 다섯 손가락을 모아 구권(勾拳)을 만들고, 왼팔을 안쪽으로 뒤집으면서 왼 손바닥이 얼굴을 향한 붕의 수형을 만든다.

[동작 221]

동작 6 : 상체는 움직이지 않고 왼발을 들어 정서 방향으로 내딛어 오른발의 앞부분 좌측에 놓는다. 왼쪽 발이 지면에 닿은 후 상체를 우측에서 전방으로 전환하는데 이때 구권을 한 오른팔은 움직이지 않으며 왼팔을 안쪽에서 바깥쪽으로 크게 회전하면서 좌장을 전방으로 향해 밀어낸다. 동시에 왼발을 전방을 향해 내딛어 좌궁보 보법을 취한다. 얼굴은 정동 방향이고, 눈은 전방을 수평으로 응시한다. **[동작 222, 223]**

동작 220

동작 221

동작 222

동작 223

◐요령◑

1. 양팔을 수평으로 이동할 때 허리 회전 운동에 따라야 하고, 양발도 중심을 왼발에서 오른발로 이동해야 한다. 양팔은 활 모양의 둥근 자세를 만들고 왼팔이 주가 되어 앞에서 수평으로 이동하며, 오른팔은 보조적으로 왼팔의 운동 방향에 따른다. 그리고 오른팔이 주가 되어 앞에서 수평으로 이동할 때는 왼팔이 보조적으로 오른팔의 운동 방향을 따르는 등 양팔의 동작이 원활하게 조화되

어야 한다. 양팔을 둥근 활 모양으로 만든 후 양팔 중 한쪽 팔이 주가 되어 다른 팔의 이동을 선도해야 한다. 양팔의 운동은 직선으로 이동해선 안 되며 활 모양의 둥근 자세를 유지해야 한다.

2. 상체는 중정의 바른 자세를 유지해야 하고, 양발의 허실 전환 과정은 정확하고도 천천히 해야 한다. 그 과정에서 함흉발배·송요(鬆腰)·송과(鬆胯)의 자세를 유지해야 하며, 둔부가 튀어나오지 않게 하고 몸의 바른 자세를 유지해야 한다.

3. 단편은 궁보 보법이지만 상체를 앞으로 기울지 않고 바로 세우는 중정의 자세를 지녀야 한다. 그리고 오른손의 구권 동작의 필요로 상체를 약간 우측으로 전환해야만 양팔의 운동을 원활히 할 수 있다. 왜냐하면 오른손의 구권 방향과 전방을 향한 왼팔과의 거리와 각도가 비교적 크기 때문에, 상체를 전방으로 치우친다면 오른팔의 구권 동작을 자연스럽게 취하기 어렵다. 때문에 상체의 회전 각도를 크게 함으로써 양팔의 운동을 동시에 장악할 수 있으며 자세도 편안하고 자연스러워진다.

4. 머리는 몸의 전환에 따라야 하고, 눈은 손의 운동 방향을 응시해야 한다. 만약 손만을 집중적으로 본다면 자세가 매우 경직되어 보일 뿐 아니라 두통과 현기증을 유발할 수도 있다.

5. 구권의 방법은 팔목 관절을 밑으로 구부린 후, 다섯 손가락을 아래로 향하게 해서 모으는데, 손가락을 지나치게 구부리지 않으며 손가락 끝부분도 지나치게 힘을 주어 잡지 않는다.

6. 오른발을 안쪽으로 꺾는 각도는 135°로서, 상체를 전환한 후 오른발은 왼발과 같은 방향으로 우측 45° 위치에 있어야 한다.

제41식 하세(下勢)

동작 224

동작 1 : 오른발을 우측으로 90° 벌리면서 오른발 끝 방향을 향하여 무릎을 굽혀 앉으면서, 중심을 오른발에 싣고, 왼발은 부보(仆步) 보법을 취한다. 동시에 좌장을 손바닥이 비스듬히 우측을 향하고 손끝은 전방을 향하게 하여 앞에서 뒤쪽으로 당긴 후, 가슴과 복부 앞을 지나서 전방으로 내민다. 얼굴은 동남 방향이고, 눈은 전방을 바라본다. **[동작 224]**

❶요령❶

1. 이 동작은 낮은 자세이므로 다리를 충분히 낮춰야 하며, 그 과정에서 상체가 앞으로 치우치거나 고개를 숙인다든지 둔부가 튀어나오지 않게 해야 한다.

2. 오른발을 우측으로 90°로 벌리지 않으면 오른발로 주저앉는 동작을 취하기가 매우 어렵다.

3. 왼팔을 전방에서 뒤쪽으로 당긴 후 가슴 앞과 복부를 경유해서 왼발 대퇴부 안쪽에 이르는 동작은 의도적으로 너무 크게 할 필요는 없으며 힘의 진행 방향에 따라서 자연스럽게 팔꿈치를 굽혀서 동작하면 된다.

4. 낮은 자세를 취하기 어려우면 약간 높은 자세를 취해도 무방하지만, 어떤 경우라도 머리를 숙인다든지, 등이 튀어나오든지, 허리를 굽히든지, 둔부가 튀어나와서는 안 된다.

제42식 상보칠성(上步七星)

동작 225

동작 226

동작 1 : 허리 운동으로 팔과 다리를 움직이면서 몸을 좌측으로 전환하고, 오른발을 안쪽으로 90° 꺾는다. **[동작 225]**

동작 2 : 왼발을 바깥으로 45° 벌리면서 오른손은 주먹을 쥔다. **[동작 226]**

동작 3 : 중심을 앞으로 이동하면서 왼발에 중심을 싣는다. 오른발을 들어 전방으로 내딛어 발바닥으로 지면을 착지한 허보 보법을 취한다. 오른팔을 굽혀 권을 만들어 아래에서 위쪽으로 다시 전방으로 가격함과 동시에 왼손도 권

동작 227

동작 228

의 자세로 전방을 향해 가격한다. 오른팔을 왼팔 앞쪽에 놓고, 양 권안은 안쪽을 향하며 양권은 팔목을 굽혀 안으로 꺾는다. 얼굴은 정동 방향이고, 눈은 정면을 수평으로 바라본다. **[동작 227, 228]**

☯요령☯

1. 동작 1과 동작 2는 모두 보법의 전환을 통해 발의 자세를 조절함과 동시에 우권도 주먹을 쥐어 상대를 가격하기 전 단계의 준비 자세를 취한다.

2. 상보칠성은 양권으로 상대를 가격하는 초식이다. 특히 우권은 허리 및 다리 운

동으로 전방을 향해 가격하는 동작이므로 권으로 상대방을 가격한다는 의도를 지녀야 한다. 그렇지 못하면 권을 앞으로 내미는 단순한 동작이 될 수 있다.

3. 발을 들어 앞으로 내디딜 때 동작의 허실이 분명해야 한다. 즉 중심이 실린 다리는 낮고 안정적 자세가 되어야 허보 상태의 발을 앞으로 내딛는 동작을 가볍고 민첩하게 할 수 있다.

제43식 퇴보과호(退步跨虎)

동작 1 : 오른발을 들어 뒤쪽으로 내딛으면서 몸의 중심을 오른 다리에 싣고 왼발은 허보 보법을 취한 다. 양팔은 몸의 전환에 따라 오른팔은 권심이 위를 향하고 팔꿈치가 굽혀진 자세로 바깥쪽으로 회전하면서 앞에서 뒤쪽으로 이

동해서 우측 옆구리 옆에 권안이 우측을 향하게 놓고, 좌권은 몸 앞에 둔다.

[동작 229]

동작 2 : 오른 다리에 중심을 싣고, 몸을 좌측으로 전환하며, 왼발을 바로 하면서 발바닥으로 착지한 좌허보 보법을 취한다. 양팔은 몸의 전환과 함께 움직이는데 오른팔은 바깥쪽으로 다시 밑에서 위쪽을 향해 이동하면서 권에서 장으로 전환하고, 팔을 둥글게 하여 이마 우측 상단에 손바닥이 바깥을 향하게 놓는다. 왼팔은 팔꿈치를 굽혀 앞에서 좌측으로 다시 밑으로 이동하면서 권에서 장으로 바꿔서 왼쪽 옆구리 옆에 손바닥이 밑을, 손가락은 전방을, 팔꿈치는 뒤쪽을 향하게 놓는다. 얼굴은 정동 방향이고, 눈은 정면을 수평으로 바라본다. **[동작 230]**

◐요령◑

1. 정확한 자세와 동작을 위해서는 보법이 중심선에서 크게 벗어나지 않아야 한다. 퇴보할 때의 착지점과 진보 시의 착지점이 일직선상에 중첩되지 않도록 한다.

2. 퇴보 시 허리 회전으로 팔과 다리를 뒤로 움직이며 비록 퇴보 동작이지만 전방을 향해 가격한다는 의념으로 동작해야 한다.

3. 양팔을 상하로 둥글게 벌리는 동작은 너무 큰 자세를 취하지 말고, 백학양시의 자세와 동일하게 한다.

제44식 전신파련(轉身擺蓮)

동작 1 : 양팔을 앞으로 회전하는데, 왼팔은 팔을 굽혀 밑에서 좌측으로 다시 앞으로 밀면서 가슴 앞에 놓고, 오른팔도 굽혀 위에서 우측 아래로 내려서 왼팔 밑 부분에 놓는다. 이 때 양팔의 손바닥은 앞을 향하고 양장(兩掌)을 약간 안으로 꺾는다. **[동작 231]**

동작 2 : 팔과 다리는 허리 회전에 따라 움직이며 오른 발바닥이 축이 되어 좌측에서 우측으로 180° 전환한다. 중심을 오른 다리에 두며 몸의 자세를 바로 하고 왼발은 발뒤꿈치가 지면에서 들린 상태의 허보 보법을 취한다. 동시에 오른팔은 안에서 바깥 방향으로 커다란 원을 그리면서 이동하고, 왼팔도 앞에서 안쪽으로 굽히면서 가슴과 복부 중간 지점에 놓는다. **[동작 232]**

동작 3 : 계속해서 허리 회전에 따라 몸을 우측으로 225° 회전하면서 왼발을 내딛어 동남 방향에 이르게 하고, 오른발은 허보 보법을 취한다. 양팔을 몸 앞에 놓는데,

오른팔이 앞쪽에, 왼팔은 오른 팔꿈치 안쪽에 두며, 양 손바닥이 밑을 향하게 한다. **[동작 233]**

동작 4 : 왼 다리로 서면서 오른발을 들어올리는데 이때 오른발은 자연스럽게 밑으로 내리고, 발바닥은 약간 평평한 자세로 당긴다. **[동작 234]**

동작 5 : 허리 회전으로 오른발을 좌측에서 우측 위쪽 바깥 방향으로 둥글게 발등으로 돌려찬다. 동시에 양장은 우측에서 좌측으로 이동하면서 좌장과 우장의 순서로 오른 발등과 양 손바닥이 서로 부

딪친다. 오른 발등과 양 손바닥이 부딪친 후, 왼 다리에 중심을 두고서 오른발은 발끝이 밑을 향하게 하여 무릎을 굽힌다. 양팔은 손바닥이 밑을 향하게 하여 좌측 측면에서 이(攦)의 자세를 취한다. 얼굴은 동남 방향이고, 눈은 수평으로 바라본다. **[동작 235, 236]**

◐요령◑

1. 전신파련의 동작은 405°로 크게 전환해야 한다. 정동 방향에서 동남 방향에 이르는 전환 폭이 좌등각에서 우등각으로 전환하는 360°보다도 훨씬 크다. 때문

에 몸의 전환과 발을 내딛는 순서를 정확하게 진행해야 하며, 그렇지 않으면 하체의 자세가 불안해지고 몸 전체의 균형도 잃게 된다. 몸의 전환과 발을 내딛는 동작은 3단계로 진행된다. 첫째, 허리 회전으로 몸을 135° 전환하는데 이때 오른발은 움직이지 않고, 왼발은 몸의 전환에 따라 적절히 이동한다. 둘째, 몸의 전환과 함께 오른발 뒤꿈치는 지면에서 들린 상태로 오른 발바닥을 축으로 삼아 90° 회전한다. 셋째, 여전히 오른 발바닥을 축으로 삼고 왼발을 들어 몸의 전환과 함께 내딛는다.

2. 돌려차는 발과 양손의 부딪치는 동작은 무리하게 양손으로 발등을 부딪치려고 하면 몸의 균형이 심하게 흐트러지고 우아하지 못한 자세를 나타낼 수 있다. 때문에 자신의 역량에 맞는 무리 없는 동작을 함이 바람직하다. 비록 양손으로 발등을 부딪칠 수 없더라도 자연스러운 동작을 하는 것이 원칙이다.

3. 오른발로 돌려차는 동작은 수직으로 차는 것이 아니고, 가로 방향으로 원을 그리면서 돌려차야 한다.

제45식 만궁사호(彎弓射虎)

동작 1 : 왼 다리에 중심을 싣고 오른발을 내려서 발뒤꿈치로 착지한다. **[동작 237]**

동작 237

동작 2 : 팔과 다리를 허리 회전으로 좌측에서 우측으로 전환하면서 중심을 오른 다리로 이동한다. 양팔은 허리 운동으로 아래로 둥글게 회전시키고 무릎 앞을 지나 우측 상단으로 이동하면서 양손은 천천히 주먹을 쥔다. **[동작 238, 239]**

동작 3 : 오른발을 앞으로 내딛어 우궁보 보법을 취함과 동시에 양권으로 우측에서 좌측으로 가격한다. 오른팔은 위쪽에서 굽혀 우권을 오른 이마 상단에 권안이 밑을, 권면은 전방을 향하게 하며, 좌권은 왼쪽 가슴 앞에 권안이 위를 권면이 전방을 향하게 한다. 얼굴은 동북

방향이고, 눈은 수평으로 바라본다. **[동작 240]**

☯요 령☯

1. 오른발을 착지한 후 좌측에서 우측으로 몸을 전환할 때, 오른발도 전방으로 내 딛고 우궁보 보법을 취하면서 동시에 양팔을 좌측에서 우측 상단으로 이동한 후 다시 우측에서 좌측으로 몸을 전환하면서 양권으로 상대를 가격해야 한다. 이 동작의 진행 중 둔부의 운동 반경이 비교적 크지만, 양발의 내딛고 뻗치는 동작은 상대적으로 작아서 상체와 하체의 조화를 통해 균형감 있고 안정적인 자세를 취해야 한다.

2. 양팔의 가격 방향은 내딛는 오른발의 방향과 서로 다르다. 즉 내딛는 오른발의 방향은 동남 방향이고, 상체와 양팔은 모두 동북 방향을 지향한다.

3. 몸이 약간 좌측 전방으로 치우침에 주의하라.

제46식 진보반란추(進步搬攔捶)

동작 1 : 몸을 좌측으로 전환하면서 중심을 왼발로 이동하면서 오른발은 허보 자 세를 취하고, 양팔은 상체를 좌측으로 전환하면서 밑으로 원을 그린다. 왼팔은 좌 측 45° 각도로 팔꿈치를 굽히고, 오른팔은 가슴과 복부 사이에 권심(拳心)이 비스듬

히 안쪽으로 하여 주먹을 쥐면서 놓는다. **[동작 241, 242]**

　동작 2 : 다시 몸을 우측으로 전환하여 중심을 오른발로 이동하면서 왼발은 발바닥이 지면에서 떨어진 허보 보법을 취한다. 양팔은 몸이 우측으로 전환함에 따라 왼팔을 전방으로 내밀고, 오른팔은 권심이 위를 향하고, 권안(拳眼)은 바깥을 향하게 한다. 얼굴은 정동 방향을, 눈은 정면을 수평으로 응시한다. **[동작 243]**

　동작 3 : 왼발을 전방으로 내딛는데, 발꿈치로 착지하고 발바닥은 지면에서 약간 떨어지게 하고, 왼팔도 손바닥은 정면을 향하게 하여 앞으로 내뻗는다. 동시에 오른손은 주먹을 쥐어 권심이 위를 권안은 바깥쪽을 향하게 하여 당겨서 우측 허리 옆

에 놓는다. 얼굴은 정동 방향을, 눈은 정면을 수평으로 응시한다. **[동작 244]**

　동작 4 : 중심을 왼 다리로 이동하면서 왼발은 좌궁보의 보법을 취한다. 양팔은 허리와 다리의 회전과 운동에 따라 우측에서 좌측으로 다시 전방으로

이동하면서 동시에 우권을 안쪽으로 회전한 후 권면(拳面)이 전방을 향하게 하여 전방으로 향하게 내뻗음과 동시에, 좌장은 전방에서 몸쪽으로 당겨 오른팔목 안쪽에 놓는다. 얼굴은 정동 방향이고, 눈은 전방을 수평으로 응시한다. **[동작 245]**

◑요령◑

1. 반란추는 오른손 주먹이 반(搬)이 되고, 왼손은 란(攔)이 된다. 반은 다시 부완반(俯腕搬)과 번완반(翻腕搬)으로 나뉘는데, 오른쪽에서 아래쪽으로 향하는 주먹이 부완반이고, 아래쪽에서 위쪽으로 다시 바깥쪽으로 권배(拳背)를 사용해서 앞으로 가격하는 것이 번완반이다. 그리고 권면을 사용해서 가격하는 것은 추(捶)이기 때문에 반란추(搬攔捶)라고 한다.

2. 반란추의 보법은 연속보이기 때문에 이 동작의 완성은 중간 과정에서 다시 한 발 더 앞으로 내딛어야 비로소 완성된다. 주의할 점은 오른발을 들어 앞으로 내딛을 때 먼저 오른발을 우측 방향으로 45° 벌려서 다음 동작인 왼발의 좌궁보 보법을 위한 전제 조건을 만들어야 한다. 오른발의 내딛음은 너무 크게 할 필요가 없으며 왼발 우측 측면의 적당한 지점에 있으면 된다.

3. 이 동작은 여러 작은 동작들로 이루어지기 때문에 각 동작 간의 조화가 이뤄져야 한다. 오른발이 착지 후 바로 우측으로 몸의 중심을 이동하고, 왼발은 허보 보법을 취한 후, 계속해서 왼발을 들어 앞으로 내딛음과 동시에 왼손도 앞으로 내뻗고, 오른손은 주먹을 쥐며, 다시 좌궁보를 만들어 좌장을 당기면서 우권을 전방으로 내뻗어야 한다. 그 같은 동작들은 상호 간에 조화와 협조가 되어야 하며, 그렇지 못하면 동작이 흐트러지고, 주먹의 기운, 즉 권세(拳勢)가 약해진다.

4. 주먹의 파지법: 태극권의 상체에 대한 요구는 침견(沈肩: 어깨를 이완함), 추주(墜肘: 팔꿈치를 내림), 좌완(坐腕: 팔목을 굽힘), 서지(舒指: 손가락을 자연스럽게 폄)등이다. 그중에서도 좌완은 단지 장(掌)만을 지칭하는 것이 아니고 적수(吊手)와 권(拳)을 포함한다. 권의 파지 방법은 엄지손가락을 제외한 네 손가락을 안쪽으로 말아서 주먹을 쥔 후 엄지손가락을 둘째손가락 바깥에 놓아 권면(拳面)이 평면이 되게 한다.

만약 정면권(正面拳)이면 권면이 앞을 향하고, 권안은 위쪽을 향한다. 부완권(俯腕拳)은 권심이 아래를 향하고, 번안권(翻腕拳)은 권배가 바깥쪽을 향한다. 이런 권형(拳型)은 모두 좌완(坐腕)의 범주에 속하는 것들로서, 비록 표현 형식이 각기 다를지라도 모두 팔목을 이완하고 굽힌 상태인 좌완을 유지해서 동작해야 한다.

그리고 주먹에 너무 힘을 가하면 팔의 힘이 주먹에만 국한되어 내재적 힘을 발휘할 수 없고, 반면에 무기력하게 주먹을 쥐는 공심권(空心拳)도 권의 효용을 제대로 발휘할 수 없게 된다. 일반적으로 태극권의 수련은 구체적으로 손에서 표현되기 때문에 만약 좌완이 되지 못하면 손이 밑으로 쳐지게 되고 권의 기세를 발휘할 수 없는 무기력하고 의미 없는 동작이 된다. 때문에 장 및 권의 수련 시 좌완을 취함은 매우 중요한 요인이다.

제47식 여봉사폐(如封似閉)

동작 1 : 왼손을 손바닥이 안쪽으로 향하게 하여 오른팔 겨드랑이 밑으로 집어넣은 후 다시 위쪽으로 이동하고, 오른손은 권을 장으로 바꾸고 전방에서 약간 좌측으로 이동하면서 손바닥이 위를 향하고 중심을 우측으로 이동한다. [동작 246]

동작 246

동작 247

동작 2 : 중심을 뒤쪽으로 이동해서 오른 다리를 견실하게 한 후 몸을 우측으로 전환하고 오른손을 몸쪽으로 당겨 손바닥이 안쪽을 향하게 하여 우측 가슴 앞에 놓는다. 왼손은 팔꿈치를 내린 상태에서 오른팔의 겨드랑이 부분을 스치면서 회전하여 몸쪽으로 당겨 손바닥을 안쪽으로 하여 좌측 가슴 앞에 놓는다. 양손을 우측에서 좌측으로 허리 회전에 따라 몸을 전환하면서 손바닥이 앞을 향한 양장의 자세로 만든다. **[동작 247]**

동작 248

　동작 3 : 허리 회전에 따라 좌궁보 보법을 취함과 동시에 양장을 정면으로 내뻗는다. 얼굴은 정동 방향이고, 눈은 정면을 수평으로 응시한다. **[동작 248]**

◐**요령**◑

1. 양손의 교차 시 오른손을 지나치게 뒤쪽으로 당겨서 오른팔이 몸에 붙지 않도록 주의해야 하는데, 즉 오른팔과 겨드랑이 사이는 주먹 하나 정도로 떨어져야 하며, 오른팔이 앞으로 구부러지거나 뒤로 들어올려 져서도 안 된다.
2. 양장을 앞으로 내밀 때 상하상수가 이루어져야 한다. 상체를 약간 앞으로 향하며, 둔부가 튀어나오지 않도록 하고, 양팔을 직선으로 내뻗지 않으며 양 팔꿈치를 약간 내린 자세여야 한다.

제48식 십자수(十字手)

　동작 1 : 양장을 안쪽으로 향하게 하여 둥근 형태를 만든 후, 중심을 천천히 뒤쪽으로 이동하면서 몸을 우측으로 전환한다. 허리 회전에 따라 몸을 우측으로 이동하면서 왼발을 안쪽으로 90° 꺾어 정남 방향을 향하게 한다. 중심

동작 249

동작 250

을 오른 다리로 이동한 후, 동시에 양장을 위에서 밑으로 좌우 양쪽으로 벌리는데, 오른손은 약간 앞쪽에 왼손은 약간 뒤쪽에 위치하게 하여 비스듬히 밑을 향하게 한다. 얼굴은 서남 방향이고, 눈은 수평을 응시한다. **[동작 249, 250]**

동작 251

동작 2 : 중심을 오른발에서 왼발로 이동하여 왼발을 견실하게 하고, 오른발은 허보 보법을 취한 후, 오른발을 지면에서 약간 들고, 동시에 양장은 밑으로 둥글게 내리면서 양팔의 운동에 따라 손바닥이 안쪽을 향하게 뒤집는다. **[동작 251]**

동작 252

동작 4 : 왼 다리를 견실하게 한 후 오른발을 들어 왼발 우측에 놓으면서 중심을 양발에 균등히 놓는다. 양장은 손바닥을 안쪽으로 하여 허리 전환에 따라 밑에서 안쪽으로 올리면서 양손을 교차시켜 가슴 앞에서 오른손이 바깥에, 왼손은 안쪽에 있는 십자형의 자세를 만든다. 얼굴은 정남 방향이고, 눈은 전방을 수평으로 응시한다. **[동작 252]**

◑요령◐

1. 양장을 좌우로 벌릴 때 큰 동작이지만 양 팔꿈치가 들릴 정도로 지나치게 벌려서는 안 된다.
2. 오른발을 당겨서 마보 보법을 취할 때 둔부가 뒤로 튀어나오거나 가슴이 앞으로 나와서도 안 된다. 양손을 교차한 후 양 팔꿈치가 들려 바깥쪽으로 향하면 안 되고, 양장은 모두 붕의 둥근 자세를 유지해야 한다.

제49식 수세(收勢)

　동작 : 양발을 바로 서면서 양팔도 어깨 너비와 동일하게 좌우 양쪽으로 벌린다. 양장을 안쪽으로 회전함과 동시에 앞에서 밑으로 팔을 천천히 내려 양 옆구리 부근에 손바닥이 밑을 손가락은 앞을 향하게 놓는다. 호흡을 정리하면서 양장을 손가락이 밑을 향하게 하여 내려 양 대퇴부 옆에 자연스럽게 놓는다. 얼굴은 정남 방향이고, 눈은 정면을 수평으로 바라본다. **[동작 253~255]**

◑요령◐

　이 동작은 모든 동작을 끝낸 후 마무리하는 자세로서 그 방법은 기세와 같지만, 쉽게 처리하려는 생각으로 동작을 대충하려는 경향은 잘못된 것이다. 태극권의 수련은 심신을 수양하는 것이므로 시종일관 성의를 갖고 임하는 수련 의지와 습관을 견지해야 한다. 이 초식은 비록 방어 동작이지만, 언제라도 기세로 전환하여 공격하려는 마음가짐을 지녀야 한다.

제3장

전통 양식
태극검

전통 양식
태극검 67식
동영상 보러가기

1. 전통 양식 태극검의 특징

전통 양식 태극검은 양식 태극권 유형에 속하는 단병기이고, 양식 태극권을 기본으로 하므로 수련방법·요령·품격이 양식 태극권과 유사하다. 검은 권의 도수운동 기초에서 발전된 병기 운동으로 양자는 이론상·수련상 및 동작 요령 등이 같지만, 권과 구별되는 검만의 독특한 표현 방식이 있다. 구체적으로 말하면, 검의 속도는 권보다 약간 빠르고 그 동작 요구도 경쾌하고, 몸의 중심이 낮으며, 민첩하다. 그리고 검의 초식 명칭 중 상당수는 무술용어 이외에 날짐승·맹수·형이상학적 모습·신화·전설 등과 연관된 동작들로 명명되었다. 그래서 수련자는 그 형상을 유추할 수 있고 동작의 형상화도 쉽게 할 수 있도록 해준다.

검의 동작들은 무검(舞劍)으로도 불리는데, 무검은 비록 검무(劍舞)는 아니지만, 무용의 자태와 신체적 미감(美感)을 표현해서, 동작을 크고 편안하게 하는 태극권의 동작과 혼연일체를 이루고 잘 조화되어 매우 아름답다. 또한 태극검은 수련자로 하여금 자연과 일체감을 이루게 하며 심신 건강에도 매우 유익하다.

태극권의 기초가 있다면 태극검의 수련은 비교적 쉽다. 그러나 태극검은 손에 병기를 들고 동작을 해야 하므로 신체와 병기의 조화를 중시해야 하고, 동작 형태와 정신 표현 양자의 협조성과 통일성이 표현되어야 한다.

태극검 수련의 요령도 '태극권 수련 10 요령'을 준칙으로 삼을 뿐 아니라, 검법에 부합되는 정확성을 요구한다. 동작의 허실 변화나 진퇴 전환 등이 무리 없고 자연스러워야 하며, 동작 중 멈춤이 있어서는 안 되고, 허리 전환에 의한 팔과 다리의 동작을 이끌어내야 한다. 즉 허리에서 등으로, 등에서 팔로, 팔에서 손으로 검의 동작을 진행해야 한다. 검은 팔 운동에 따르지만, 눈은 검의 방향과 일치되어야 하며, 보법은 안정적으로, 도약은 경쾌하고 민첩하게, 발경(發勁)은 부드럽고 강하게, 표정은 편안하고 자연스럽게, 속도는 균일하게, 호흡은 자연호흡을 해야 한다.

2. 태극검의 설명과 검법

(1) 검의 설명

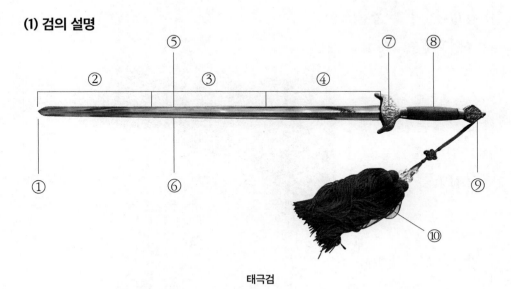

태극검

① 검첨(劍尖) - 칼날의 끝부분

② 전인(前刃) - 칼날의 앞부분

③ 중인(中刃) - 칼날의 중간 부분

④ 후인(後刃) - 칼날의 뒷부분

⑤ 상인(上刃) - 칼날의 윗부분

⑥ 하인(下刃) - 칼날의 밑부분

⑦ 호수(護手) - 손을 보호하는 부분

⑧ 검병(劍柄) - 칼 손잡이, 칼자루

⑨ 검독(劍督) - 칼 손잡이끝

⑩ 검수(劍穗) - 칼 손잡이 끝에 단 실 묶음

(2) 검을 잡는 기본동작

1) 검지(劍指) 또는 검결(劍訣)

둘째, 셋째 손가락을 곧게 펴고, 넷째, 다섯째 손가락을 손바닥 쪽으로 굽히며, 첫째 손가락을 넷째 손가락의 손톱 부분에 댄다. [사진 2]

2) 왼손의 검 파지(把持)

첫째 손가락으로 호수(護手)의 하단을 잡고, 넷째, 다섯째 손가락은 호수의 상단을 잡으며, 둘째, 셋째 손가락은 곧게 펴서 검의 손잡이, 즉 검병(劍柄)에 붙인다. 그리고 칼자루, 즉 검신(劍身)은 왼팔에 수평으로 닿게 한다. [사진 3]

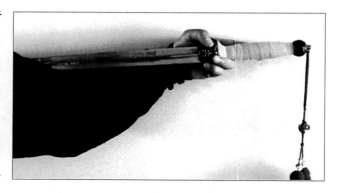

3) 오른손의 검파지

① 정수입검(正手立劍) - 호구
(虎口)가 위를 향함 [사진 4]

② 반수입검(反手立劍) - 호구
가 밑을 향함 [사진 5]

③ 앙수평검(仰手平劍) - 손
바닥이 위를 향함 [사진 6]

④ 부수평검(俯手平劍) - 손
바닥이 밑을 향함 [사진 7]

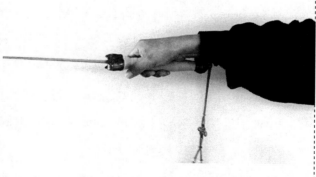

검을 파지하는 손은 지나치게 강하게 잡지 말고 손목의 전환이 편하도록 부드럽게 적당한 힘으로 잡아야 한다. 검을 너무 세게 잡으면 동작이 경직되거나 뻣뻣하게 되고, 검을 너무 약하게 잡으면 검이 손에서 쉽게 이탈하게 된다. 그러므로 검의 파지는 지나치게 힘을 주어 잡지 않으며 동작의 민첩성이 유지되고 검의 운용을 자연스럽게 할 수 있도록 적당한 힘으로 잡아야 한다.

(3) 양식태극검의 검법

태극검의 검법은 벽(劈)·붕(崩)·점(点)·자(刺)·추(抽)·대(帶)·제(提)·료(撩)·고(攪)·압(壓)·격(擊)·절(截)·말(抹) 등 모두 열세 개 종류이다.

① 벽(劈): 검날의 밑부분을 사용하여 위에서 밑에서 내려치는 동작. **예** 우차륜(右車輪)의 륜벽(輪劈)

② 붕(崩): 검의 앞 끝부분을 사용하여 전방 밑에서 검의 손잡이 부분을 순간적으로 눌러 검 끝을 위쪽으로 들려 올리는 동작. **예** 연자형니(燕子銜泥)

③ 점(点): 검의 끝부분을 사용하여 위에서 전방 아래로 내려뜨려 검 끝이 밑으로 향하는 동작. **예** 천마비보(天馬飛報)

④ 자(刺): 앙수평검 또는 부수평검을 사용하여 검 끝을 전방 수평 방향으로 찌르는 동작. **예** 연자입소(燕子入巢), 선인지로(仙人指路)

⑤ 추(抽): 검의 밑부분을 사용하여 전방에서 밑으로 빼어 당기는 동작. **예** 사안식(射雁式)

⑥ 대(帶): 앙수평검의 안쪽 날 또는 부수평검의 바깥날을 사용하여 우측에서 좌측으로, 또는 좌측에서 우측으로, 수평 또는 대각선 윗쪽으로 당기는 동작. **예** 좌우란소(左右攔掃), 연자초수(燕子抄水), 좌우사자요두(左右獅子搖頭)

⑦ 제(提): 검의 뒤쪽 윗날을 사용하여 검 끝이 아래를 향하게 하여 밑에서 위쪽으로 들어올리면서 베는 동작. **예** 도렴세(挑帘勢)

⑧ 료(撩): 검의 밑부분을 사용하여 전방에서 후방으로 몸 뒷쪽에서 당기면서 들어올리는 동작. **예** 괴성세(魁星勢)

⑨ 교(攪): 부수평검의 바깥날을 사용하여 바깥에서 안쪽을 향해 검을 뒤집는 동작. 예 옥녀천사(玉女穿梭)

⑩ 압(壓): 부수평검을 사용하여 밑으로 누르는 동작. 예 봉황좌전시(鳳凰左展翅)

⑪ 격(擊): 검의 아래 날 또는 반수입검의 바깥날을 사용하여 한쪽 측면에서 다른 쪽 측면으로 전방으로 이동하면서 가격하는 동작. 예 영풍탄진(迎風撣塵)

⑫ 절(截): 검의 아래 날을 사용하여 위에서 바깥 아래 방향으로 베는 동작. 예 오룡파미(烏龍擺尾)

⑬ 말(抹): 앙수평검의 안쪽 날 또는 부수평검의 바깥날을 사용하여 전방을 향하여 대각선으로 베는 동작. 예 좌우난소(左右攔掃, 대법(帶法)이면서 말법(抹法)임)

3. 전통 양식 태극검 67식
초식 명칭 및 순서

제1식 예비세(豫備勢)

제2식 기세(起勢)

제3식 삼환투월(三環套月)

제4식 괴성세(魁星勢)

제5식 연자초수(燕子抄水)

제6식 우변란소(右邊攔掃)

제7식 좌변란소(左邊攔掃)

제8식 소귀성(小魁星)

제9식 연자입소(燕子入巢)

제10식 영묘포서(靈猫捕鼠)

제11식 봉황대두(鳳凰擡頭)

제12식 황봉입통(黃蜂入洞)

제13식 봉황우전시(鳳凰右展翅)

제14식 소괴성(小魁星)

제15식 봉황좌전시(鳳凰左展翅)

제16식 등어세(等魚勢)

제17식 우용행세(右龍行勢)

제18식 좌용행세(左龍行勢)

제19식 우용행세(右龍行勢)

제20식 회중포월(懷中抱月)

제21식 숙조투림(宿鳥投林)

제22식 오용파미(烏龍擺尾)

제23식 청용출수(靑龍出水)

제24식 풍권하엽(風卷荷葉)

제25식 좌사자요두(左獅子搖頭)

제26식 우사자요두(右獅子搖頭)

제27식 호포두(虎抱頭)

제28식 야마도간(野馬跳澗)

제29식 륵마세(勒馬勢)

제30식 지남침(指南針)

제31식 좌영풍탄진(左迎風撣塵)

제32식 우영풍탄진(右迎風撣塵)

제33식 좌영풍탄진(左迎風撣塵)

제34식 순수추주(順水推舟)

제35식 유성간월(流星赶月)

제36식 천마비보(天馬飛報)

제37식 도렴세(挑帘勢)

제38식 좌차륜(左車輪)

제39식 우차륜(右車輪)

제40식 연자형니(燕子銜泥)

제41식 대붕전시(大鵬展翅)

제42식 해저로월(海底撈月)

제43식 나타탐해(哪咤探海)

제44식 서우망월(犀牛望月)

제45식 사안세(射雁勢)

제46식 청용현조(靑龍現爪)

제47식 봉황쌍전시(鳳凰雙展翅)

제48식 좌과란(左跨攔)

제49시 우과란(右跨攔)

제50식 사안세(射雁勢)

제51식 백원헌과(白猿獻果)

제52식 우락화세(右落花勢)

제53세 좌락화세(左落花勢)

제54세 우락화세(右落花勢)

제55세 좌락화세(左落花勢)

제56세 우락화세(右落花勢)

제57세 옥녀천사(玉女穿梭)

제58세 백호교미(白虎攪尾)

제59세 호포두(虎抱頭)

제60세 어도용문(魚跳龍門)

제61세 좌오용교주(左烏龍攪柱)

제62세 우오용교주(右烏龍攪柱)

제63세 선인지로(仙人指路)

제64세 조천일주향(朝天一柱香)

제65세 풍소매화(風掃梅花)

제66세 아홀세(牙笏勢)

제67세 포검귀원(抱劍歸原)

4. 전통 양식 태극검 67식 도해(圖解)

제1식 예비세(豫備勢)

얼굴은 정면을 향하고 양발을 어깨와 같은 너비로 좌우로 벌려서 바르게 선다. 왼손은 검병(劍柄)을 잡아 검끝이 위를 향하게 하고 검신(劍身)은 수직으로 세워 왼팔뚝 안쪽에 붙인다. 오른손 검지(劍指)는 자연스럽게 밑으로 내리고 눈은 전방을 수평으로 응시하면서 편안한 자세를 취한다. [동작 1]

◑요령◑

1. 예비세부터 몸과 마음의 완전한 방송(放鬆)을 이루어야 한다.
2. 왼손의 검신은 왼 팔뚝에 가볍게 붙여야 하고 왼 손바닥이 비스듬히 전방을 향하고 양팔은 침견낙주가 이루어지도록 한다.
3. 각 초식 동작의 방향과 각도를 쉽게 이해하도록 예비세 동작 시 얼굴이 정남 방향을 향함을 기본으로 삼았다.

제2식 기세(起勢)

동작 1 : 양팔을 밑에서 전방 위쪽으로 천천히 들어올려 어깨와 수평이 되게 해서 손바닥이 위를 향하게 하여 어깨 높이와 나란히 하며, 왼손은 검 손잡이를 잡는다. [동작 2]

동작 2 : 양 팔꿈치를 앞에서 뒤쪽으로 당겨서 양 옆구리 앞에 놓는다. [동작 3]

동작 3 : 양팔을 뒤쪽 방향을 향해 안쪽에서 바깥쪽

동작 3

동작 4

동작 5

동작 6

으로 회전하면서 좌우 양쪽으로 벌림과 동시에 양팔을 회전해서 양 손바닥이 밑을 향하게 하고, 검신(劍身)도 왼팔의 안에서 바깥쪽으로 회전함에 따라 왼 팔뚝에 밀착된 상태로 따라 움직인다. **[동작 4]**

　동작 4 : 양팔을 좌우 양 측면에서 중앙방향으로 회전해서 어깨 너비와 나란히 하고 손바닥이 밑을 향하게 한다. **[동작 5]**

　동작 5 : 양팔을 위에서 밑으로 내려서 고관절 좌우 앞에 위치하고, 검신(劍身)은 왼 팔뚝 뒷부분에 밀착하여 자연스럽게 밑을 향하게 하고 눈은 전방을 향한다. **[동작 6]**

◐요령◑

1. 기세 초식은 시작 동작의 전 단계로서 검을 앞에서 뒤집어 팔 뒤로 이동하는 과도 동작이다. 동작 중에서 양팔을 안에서 바깥쪽으로 회전할 때 포물선 방향을 이루며 몸 앞에서 양팔이 서로 합쳐야 하고, 양팔은 한쪽이 높거나 낮지 않게 좌우 균형을 이뤄야 한다.

2. 양팔을 서로 모아 고관절 앞으로 내리는 동작은 태극권의 기세 동작과 같으며,

왼손에 검을 파지하고 있음만이 다르다.

3. 검신(劍身)을 뒤집어 팔 뒤로 회전 시에 검날이 팔뚝에 닿지 않게 하고 검신(劍身)
   은 팔뚝에 붙여야 한다.

4. 허령정경·기침단전·함흉발배·송요·송과·침견낙주·상하상수·내외상합 등의
   태극권 수련 요령들을 태극검 투로의 처음 초식에서 끝 초식까지 전 동작 중에
   적용해야 한다.

제3식 삼환투월(三環套月)

동작 1 : 몸의 중심을 약
간 좌측으로 이동하고 오
른발을 안으로 꺾으면서
몸을 좌측으로 전환해서
중심을 오른발로 이동하면
서 왼발이 허보가 되게 한
다. 왼팔을 밑에서 바깥 윗
쪽으로 포물선으로 들어올
려 팔을 굽혀서 가슴 앞으

로 당기고, 검신(劍身)은 여전히 왼팔목에 밀착시키면서 왼 손바닥이 밑을 향한 수형
을 취한다. 오른팔은 밑에서 위쪽으로 포물선을 그리며 이동한 후 팔을 굽혀서 오른
손 검지는 팔목을 이완하고 손바닥 측면이 바깥쪽을 향하게 한다. **[동작 7, 8]**

동작 2 : 왼발을 좌측 전방으로 내딛으면서 몸을 좌측으로 전환하고, 중심도 좌측
으로 이동하여 좌궁보를 취한다. 왼팔은 허리 회전에 따라서 우측에서 전방을 향해
이동한 후 다시 전방에서 후방으로 당겨서 좌측 무릎 옆에 위치하고, 오른손 검지
는 우측에서 좌측 전방으로 내민다. 이 동작이 제1환이다. **[동작 9, 10]**

동작 3 : 중심을 뒤로 이동하면서 허리 회전으로 왼발을 바깥 방향으로 45° 벌린
다. 다시 몸을 우측으로 전환하면서 왼팔을 위로 들어올리면서 검을 왼 팔뚝에 밀

착시키고, 동시에 오른손은 앞에서 우측 측면 위로 들어올려, 양 손바닥이 비스듬히 마주 보게 위치한다. **[동작 11]**

동작 4 : 중심을 좌측으로 이동하면서 오른발을 들어 전방으로 내딛는데 발끝을 바깥 방향으로 45°

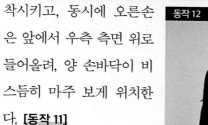

벌리고 중심을 오른발로 이동하여 오른발이 실보(實步)가 되게 하고, 왼발은 뒤꿈치가 들린 허보(虛步) 보법을 취한다. 양팔은 수평으로 원 방향으로 이동하여 왼팔이 위에, 오른팔은 밑에 둔다. 오른팔은 우측에서 전방으로 다시 좌측으로 이동하여 복부 앞에 손바닥이 위를 향한 수형으로 위치하고, 왼팔은 손바닥이 밑을 향한 수형으로 안에서 우측 전방을 향해 어깨 높이와 수평으로 이동한다. 이 동작이 제2환이다. **[동작 12, 13]**

동작 5 : 왼발을 들어 전방으로 내딛어서 좌궁보 보법을 취한다. 왼팔은 손바닥이 밑을 향한 수형으로 검을 팔뚝에 밀착시키고 전방으로 이동하여 가슴 앞에 위치한다. 오른팔은 전방에서 뒤로 뒤집으며 포물선 방향으로 이동하면서 검지(劍指)를 장(掌)으로 전환해서 앞쪽으로 이동하여 오른 손바닥 옆부분으로 칼자루 즉 검병(劍柄)을 누르면서 오른손을 왼손 위쪽에 가볍게 놓는다. 얼굴은 동쪽

방향이고 눈은 전방을 수평으로 바라본다. 이 동작이 제3환이다. **[동작 14, 15]**

◑요령◐

1. 이 초식은 검을 받는 식, 즉 접검식(接劍式)이라고도 한다.
2. 제1환의 동작과 권세(拳勢)는 누슬요보의 동작과 유사하므로 누슬요보와 동일한 방법으로 동작한다.
3. 제2환 동작 시 양팔이 상호 포물선으로 이동하는 과정은 원형으로 진행되어야 한다.
4. 제3환 시 왼팔을 안쪽으로 굽히면서 오른팔은 포물선으로 이동함과 동시에 몸의 자세를 정면으로 향해야 한다. 검을 잡은 왼팔은 수평을 유지하면서, 중정(中正) 자세를 취해야 하고, 이때 검신(劍身)은 남북 방향이어야 한다.
5. 이 초식은 과도적인 동작이 많아 복잡하므로 전신(全身)의 정체(整體)적 협조에 주의해야 하고, 동작이 갑자기 멈추거나 동작 속도가 빠르거나 늦어서도 안 된다.

제4식 괴성세(魁星勢)

동작 1 : 중심을 뒤로 이동하면서 왼발을 안으로 꺾은 후, 중심을 다시 앞으로 이동하면서 오른발을 전방으로 반보 내딛는다. 중심을 우측으로 이동하면서 오른발에

중심을 옮기고 왼발은 허보 보법을 취한다. 오른손으로 검을 잡고 우측 전방에서 검 끝이 위를 향하게 취하고, 왼손은 검지(劍指) 수형으로 오른팔목 옆에 놓는다. **[동작 16, 17]**

동작 2 : 몸을 우측으로 전환하면서 오른팔을 밑으로 당기면서 잡아당겨 전방에서 밑으로 다시 몸의 뒤쪽으로 포물선을 그리면서 이동하여 손을 뒤집어 요검(撩劍) 동작을 취한다. 이때 오른손 호구(虎口)가 위쪽을 향하고 검 끝도 수직으로 세워서 위를 향하며, 왼손 검지는 오른

팔이 포물선을 그리며 밑으로 이동하는 방향을 따라 이동해서 우측 후방에 위치한다. **[동작 18]**

동작 3 : 오른발로 직립하면서 왼발은 무릎을 구부리고 발끝이 자연스럽게 밑을 향한 자세로 직각으로 들어올린다. 오른손은 검을 들어올려 머리 위쪽에서 전방을 향한 평자(平刺) 동작을 취하고, 왼손 검지도 밑에서 위쪽으로 다시 전방을 향해 내민다. **[동작 19]**

◑용법◐

몸을 전환하면서 요검(撩劍)으로 상대의 무릎 부위를 공격하고, 다시 몸을 정면으로 향해서 상대의 머리 부분을 평자(平刺)로 공격한다.

◑요령◐

1. 오른손으로 검을 잡을 때 검신(劍身)이 수평이 되게 유지하며, 몸을 전환하면서 손목을 뒤집어 요검(撩劍) 동작 시 부드러운 손목 이완 동작을 통해서 검 끝이 수직 방향으로 바르게 돼야 한다.

2. 오른발로 직립 시 오른발이 굽혀지지 않은 자연스러운 직립 자세를 취하고, 오른팔을 위로 들어올릴 때도 바르고 곧게 뻗고, 검신(劍身)이 수평이 돼야 한다. 왼팔은 전방 수평 방향으로 어깨와 같은 높이로 뻗으며, 검지(劍指)는 검 끝부분을 향해야 한다.

3. 눈은 검신의 전환에 따라서 우측 후방에서 전방으로 전환할 때 동쪽을 향해야 하고, 동작 완성 시 얼굴은 정동 방향을 향한다.

4. 왼 무릎을 들어올릴 때 너무 높이 들어올리지 말고 왼 팔꿈치 밑에 위치해야 한다.

5. 왼 발끝은 자연스럽게 밑으로 향하고, 발등은 경직되지 않게 펼쳐야 하며, 표정도 편안하고 자연스러운 모습을 나타내야 한다.

동작 20

제5식 연자초수(燕子抄水)

동작 1 : 검을 우측 후방으로 위에서 밑으로 내려쳐서 어깨와 나란히 위치하고, 왼손 검지는 오른손의 동작에 따라 우측 후방에 위치한다. **[동작 20]**

동작 2 : 오른발에 중심을 두고 왼발을 동북 대각선 방향으로 착지하여 중심을 좌측으로 옮겨서 좌궁보 보법을 취한다. 왼손 검지는 밑으로 내렸다가 우측 후방

으로 내린 후 다시 위쪽으로 포물선을 그리면서 이동하여 머리 좌측 위에 왼팔을 굽히고 손바닥이 바깥을 향한 수형을 취한다. 오른손은 검을 파지하고 좌측 위쪽으로 비스듬히 수평으로 평대(平帶)하여 검 끝이 약간 위를 향하게 한다. **[동작 21~23]**

◑용법◑

검을 먼저 위에서 밑으로 내려친 후 수평으로 또는 가로방향으로 상대의 머리 부분을 가격한다.

◑요령◑

1. 밑으로 내려치는 벽검(劈劍) 동작 시 몸의 중심이 앞으로 쏠리거나 뒤로 젖혀지지 않아야 한다.

2. 오른손으로 검을 잡고 우측에서 좌측 위쪽으로 평대(平帶) 시에 허리 회전에 의한 팔 동작을 이끌어서 팔과 검의 자세가 부채 면의 모습을 보여야 하고, 양팔과 양발의 동작들도 협조를 해야 한다. 팔과 검은 밑에서 위쪽으로 하나의 직선을 이루어야 하며, 이때 왼 팔꿈치를 밑으로 내려서 검의 끝부분이 지나치게 높아서는 안 된다.

3. 방향은 동북 대각선이고, 눈은 검의 끝 전방을 보며, 오른팔이 한쪽으로 지나치

게 치우쳐서는 안 된다.

4. 이 초식은 제비가 물 위를 가볍게 치면서 위쪽으로 날아가는 형상을 구체화해야 한다. 동작 시 먼저 의념을 검의 날 앞부분에 둔 후, 다시 검의 끝부분으로 이동함으로써 초식에 부합하는 형상과 기세를 표현해야 한다.

제6식 우변란소(右邊攔掃)

동작 1 : 중심을 앞으로 이동하면서 몸을 좌측으로 전환해서 중심을 왼발로 이동하고, 오른발을 들어 오른발 뒤꿈치가 땅에서 들린 허보 보법을 취한다. 양팔은 몸이 좌측으로 전환함에 따라 검을 수평으로 하고, 왼손 검지는 위에서 밑으로 이동하여 오른팔목 안쪽에 놓는다. **[동작 24, 25]**

동작 2 : 오른발을 우측 대각선 방향으로 내딛어 우궁보 보법을 취한다. 동시에 오른손은 먼저 좌측으로 이동하여 팔목과 검을 뒤집은 후, 손바닥이 밑을 향한 부수(俯手)의 자세로 검을 수평으로 잡고, 검의 바깥날로써 우측 방향으로 평대(平帶)를 한다. **[동작 26, 27]**

❶용법❶

손목을 뒤집어 평대의 검법으로 상대방의 허리 부분을 벤다.

❶요령❶

1. 이 초식은 특히 허리 회전에 따른 팔을 수평 방향으로 평대 동작을 해야 하며, 손목을 뒤집은 후 검신(劍身)이 수평이 되어야 하고 위아래로 흔들거리지 않아야 한다.

2. 오른손으로 검을 잡고 평말(平抹) 동작을 하기 전에 오른발이 먼저 착지한 후 양 팔은 허리 회전 운동에 따라 동작해야 하며, 양팔과 양발의 동작이 일치, 즉 상 하상수를 이루어야 한다.

3. 눈은 수평으로 응시하고 몸의 측면은 동북 방향을, 오른 발끝은 동남 방향을 향해야 한다.

4. 오른팔은 팔을 안쪽으로 굽힌 붕(掤)의 수형을 취해야 한다.

제7식 좌변란소(左邊攔掃)

동작 1 : 중심을 앞으로 이동하고 왼발을 들어 뒤꿈치가 지면에서 들린 허보 보법을 취한다. 그리고 몸을 우측으로 전환하면서 양팔도 허리 회전에 따라 우측으로 전환한다. **[동작 28~30]**

동작 28

동작 2 : 왼발을 좌측으로 내딛으면서 중심을 좌측으로 이동하여 좌궁 보법을 취한다. 동시에 오른팔을 우측으로 전환한 후, 오른팔목과 검을 뒤집어서 손바닥이 위를 향한 앙수(仰手) 수형으로 검을 수평으로 잡고서 검의 바깥 날로써 좌측으로 평대를 한다. 이때 왼 손바닥이 위를 향하고 오른손 안쪽에 놓고, 검을 안쪽으로 꺾는다. **[동작 31]**

◐용법◐

우변란소와 동일하며, 좌우 구분이 있을 뿐이다.

◐요령◐

1. 우변란소와 동일하며, 단지 왼발 방향이 동북이며, 몸측면은 동남 방향을 향
   한다.

제8식 소귀성(小魁星)

동작 1 : 중심을 약간 앞으로 이동하면서 양팔을 좌우로 벌린다. **[동작 32]**

동작 2 : 중심을 좌측으로 이동하고 오른발 뒤꿈치를 지면에서 띄면서 몸을 좌측
으로 전환하며, 오른손은 검날이 위쪽을 향하게 하고, 왼팔은 좌측에 위치해서 검
을 잡은 오른팔이 위로 이동함에 따라 포물선을 그리면서 함께 이동한다. **[동작 33,
34]**

동작 3 : 오른발을 우측으로 45° 벌려 내딛으면서 중심을 우측으로 이동한 후, 왼
발을 들어 우측 측면 방향으로 발바닥으로 착지하는 허보 보법을 취한다. 오른팔은
검을 잡고 왼쪽으로 포물선을 그리면서 후방을 향해 벽검으로 내리친 후, 다시 몸을
전환하여 왼발을 앞으로 내딛는 허보 보법과 함께 후방에서 밑에서 다시 위쪽으로

검을 당기면서 들어올려 우측 상단 측면에 오른팔 목을 바깥으로 향하게 뒤집은 상붕(上崩)의 수형을 취한다. 이때 왼손 검지는 검과 팔의 중간 지점에 놓고, 검 끝은 밑을 향한다. 얼굴은 동남 방향이고 눈은 수평으로 전방을 응시한다. [동작 35, 36]

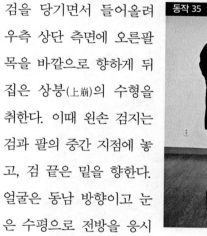

◑용법◑

먼저 몸의 후방으로 벽검으로 내리친 후, 몸을 전환하여 추검(抽劍)으로 당기고, 다시 검을 위로 들어올리면서 상대방의 팔목 부분을 가격한다.

◑요령◑

1. 이 초식은 먼저 몸을 전환하여 후방으로 벽검 후, 다시 후방에서 우측 앞 측면

으로 검을 당겨서 들어올려 상대의 손목 부위를 베는 동작으로서 각도가 비교적 크다. 검신(劍身)은 좌측에서 위쪽으로 포물선을 그리며 이동한 후, 위에서 밑으로 다시 오른쪽 위로 포물선을 그리면서 후방에서 전방으로 커다란 궤적으로 동작해야 한다. 몸의 전환 시 허리 회전으로 등 동작을 인도하고, 등 운동이 팔을 인도하며, 검은 팔의 동작에 따라야 한다.

2. 검지의 손과 팔의 동작은 일치해야 한다. 손과 팔이 서로 따로 움직이고 조화되지 않으면 허리 회전에 따라 동작을 자연스럽게 전환하기 어렵다. 팔과 연결되지 않은 손동작은 기교가 있어 보이지만, 전체적인 조화가 없으며, 자연스럽고 대범한 자세를 취할 수 없게 된다. 그것은 양식 태극검과 태극권의 검법과 권법 특징인 서전(舒展), 즉 편안하고 대방한 자세와도 부합되지 않는 것이다.

제9식 연자입소(燕子入巢)

동작 1 : 왼발을 지면에서 띄우고 우측에서 좌측 후방으로 몸을 전환하면서 오른 다리로 서면서 왼 다리를 발끝이 밑을 향하고 발등은 평평한 자세로 들어올린다. 동시에 양팔은 허리 회전에 따라 좌우 양측으로 벌리며 양 손바닥

이 밑을 향하고 양 손목을 안쪽으로 약간 꺾은 수형으로 검을 수평으로 잡는다. **[동작 37, 38]**

동작 2 : 양팔을 위에서 밑으로 내리면서 손목을 뒤집어서 양 손바닥 측면이 위를 향하게 하여 고관절 좌우에 놓는다. **[동작 39]**

동작 3 : 오른발에 중심을 두고 왼발의 발뒤꿈치로 착지한 좌궁보 보법을 취하고,

양팔은 후방에서 전방 밑을 향해서 손바닥을 위로 한 앙수평검(仰手平劍)의 수형으로 양손으로 검을 잡고 상대방의 무릎을 향해 찌른다. **[동작 40]**

◐용법◐

몸을 전환하여 상대방의 무릎을 찌름.

◐요령◐

1. 몸을 전환하면서 다리를 드는 동작은 방향만 변하고, 발뒤꿈치를 축으로 허실 변화 없이 몸을 전환해야 한다.

2. 양팔은 몸의 전환에 따라 좌우 양측으로 벌리면서 수평이 되도록 한다.

3. 팔목을 전환하고 손바닥을 뒤집는 동작은 검을 찌르기 위한 준비 동작이다. 그러므로 양손은 반드시 고관절 좌우 옆에 위치한 후, 궁보 보법을 취하면서 후방에서 전방 밑으로 찔러야 한다. 찌르는 동작은 먼저 내기(內氣)를 축적한 후 발경함으로써 힘 있게 찌르는 형태를 표출할 수 있다.

4. 본 초식은 몸을 전환한 후 양 손바닥이 위를 향한 앙수평검 수형으로 양손으로 검을 잡고 밑으로 찌르며, 이때 눈은 상대의 무릎 부분을 바라본다.

제10식 영묘포서(靈猫捕鼠)

동작 1 : 몸의 중심을 약간 뒤로 이동하면서 왼발을 좌측으로 45° 벌리고 양팔을 둥글게 포물선을 취하면서 검을 잡는다. **[동작 41]**

동작 2 : 중심을 앞으로 이동하면서 왼발로 서고, 오른발은 무릎을 굽히면서 들

어올려 발끝이 자연스럽게 밑을 향하고 발등은 평편한 자세를 취한다. **[동작 42]**

동작 3 : 오른 다리를 전방으로 내뻗는다. **[동작 43]**

동작 4 : 몸의 중심을 오른발로 옮기면서 오른발로 착지하면서 왼발 뒤꿈치는 지면에서 띄우며, 양손은 검을 잡고 몸의 움직임에 따라 위에서 밑으로 내린다. **[동작 44]**

동작 5 : 중심을 앞으로 이동하면서 오른발로 도약하고 다시 뒤쪽으로 당긴 후, 왼발로 착지함과 동시에 오른발을 들어올린다. 이때 검을 잡은 양팔은 도약 동작에 따라 밑에서 위로 들어올린다. **[동작 45]**

동작 6 : 오른발을 전방으로 내딛어서 발뒤꿈치로 착지하면서, 양팔을 동시에 상하로 벌린다. **[동작 46]**

동작 7 : 중심을 우측으로 이동하여 우궁보 보법을 취한다. 동시에 오른팔은 후방에서 전방 밑을 향해 손바닥이 위를 향한 수형으로 수평보다 약간 낮게 찌른다. 동시에 왼손 검지는 손바닥이 바깥을 향하게 포물선을 그리면서 위로 들어올려 머리 위쪽에 들어올린다. **[동작 47]**

❁**용법**❁

상대방이 후퇴할 때 도약하며 따라가서 검으로 상대방의 복부나 무릎 부위를 찌름.

❁**요령**❁

1. 초식 명칭처럼 영모포서는 고양이가 쥐를 잡는 것처럼, 동작이 민첩해야 한다. 이 초식은 한 팔로 검을 찌르지만, 검을 뒤로 당긴 후에 상하상수에 주의하면서 앙수평검(仰手平劍)으로 찔러야 한다.
2. 동작은 작게 하며 도약 동작도 너무 크게 할 필요가 없이 민첩하게 해야 한다.
3. 도약한 후 발을 뒤로 당기는 동작은 경쾌하고 안정적이며 자연스럽게 표출해야 한다.

제11식 봉황대두(鳳凰擡頭)

동작 : 왼팔을 위에서 밑으로 내리면서 왼손 검지로 검의 손잡이, 즉 검병(劍柄)을 내리누르고, 오른손은 손바닥이 위를 향한 자세로 검을 밑에서 위로 들어올려 상대방의 목 부위를 찌르고, 눈은 검 끝 전방을 응시한다. **[동작 48]**

◐용법◐

상대의 복부 또는 무릎을 찌른 후, 손바닥을 위로 한 수형의 평검으로 들어올리면서 상대의 목 부위를 찌름.

◐요령◐

동작이 간단하지만, 검을 내렸다 들어올릴 때, 눈도 반드시 동작의 전환에 따라 밑에서 위로 응시해야 한다.

제12식 황봉입통(黃蜂入洞)

동작 1 : 중심을 뒤쪽으로 이동하면서 몸을 좌측으로 전환하고 오른발을 안쪽으로 꺾고 양팔은 허리 전환에 따라서 우측에서 좌측으로 최대한 수평 이동한다. **[동작 49]**

동작 2 : 중심을 우측으로 이동하면서 왼발은 발뒤꿈치가 지면에서 들린 허보 보법을 취하고, 오른팔을 뒤집어서 손바닥이 밑을 향하게 해서 중심을 우측으로 이동하여 검을 우측 후방에 위치한다. **[동작 50]**

동작 3 : 왼발을 발바닥에서 발뒤꿈치로 전환하여 착지한다. **[동작 51]**

동작 4 : 중심을 좌측으로 이동하면서 오른발을 허보로 전환하고 오른발을 들어

동작 49　　동작 50　　동작 51

우측에서 좌측으로 몸을 전환하면서 서북 방향으로 내딛어 왼발 우측에 허보 보법으로 착지한다. 양팔은 발을 내딛고 몸을 전환하는 동작에 따라 양손을 안쪽으로 꺾고 양 손바닥이 밑을 향한 수형으로 좌우 양측 방향으로 수평으로 벌린다. **[동작 52]**

동작 5 : 다시 중심을 오른발로 이동하면서 왼발은 발뒤꿈치가 들린 허보 보법을 취하고, 동시에 양손은 위에서 밑으로 다시 뒤쪽으로 뒤집어서 고관절 양옆에 놓는다. **[동작 53]**

동작 6 : 왼발을 뒤꿈치가 먼저 착지하게 앞으로 내딛고 중심을 왼발로 이동해서 좌궁보 보법을 취한다. 양팔은 뒤쪽에서 전방 밑으로 손바닥이 위로 향한 평검(平劍) 자세로 상대방 복부를 향해 찌른다. **[동작 54]**

◗용법◗

몸을 전환해서 상대방의 검을 피한 후, 손바닥을 위로 향한 앙수평검으로 양손으로 검을 잡고 상대의 복부를 찌름.

◗요령◗

1. 이 초식은 몸을 360° 전환해서 발을 내딛는 동작으로 발의 허실 전환을 통한

몸의 전환과 발을 내딛는 동작 시에 왼 발바닥을 축으로 해서 몸을 전환해야 한다.

2. 수평으로 오른팔을 뒤집어서 오른 손바닥이 밑을 향한 수형으로 우측으로 이동 시에 검은 수평으로 뒤집어야 하고 위아래로 흔들거리지 않아야 한다.

3. 발을 내딛는 동작은 안정적이어야 하고, 속도도 일정해야 하며, 갑자기 높았다 낮았다 해서는 안 된다.

제13식 봉황우전시(鳳凰右展翅)

동작 1 : 중심을 후방으로 이동하면서 허리 회전에 따라 왼발을 안쪽으로 꺾고 왼팔도 안쪽으로 굽히면서 검을 쥔 오른손을 왼팔 밑에 위치해서 양팔이 서로 마주하게 한다. [동작 55]

동작 2 : 중심을 왼발로 이동하면서 오른발을 발뒤꿈치가 땅에서 들린 허보 보법을 취한다. [동작 56]

동작 3 : 오른발을 들어 동남 방향으로 내딛으면서 우궁보 보법을 취한다. 검을 든 오른팔은 밑에서 우측 위쪽으로 손바닥을 위로 한 평검으로 검의 바깥 날을 이용해서 수평으로 가격한다. 동시에 왼팔을 좌측 아래로 손바닥이 밑을 향한 수형으로 벌린다. 동작 시 의념은 검의 바깥날 부분에 둔다. [동작 57]

동작 55

동작 56

동작 57

❂용법❂ 몸을 전환해서 상대방의 목 또는 손목 부위를 벰.

❂요령❂

1. 이 초식은 태극권의 사비세 동작과 동일하며, 단지 오른손에 검을 들어서 오른 팔이 더욱 길어졌기 때문에 검과 팔의 동작이 일치되어야 한다. 특히 허리 회전 과 다리의 중심 전환에 따라 몸도 우측 대각선 방향으로 수평으로 가격 시 동 작과 의념이 조화된 신체 각 부위의 정체적 협조가 이뤄져야 한다.
2. 왼팔을 좌측 밑으로 벌릴 때 침견추주(沉肩墜肘)하고 손목의 이완방송과 손가락 을 자연스럽게 벌린 수형을 유지해야 한다.
3. 상체는 약간 비스듬하게 자세를 유지하고, 둔부는 바깥으로 튀어나오지 않아 야 한다.

제14식 소괴성(小魁星)

동작 1 : 중심을 좌측으로 이동하면서 몸도 좌측으로 전환하여 왼발에 중심을 두 고 오른발을 발뒤꿈치가 지면에서 들린 허보 보법을 취한다. 동시에 양팔은 허리와 다리 동작에 따라 좌측으로 전환하여 이동하면서 위쪽으로 들어올린다. [동작 58]

동작 2, 3 : 제8식의 소괴성과 동일하다. [동작 59~61 참조]

●용법과 요령●

제8식의 용법과 요령을 참조.

제15식 봉황좌전시(鳳凰左展翅)

　동작 : 왼발을 좌측 후방으로 반보 정도 뒤로 내딛어 왼 발끝이 동북 방향을 향하게 하고 몸을 좌측으로 전환해서 왼발에 중심을 두며, 오른발은 앞 발바닥으로 착지한 허보가 되게 한다. 양팔은 허리 전환과 함께 왼팔은 밑으로 포물선을 그리면서 내려 좌측 방향으로 벌리고, 검을 파지한 오른팔도 위에서 밑으로 내려서 우측 방향에 검을 안쪽으로 꺾은 자세를 취한다. 얼굴은 정동 방향을, 눈은 정면을 수평으로 응시한다. [동작 62]

●용법●

손바닥이 밑을 향한 부수(俯手) 평검으로 검을 밑으로 누름.

●요령●

　왼발을 뒤로 빼면서 몸을 전환하는 동작은 상체의 동작과 협조되어야 한다. 이 초식은 보기에 비교적 간단해서 쉽게 동작을 처리하지만, 실제로 간단한 동작일수록 더 어려운 법이다. 때문에 검법에 따라 진지하고 정확하게 동작해야 한다.

제16식 등어세(等魚勢)

동작 1 : 하체를 움직이지 않고 몸만 좌측으로 전환한다. 검을 파지한 오른팔은 밑으로 내려 몸 앞을 지나 좌측 후방 45° 지점에 손바닥이 몸쪽을 향하게 한 수형으로 검을 수평으로 잡는다. **[동작 63]**

동작 2 : 좌측에서 우측을 향해 상체를 전환하고 계속해서 정면을 향해서 오른팔목을 뒤집어 검을 위쪽으로 반수(反手) 입검(立劍)으로 몸 앞에서 손바닥이 위를 향한 점검(点劍) 자세를 취한다. 왼팔도 오른팔의 동작과 동시에 움직여서 검지(劍指)를 오른팔목 옆에 놓는다. **[동작 64]**

◑용법◑

검을 뒤집어서 상대방의 팔목을 가격함.

◑요령◑

이 초식도 비교적 간단하다. 손을 뒤집어 점검(点劍) 동작 시 허리 회전에 따른 팔 동작과 검을 파지한 손동작이 상호 협조해서 동작의 빠름과 느림이 조화되어야 한다. 검의 운동 방향은 우측에서 밑으로 다시 좌측 서북 방향으로 이동한 후 계속해서 오른 손목을 뒤집어서 위쪽으로 이동한 후 정면을 향한다.

제17식 우용행세(右龍行勢, 발초심사拔草尋蛇)

동작 1 : 몸을 우측으로 전환하면서 검을 파지한 오른팔은 팔목을 뒤집고, 손바닥

이 밑을 향한 수형으로 검을 우측 방향으로 당겨서 검을 수평이 되게 한다. **[동작 65]**

　동작 2 : 오른발을 들어 우측으로 내딛어 오른발 끝 방향이 동남쪽을 향하게 하고, 중심을 이동해서 오른발이 대각선 방향의 우궁보가 되게 한다. 검을 파지한 오른손은 손등이 위를 향하고 손바닥은 밑을 향한 평검(平劍)으로써 뒤쪽에서 좌측 방향을 지나 전방을 향해서 수평으로 찌른다. 왼손 검지는 오른팔목 안쪽에 대고, 눈은 검의 끝 전방을 향해 응시한다. **[동작 66, 67]**

　❶용법❶

상대방의 손목이나 가슴 부위를 쫓아가면서 찌름.

　❶요령❶

1. 검을 우측에서 좌측으로 휘저으면서 찌를 때 그 방향은 기본적으로 정동 방향이며, 동북 방향으로 치우쳐서 가로로 내딛는 각도가 지나치게 크지 않아야 한다.
2. 손목을 뒤집고 수평으로 휘저으며 찌를 때, 검신(劍身)이 상하로 흔들거리지 않고, 수평을 유지해야 한다.

제18식 좌용행세(左龍行勢)

동작 1 : 중심을 뒤로 이동하면서 오른발을 우측으로 약간 벌리고 몸을 우측으로 전환해서 중심을 오른발로 옮긴다. 양팔은 몸이 우측으로 전환함에 따라 움직이면서 검을 파지한 오른손은 우측으로 평대(平帶)를 하고, 왼손은 오른손의 동작을 따라서 움직인다. **[동작 68]**

동작 2 : 왼발을 들어 좌측 전방으로 내딛으며 몸도 좌측으로 전환해서 중심을 왼발로 이동하여 비스듬한 좌궁보 보법을 취한다. 검을 파지한 오른팔은 팔목을 뒤집어 손바닥이 위를 향하게 해서 검을 뒤쪽에서 좌측을 지나 가슴 앞으로, 다시 좌측에서 우측 전방으로 검을 휘저으면서 찌른다. 눈은 전방 검 끝 방향을 응시한다. **[동작 69, 70]**

❂**용법**❂ 우용행세와 동일함.

❂**요령**❂

좌용행세와 우용행세는 검법은 같지만, 검의 접촉 부분이 다르기 때문에 검을 찌를 때 좌용행세는 검을 파지한 오른손은 손바닥이 위를 향한 앙수(仰手)평검, 즉 양검(陽劍)으로 좌측에서 우측 전방을 향해 찌른다. 반면 우용행세는 손등이 위를 향한

동작 68

동작 69

동작 70

부수(俯手)평검, 즉 음검(陰劍)으로 우측에서 좌측 전방을 향해 찌른다.

제19식 우용행세(右龍行勢)

동작 1 : 중심을 왼발로 이동하여 오른발 뒤꿈치가 지면에서 들린 허보 보법을 취하고, 검을 파지한 오른팔은 전방에서 좌측으로 수평으로 당긴다. **[동작 71]**

동작 2 : 검을 파지한 오른팔이 좌측 가슴 앞에 오면 팔목을 뒤집어서 손바닥이 밑을 향하게 하여 우측 후방으로 당긴다. 그리고 오른발을 들어 우측으로 내딛어 우궁보 보법을 취한다. 검을 파지한 오른손은 허리와 다리의 움직임에 따라 우측 전방으로 이동하여 손바닥이 밑을 향한 부수(俯手) 평검으로 뒤에서 좌측 전방을 향해 찌른다. 눈은 여전히 검 끝의 전방을 응시한다. **[동작 72~75]**

용법과 요령은 제17, 18식과 동일하다.

제20식 회중포월(懷中抱月)

동작 : 중심을 약간 앞으로 이동한 후 왼발을 지면에서 들어 뒤쪽으로 반보 이동하여 중심을 왼발로 옮기고, 오른발은 발바닥으로 착지한 허보 보법을 취한다. 허리와 다리가 뒤쪽으로 이동함에 따라 양팔은 앙수(仰手) 평검의 수형으로 함께 모아 복부 좌측으로 당긴다. 검 끝은 위쪽을 향하고 눈은 정동 방향을 응시한다. **[동작 76, 77]**

◐용법◑

상대방의 손목을 벰.

◐요령◑

발을 뒤로 빼는 철보(撤步)와 검을 당기는 수검(收劍) 동작이 일치해야 한다.

제21식 숙조투림(宿鳥投林)

동작 : 오른발을 안쪽으로 45° 꺾고 전방으로 내딛으면서 밑에서 위쪽을 지나서 전방을 향해 세우고, 왼발은 무릎을 구부려서 왼발등을 약간 평편하게 들어올린다. 검을 파지한 오른손은 허리와 다리의 운동에 따라 앙수(仰手)평검으로 밑에서 위로 다시 전방으로 들어올리면서 찌르고, 왼손 검지는 오른 손목 안쪽에 대며, 눈은 전방 위쪽을 응시한다. **[동작 78]**

❂용법❂

밑에서 위로 다시 전방으로 상대의 무릎·복부·목을 찌름.

❂요령❂

이 초식은 낮은 자세로 웅크렸다가 한 발로 일어서면서 상대방을 찌르는 동작이다. 몸을 일으키는 동작과 검을 찌르는 동작이 상호 조화되고 일치되어야 하며, 얼굴 표정도 새가 날아서 둥지로 들어가는 모습처럼 아름다운 미적 형상을 표출해야 한다.

제22식 오용파미(烏龍擺尾)

동작 1 : 왼발을 안쪽으로 꺾어 정동 방향으로 내딛어 몸을 좌측으로 전환하고, 양팔은 몸쪽으로 모으면서 검을 파지한 왼 손바닥이 몸쪽을 향하게 하고 검지는 가슴에 놓는다.
[동작 79]

동작 2 : 중심을 좌측으로 이동하고, 오른발은 허보 보법을 취하며 양팔은 좌측 가슴 앞에 교차한다.
[동작 80]

동작 3 : 왼발에 몸의 중심을 두고 오른발은 앞 발바닥으로 착지하는 허보 보법을 취한다. 동시에 몸

을 좌측에서 우측으로 전환하면서 양팔을 상하로 벌린다. 검을 파지한 오른팔은 팔목과 무릎이 일치되게 한다. 왼팔은 굽히고 손목을 안으로 꺾어 좌측 위쪽에 놓는다. 이 초식의 동작 방향은 동남향이고, 눈은 밑으로 향한다. [동작 81, 82]

◑용법◐

먼저 후방으로 벽검(劈劍)을 한 후, 몸을 전방으로 전환해서 하절(下截)을 함.

◑요령◐

이 초식은 2차례의 몸의 전환 동작과 사지(四肢)의 동작이 서로 협조되어야 한다. 첫째 전환은 왼발을 착지함과 동시에 몸을 좌측으로 전환하면서 양팔을 교차해서 모으는 합(合)의 과정이다. 둘째 전환은 왼발에 중심을 두고 몸을 우측으로 전환함과 동시에 검도 몸의 전환에 따라 양팔을 상하로 벌리는 개(開)의 과정, 즉 검의 발(發)의 과정이다. 만약 이 2차례 몸의 전환 동작이 사지(四肢)와 조화 협조가 된다면, 이 초식의 지닌 독특한 검법 특징을 표출할 수 있고, 외형도 아름답게 보일 것이다.

제23식 청룡출수(青龍出水)

동작 1 : 오른발 뒤꿈치를 들어서 오른발을 당기면서 양팔은 모으며, 검은 몸 안쪽으로 꺾어, 오른 손바닥이 밑을 향하게 하고, 왼손 검지는 오른팔목 안쪽에 놓는다. [동작 83]

동작 83

동작 2 : 오른발을 우측 앞으로 반보 내딛으면서 몸을 우측으로 전환하여 중심을 오른발로 옮기고, 왼발은 허보를 만든다. 양팔은 허리와 다리 운동에 따라 좌측에서 우측으로 이동해서 부수(俯手) 평검으로 허리 우측 부분으로 당긴다. [동작 84~86]

동작 3 : 왼발을 좌측 대각선 동북 방향으로 내딛어서 좌궁보를 만든다. 양팔은 허리 회전에 따라 우측에서

좌측으로 몸을 전환함과 동시에 검을 파지한 오른손은 손목을 뒤집어 앙수(仰手) 평검으로 좌측 위쪽으로 찌른다. 왼손 검지는 왼팔과 함께 이동해서 좌측 이마 상단에 위치한다. 이 초식의 동작은 동북 방향이고, 눈은 검의 끝부분을 응시한다. **[동작 87]**

◑용법◑

먼저 검을 좌측에서 우측으로 당겨 감은 후, 앙수(仰手)평검으로 상대방의 목 부분을 찌름.

◑요령◑

이 초식의 발을 당기는 수각(收脚), 검을 당기는 수검(收劍), 발을 내딛는 과보(跨步), 검을 휘어져서 당기는 교검(攪劍) 및 손목을 뒤집어 발을 내딛으면서 찌르는 자검(刺劍) 등은 모두 허리와 다리의 회전 및 허실 전환에 따른 동작을 해야 한다. 그리고 민첩한 보법도 중요하기 때문에 발을 들고 내딛는 동작과 허실 전환 등을 원만하게 진행해야 한다.

제24식 풍권하엽(風卷荷葉)

동작 1 : 중심을 뒤로 이동하면서 좌측에서 우측 후방으로 몸을 전환하며, 왼발을 안쪽으로 꺾는다. 양팔도 몸의 전환과 함께 검을 파지한 오른손은 우측 바깥쪽으로 크게 원을 그리며 이동하고, 왼손 검지는 오른손 팔목 안쪽에 놓는다. **[동작 88, 89]**

동작 2 : 중심을 왼발로 이동하면서 몸은 계속해서 우측으로 전환하여 오른발 뒤꿈치가 들린 허보 보법을 취한다. 양팔도 몸의 전환에 따라 검을 파지한 오른손은 바깥으로 크게 포물선을 그리면서 이동한다. **[동작 90, 91]**

동작 3 : 몸을 서북 방향으로 전환해서 오른발을 들어 우측 전방으로 내딛어서 우궁보 보법을 취한다. 검을 파지한 오른손은 손목을 뒤집은 후 전방에

서 우측으로 다시 몸쪽으로 이동한 후 바깥 방향으로 몸 앞에서 크게 360° 수평으로 크게 원을 그리며 이동해서 가슴 앞에서 손등이 위로 향하고 검을 안쪽으로 꺾은 부수(俯手) 평검 동작을 한다. 이때 왼손 검지는 여전히 오른손 팔목 안쪽에 놓는다. 상체는 정서(正西) 방향을 향하고, 눈은 수평으로 응시한다. **[동작 92, 93]**

❶용법❶

손목을 휘젓고, 뒤집어서 상대의 머리를 찌른다.

❶요령❶

이 초식은 몸의 전환 각도가 크며, 특히 검을 파지한 오른손 손목을 뒤집어 바깥 방향으로 360° 선회해서 머리 전방으로 이동하는 동작은 마치 가느다란 줄기에 달린 넓은 연꽃잎이 바람에 흔들거리는 모습과 같다. 이 초식은 몸의 전환과 팔을 휘두르는 동작의 조화에 주의해서 동작해야 한다. 그리고 손목을 뒤집어서 바깥으로 회전하는 동작은 머리 위쪽이 아닌 앞쪽에서 회전해야 한다.

제25식 좌사자요두(左獅子搖頭)

동작 1 : 몸을 우측으로 전환하면서 검도 우측 바깥으로 벌린다. **[동작 94, 95]**

동작 2 : 다시 몸을 우측에서 좌측으로 전환하고 중심을 왼발로 옮기면서 오른발은 전방에서 허보 보법을 취한다. 양팔은 허리와 다리의 움직임에 따라 우측에서 좌측으로 이동할 때, 손목을 뒤집어서 검을 꺾고 부수평검에서 앙수평검으로 전환하여 좌측으로 이동해서 손바닥이 위를 향한 양검(陽劍)을 취하고, 왼손 검지는 오른손목 안쪽에 놓는다. 얼굴은 정서 방향을 향한다. **[동작 96]**

❶용법❶

상대의 손목을 공격해서 상대의 병기를 낚아챔.

❶요령❶

검을 파지한 손이 손바닥이 밑을 향한 음검(陰劍)에서 손바닥이 위를 향한 양검(陽劍)으로 전환할 때 손목을 뒤집고 팔을 이동하는 동작에서 먼저 몸을 전환한 후에 검도 우측 후방으로 일정한 각도를 유지해야 손목을 뒤집고 팔을 이동하는 동작을 자연스럽게 할 수 있다. 그렇지 않으면 동작이 부자연스럽게 되고, 외형상으로도 보기 좋지 않다. 대검(帶劍)은 수평으로 동작해야 하고, 오른발은 지면에 착지해야 한다.

제26식 우사자요두(右獅子搖頭)

동작 1 : 몸을 좌측으로 전환하면서 검도 좌측 바깥으로 벌린다. [동작 97]

동작 2 : 몸을 좌측으로 전환해서 중심을 왼발에 두고, 오른발은 전방을 향한 허보 보법을 만든다. 양팔은 허리와 다리의 움직임에 따라 우측에서 좌측으로 전환할 때, 검을 파지한 오른 손목을 뒤집어 검을 뒤집어 앙수평검에서 부수평검으로 전환하고, 검을 안쪽으로 꺾고 왼손 검지는 오른 손목 안쪽에 댄다. [동작 98]

동작 3 : 오른발을 들어 뒤쪽으로 반보 내딛어 중심을

오른발로 옮기면서 몸을 우측으로 전환하며 왼발을 당겨서 발을 안쪽으로 꺾어 전방을 향하고 발바닥으로 지면을 착지한 허보 보법을 취한다. 양팔은 허리와 다리의 움직임에 따라 움직여서 평대(平帶)로 좌측에서 우측 측면으로 이동하고, 눈은 전방을 응시한다. **[동작 99, 100]**

용법과 요령은 제25식과 동일함.

제27식 호포두(虎抱頭)

동작 1 : 몸을 우측으로 전환하면서 양팔도 따라서 움직이고 검을 파지한 오른손을 우측 후방으로 벌리고, 왼손은 가슴 앞에 놓는다. **[동작 101]**

동작 2 : 몸을 다시 좌측으로 이동해서 정면으로 향하고, 왼발도 따라 움직여서 좌측 45° 정도 벌린다. 양팔은 몸의 전환과 함께 우측에서 좌측으로 움직이고, 왼팔은 수평 포물선 방향으로 이동해서 몸의 좌측에 손바닥이 밑을 향한 수형으로 위치하고, 검을 파지한 오른팔은 손바닥이 밑을 향한 수형으로 몸의 우측에 놓

는다. **[동작 102]**

동작 3 : 중심을 왼발로 옮기면서 일어서고, 오른발은 무릎을 굽히고 발끝이 자연스럽게 밑으로 향하고, 발등은 약간 평편하게 들어올린다. 양팔은 왼발로 일어서는 동작과 함께 바깥에서 안쪽으로 양

손을 합해서 가슴 앞에 모은다. 검을 파지한 오른손은 손바닥이 몸을 향한 앙수평검으로 검 끝이 위를 향하게 하고, 왼손은 손목을 뒤집어 손바닥이 몸을 향하게 해서 오른손등에 대어 양손을 감싸는 수형을 취한다. 얼굴은 정면을, 눈도 정면을 수평으로 응시한다. **[동작 103]**

❶**용법**❶ 손목을 돌려서 검에 밀착함.

❶**요령**❶

음검(陰劍)에서 양검(陽劍)으로 또는 양검에서 음검으로의 전환은 검을 파지한 손의 손등이 위로 향하고 손바닥이 밑을 향한 수형에서, 손바닥이 위를 향하고 손등이 밑을 향한 수형으로 전환한다. 전환의 방법은 좌측으로 이동하려고 하면 먼저 우측으로 전환한 후 이동해야 하며, 우측으로 전환하려고 할 때 먼저 좌측으로 전환 후 동작을 해야 한다. 만약 좌측으로 평대를 할 때 오른손의 양검은 음검으로 전환되는데, 즉 검을 파지한 오른 손바닥이 위를 향한 수형에서 손바닥이 밑을 향한 수형으로 전환된다. 동시에 먼저 몸을 우측으로 전환 후, 손목을 뒤집어 곧바로 팔을 좌측으로 이동하지 않고, 검을 수평으로 한 후 다시 좌측으로 이동해야 한다. 마찬가지로 우측 평대를 하려면, 먼저 몸을 좌측으로 전환 후 손목을 뒤집은 후, 수평 포물선 방향으로 우측으로 평대해야 한다.

제28식 야마도간(野馬跳澗)

동작 1 : 오른발을 전방으로 내뻗는다. [동작 104]

동작 2 : 몸을 전방으로 이동하면서 오른발을 앞으로 내딛어 발뒤꿈치가 먼저 착지하고, 중심을 오른발로 옮긴 후, 다시 발바닥을 위로 올리면서 전방으로 도약한다. 양팔은 발의 도약 동작에 따라서 전방으로 내민다. [동작 105, 106]

동작 3 : 왼발로 착지해서 중심을 두고 오른발은 발뒤꿈치가 지면에서 들린 허보 보법을 취한다. 양팔은 위쪽에서 밑으로 다시 뒤로 이동해서 고관절 좌·우측에 놓는다. [동작 107]

동작 4 : 오른발을 전방으로 내딛어 우궁보 보법을 취한다. 양팔은 허리와 다리의 움직임에 따라 후방에서 전방 밑으로 양수평검으로 검의 등마루, 즉 검척(劍脊)이 위로 향한 자세로 찌른다. 얼굴은 정서 방향이고, 눈은 검의 끝부분을 응시한다. [동작 108]

❶용법❶

도약해서 상대의 복부나 무릎 부위를 찌름.

❶요령❶

1. 이 초식의 도약은 제10식 영묘포서와 동일하지만, 용법은 다르다. 영묘포서는 초식 명칭과 형상처럼 도약 시 민첩하고 작은 보법이지만, 야마도간은 넓은 광야에서 아무 구속받지 않는 한 필의 야생말이 산과 계곡을 도약하는 힘찬 보법이어야 한다. 때문에 야마도간의 보법 요구는 발을 들어올려 도약하는 보폭이 멀고 커야 하고, 착지할 때는 안정적이고 절제 있는 동작을 해야 한다는 것이다.

2. 영묘포서는 한 팔로 찌르고, 야마도간은 양팔로 찌른다.

3. 이 초식은 거칠면서 절제 있게 함에서 영묘포서와 구별되지만, 검과 신체 각 부분의 동작이 일치하도록 조화와 협조가 이루어져야 한다.

제29식 륵마세(勒馬勢)

동작 1 : 몸을 좌측으로 전환하면서 중심을 뒤로 이동하고 오른발을 안쪽으로 꺾는다. 양팔은 허리와 다리 운동에 따라 전방에서 좌측으로 전환하고 검을 파지한 오른손은 왼쪽으로 오른 손바닥이 몸쪽을 향한 수형으로 수평으로 당기며, 왼손은 손바닥이 몸쪽을 향한 수형으로 오른손등에 밀착시킨다. [동작 109]

동작 109

동작 2 : 중심을 다시 왼발로 옮기면서 몸을 좌측 전방으로 전환하고 오른발은 발뒤꿈치가 지면에서 들린 허보 보법을 취한다. 양팔은 허리와 다리 운동으로 움직여서 전방으로 전환하여 몸 앞에서 검 끝이 위를 향하게 해서 감싸 안는다. [동작 110]

동작 3 : 오른발을 지면에서 들어 약간 뒤로 당겨 밟으면서 중심을 오른발로 이동한다. 왼발은 발바닥으로 착지한 허보 보법을 취한다. 양팔은 허리와 다리 운동에 따라 뒤에 있는 우측 발로 중심을 옮길 때 고관절 좌우 측면으로 당

긴다. 얼굴은 정동 방향이고, 눈은 전방을 수평으로 응시한다. **[동작 111]**

❶용법❶ 상대방의 손목을 당김.

❶요령❶

이 초식은 말의 굴레와 고삐를 잡은 형상이다. 몸을 전환해서 검을 수평으로 당기는 과정에서 몸은 수평이 되어야 하며, 갑자기 높았다 낮아서는 안 되고, 발을 당겨서 뒤로 밟는 보법이 가볍고 원활해야 한다.

제30식 지남침(指南針)

동작 1 : 오른발에 중심을 두고 왼발을 들어 전방으로 반보 내디딘 후 오른발도 전방으로 내딛어서 양발이 전방에서 양 무릎을 약간 굽힌 마보 보법을 취한다. 양팔은 허리와 다리 운동에 따라 움직이고 전방 수평을 향하여 왼 손바닥이 오른 손바닥을 받친 양 손바닥이 위를 향한 앙수(仰手)평검으로 검 끝이 위를 향하게 해서 전방으로 찌른다. 얼굴은 정동 방향이고 눈은 전방을

수평으로 응시한다. **[동작 112]**

❂**용법**❂ 상대방의 가슴 및 목을 찌름.

❂**요령**❂

발을 앞으로 내디디며 검을 찌르는 동작에서 상하 기복이 없어야 한다. 검을 찌를 때 보법을 전방으로 내딛으면서 전방을 향해 검을 길게 찌르는 장자(長刺)로서 찔러야 한다. 검이 전방에서 멈추거나 흔들거리지 않아야 한다.

제31식 좌영풍탄진(左迎風揮尘)

동작 1 : 몸을 우측으로 전환하면서 중심을 우측으로 옮기고 왼발은 뒤꿈치가 들린 허보 보법을 취한다. 양팔은 허리와 다리 운동에 따라 전방에서 우측으로 전환하면서 오른 손목을 뒤집어서 검을 수직으로 세워서 잡는다. **[동작 113]**

동작 2 : 왼발을 좌측 방향으로 내딛고 몸을 좌측으로 전환해서 좌궁보 보법을 취한다. 양팔은 허리와 다리 운동에 따라 우측에서 좌측으로 이동하면서 검을 오른손으로 잡은 입검(立劍)으로 밑을 향하여 오른 손목을 사용하고 손등을 바깥을 향하게 한 수형으로 좌측 방향으로 검날이 밑을 향하게 수평으로 내려친다. **[동작 114, 115]**

동작 3 : 검을 파지한 오른손을 좌측 방향으로 위에서 밑으로 내려친 후 바로 오른 손목을 활용하여 검을 당겨서 좌측에 세운다. 왼손 검지는 오른 손목 안쪽에 놓는다. 얼굴은 좌측을 향하고, 눈은 전방을 향한다. **[동**

동작 115

동작 116

◐용법◐

상대방의 공격을 맞받아 치고, 상대 복부 또는 무릎을 가격함.

◐요령◐

이 초식은 손목의 탄성

동작 117

으로 검을 순간적으로 내려침과 동시에 바로 걷어들어야 하므로, 손목의 탄성과 민첩함이 요구된다.

제32식 우영풍탄진(右迎風撣㞢)

동작 1 : 몸을 좌측으로 전환하면서 중심을 좌측으로 옮기고 오른발은 발뒤꿈치가 지면에서 들린 허보 보법을 취한다. 양팔은 허리와 다리 운동에 따라 좌측으로 이동하여 좌측에서 검을 세워 든다. **[동작 117]**

동작 2 : 오른발을 우측으로 내딛어 몸을 우측으로 전환하여 우궁보 보법을 취한다. 양팔은 허리와 다리 운동에 따라 좌측에서 우측으로 이동하고, 검을 잡은 오른손으로 입검(立劍) 후 오른 손목을 사용해서 우측으로 검날이 밑을 향하고 손등이 바깥을 향한 수형으로 수평으로 내려친다. **[동작 118, 119]**

동작 3 : 검을 잡은 오른손으로 위에서 밑으로 다시 우측 방향으로 검을 내려친 후, 손목을 사용해서 바로 검을 당겨서 몸의 우측에 세우며, 이때 왼손 검지는 오른 손목 안쪽에 놓는다. 얼굴은 우측을 향하고, 눈은 전방을 응시한다. **[동작 120]**

◐용법과 요령◐ 제31식과 동일함.

제33식 좌영풍탄진(左迎風撣尘)

이 초식은 제31식과 동일하다. **[동작 121~124 참조]**

제34식 순수추주(順水推舟)

동작 125

동작 1 : 몸을 우측으로 전환하면서 중심을 오른발에 두고 왼발은 안으로 꺾은 후, 다시 중심을 왼발로 옮긴다. 몸 앞에서 검을 수직으로 든다. **[동작 125]**

동작 2 : 오른발을 우측 후방으로 반보 뒤로 빼면서 몸을 우측 후방으로 전환하여 중심을 우측으로 이동하고, 왼발은 발바닥으로 착지한 허보를 취한다. 양팔은 허리 회전에 따라 밑으로 내린 후 다시 위로 포물선을 그리며 이동해서 검을 파지한 오른손을 뒤집어서 위로 들어올려 우측 옆구리 부분에 검을 세우고, 왼손 검지는 오른 손목 안쪽에 놓는다. **[동작 126, 127]**

동작 126

동작 127

동작 3 : 왼발을 좌측으로 내딛어서 좌궁보를 만들고, 양팔은 허리와 다리 운동에 따라 우측에서 좌측으로 몸을 전환하면서 검을 파지한 왼손을 머리 위로 올려 반수입검(反手立劍)으로써 검의 윗날로 전방을 향해 민다. 왼손 검지는 오른손 팔뚝 위에 놓고 양 손바닥이 모두 바깥을 향하게 해서 양손이 서로 교차하게 한다. 눈을 약간 밑을 향하고 몸은 동남 방향을 향한다. **[동작 128, 129]**

☯용법☯

검을 위로 들어올리는 요검(撩劍)으로 상대의 무릎 또는 손목을 가격하고, 추검(推劍)으로 상대의 복부나 가슴을 가격함.

◑요령◐

1. 이 초식은 검의 끝부분을 머리 위에서 거꾸로 드는 반수입검(反手立劍)을 사용해서 검의 윗날 부분으로 상대방을 밀어내야 한다. 때문에 전방으로 검을 내밀 때 밀어내는 동작을 표현해야 한다.

2. 전신(轉身)하면서 요검(撩劍) 시 허리 회전과 다리의 허실 전환 및 손목을 뒤집으며 검을 밑으로 내린 후 포물선을 그리며 위로 들어올리는 동작의 정체적 협조가 이루어져야 한다. 속도도 균일하며 둥근 포물선 궤적을 만들어야 하며, 요검(撩劍)의 동작은 민첩하고 순조롭게 이루어져야 한다.

제35식 유성간월(流星赶月)

동작 1 : 중심을 뒤쪽으로 이동하면서 몸을 우측 후방으로 전환하고 왼발은 자연스럽게 안쪽으로 꺾은 후 중심을 왼발로 옮긴다. 양팔은 몸의 전환에 따라 우측 후방에서 교차한다. **[동작 130, 131]**

동작 2 : 오른발을 들어서 우측 측면으로 내딛어 천천히 우궁보 보법을 취한다. 검을 파지한 오른손은 우측 위로 올렸다가 다시 밑으로 검의 아래 날 부분으로 내려치면서, 동시에 왼손도 좌측 밑으로 크게 벌린다. 얼굴은 서북 방향이고 눈은 검 끝 전방을 응시한다. **[동작 132]**

◑용법◐ 몸 뒤쪽에 있는 상대방을 향해 검으로 크게 원을 그리면서 내려침.

◑요령◐

이 초식은 먼저 뒤로 물러난 후, 다시 앞으로 발을 내딛으면서 검으로 위에서 밑으로 내려치기 때문에 허리·다리·팔 동작 간의 협조가 이루어져야 한다. 그리고 반수입검(反手立劍)에서 정수입검(正手立劍)의 과정은 허리와 다리 운동으로 전환돼야 하고, 동시에 손목의 전환·다리·신체 및 검의 동작들이 조화되고 일치되어야 한다.

제36식 천마비보(天馬飛報)

동작 1 : 중심을 우측으로 이동하여 몸을 좌측으로 전환하면서 왼발을 들어 전방으로 내딛고 발끝은 바깥으로 약간 벌린다. 양팔은 몸의 전환에 따라 우측에서 좌측으로 전환해서 오른 손목을 안으로 뒤집어 검을 우측 후방으로 들어올린다. 동시에 왼손 검지도 약간 위쪽으로 들어올린다. **[동작 133, 134]**

동작 2 : 중심을 왼발로 이동하고 오른발을 들어 전방으로 내딛어 발바닥으로 착지하는 허보 보법을 취한다. 양팔은 허리와 다리 운동에 따라 정면을 향해 이동하면서 검을 파지한 오른손은 후방에서 전방 아래를 향해서 벽검(劈劍)으로 내려치고, 왼손 검지는 오른 손목 안쪽에 놓는다. 얼굴은 정남 방향이고, 눈은 검의 끝부분인 아래 방향을 응시한다. **[동작 135]**

◗**용법**◗ 몸을 전환해서 벽검으로 내려침.

◗**요령**◗

이 초식은 제35식 유성간월처럼 벽검을 사용하지만, 유성간월은 궁보 보법에서 검을 위에서 밑으로 내려치는 벽검으로서 검의 운동폭이 비교적 크다. 반면 천마비보는 허보 보법으로 내려치는 벽검으로 그 폭은 비교적 작고 상반신은 약간 전방으로 향해야 한다.

제37식 도렴세(挑帘勢)

동작 1 : 오른 손목을 뒤집어 검을 들어올리고, 양팔은 밑에서 위로 올리면서 좌우로 벌린다. **[동작 136]**

동작 2 : 검을 파지한 오른손은 손바닥이 몸을 향하게 하여 우측에서 위쪽으로 포물선을 그리면서 이동한다. **[동작 137]**

동작 3 : 오른손의 검은 몸 앞을 지나 좌측에서 밑으로 이동하면서 손목을 뒤집어 오른팔을 위쪽으로 들어올린다. 이때 몸을 우측으로 전환하고 오른발도 우측으로 벌리면서 일어서며, 왼발은 무릎을 굽히고 발끝이 자연스럽게 밑을 향하게 해서 들어올린다. 오른팔은 위쪽으로 들어올려 반수입검(反手立劍)으로 검을 머리 위에서 수

평이 되게 잡는다. 왼팔은 안쪽으로 굽혀서 검지를 검의 밑 부분에 놓는다. [동작 138, 139]

●용법●

먼저 좌측으로 벽검을 내려친 후, 다시 우측으로 상대 손목을 가격함.

●요령●

1. 몸 앞에서 검을 360° 커다란 원형으로 회전시키는 동작으로 허리·팔·손·검 등의 동작들이 상호협조 되어야 한다. 특히 검을 파지한 오른팔의 검의 움직임은 팔에서 손, 손에서 검병(劍柄)으로, 검병에서 검신(劍身)으로, 검신에서 검첨(劍尖)으로 전달되어야 하고, 검이 멋대로 흔들거려서는 안 된다. 검수(劍穗)의 움직임은 허리·다리·팔·검의 정체(整體)적 움직임에 따라 내재적 경력(勁力)에 의해서 자연스럽게 흔들거려야 한다.

2. 이 초식의 완성 후의 모습은 제4식 괴성세와 비슷하지만, 왼손 중지(中指)와 식지(食指) 두 손가락이 검과 팔의 사이에 놓는 점이 다르다. 용법상 도렴세는 먼저 검을 내려친 후 다시 제검(提劍)으로 들어올리지만, 괴성세는 먼저 밑에서 위로 요검(撩劍)한 후, 수평으로 평자(平刺)한다.

제38식 좌차륜(左車輪)

동작 1 : 오른발에 중심을 두고 왼발을 들어 전방으로 내딛고 왼 발끝은 좌측으로 45° 벌린다. **[동작 140]**

동작 2 : 중심을 왼발로 이동하고 오른발은 발뒤꿈치가 들린 허보 보법을 취한다. 몸을 좌측으로 전환하면서 검을 파지한 오른손은 손바닥이 몸쪽을 향하게 하여 왼손 바깥에 두고, 왼손은 손바닥이 몸쪽을 향하게 하여 오른손 밑에 놓아 양팔을 교차한다. **[동작 141]**

동작 3 : 오른발을 들어

전방으로 내딛어 우궁보 보법을 취한다. 양팔은 허리와 다리가 좌측에서 우측으로 전환함에 따라 오른 손목을 뒤집어 전방을 향해 위에서 밑으로 크게 륜벽(掄劈)으로 내려친다. 왼팔도 상응하게 전방에서 밑으로 다시 좌측 후방으로 포물선을 그리면서 이동한다. 얼굴은 정서 방향이고, 눈은 전방을 바라본다. **[동작 142, 143]**

◑용법◐

몸을 전환하여 전방을 향해 륜벽(掄劈)으로 내려침.

1. 다리의 중심 이동과 발을 착지한 후 발끝을 벌리는 각도와 방향을 정확히 해야 한다.

2. 양팔을 교차하고 왼발에 중심을 둔 후, 발을 내딛고 몸을 전환함과 동시에 오른손으로 검을 뒤집어서 륜벽(掄劈)하는 과정에서 몸의 전환과 검을 뒤집어서 륜벽하는 동작이 조화되고 일치되어야 한다.

제39식 우차륜(右車輪)

동작 1 : 왼발을 들어서 전방으로 반보 내딛어 중심을 싣고 오른발은 앞 발바닥으로 착지한 허보 보법을 취한다. 검을 파지한 오른 손목을 이완해서 검 끝이 위를 향하게 검을 세우고, 왼손 검지는 오른 손목 안쪽에 둔다. [동작 144]

동작 2 : 오른발을 뒤로 당겨 중심을 오른발로 옮기면서 왼발은 발뒤꿈치가 들린 허보 보법을 취한다. 양팔은 허리와 다리가 전방에서 우측 후방으로 전환함에 따라서 이동하는데, 검을 파지한 오른팔은 밑으로 포물선 방향으로 이동해서 우측 후방에 요검(撩劍)으로 검 끝이 위를 향하게 하고, 왼손 검지는 우측으로 이동해서 오른 손목 안쪽에 놓는다. [동작 145, 146]

동작 3 : 왼발을 전방으로 내딛으면서 발끝을 바깥 방향으로 45° 벌린다.

양팔은 허리와 다리가 우측에서 전방으로 전환함에 따라 왼팔은 수평으로 이동해서 우측 전방에 놓고, 검을 파지한 오른손은 손목을 뒤집어서 검을 우측면에서 세워든다. **[동작 147]**

동작 4 : 중심을 왼발로 옮기고 오른발을 들어 전방으로 내딛어 발뒤꿈치가 지면에서 들린 허보 보법을 취한다. 검을 파지한 오른손은 우측 후방에서 전방을 향해 검의 밑부분 날로써 밑으로 내려치고, 검 끝이 밑을 향하게 한다. 왼손 검지는 오른 손목 안쪽에 놓는다. 얼굴을 정서 방향이고, 눈은 검 끝 전방을 향해 응시한다. **[동작 148]**

❁용법❁

몸을 전환해서 상대방의 무릎을 가격하고, 다시 전방을 향해서 내려침.

❁요령❁

검을 세우는 동작은 바르고 직선으로 해야 하고, 요검(撩劍) 역시 둥근 원으로 포물선을 그리면서 이동해야 하며, 우측 후방에서 검을 들어올릴 때도 바르고 곧게 동작해야 한다.

제40식 연자함니(燕子銜泥)

동작 : 이 초식은 우차륜에서 검을 위에서 전방 밑으로 내려치는 하벽(下劈)으로 검의 끝이 일정한 위치로 내려왔을 때, 오른 손목을 사용하여 검 끝을 위로 들어올리는 동작이다. 이 동작은 비교적 간단하지만, 특징은 손목을 사용하여 순간적으로

검 끝을 들어올리는 동작에 있다. **[동작 149]**

　◑용법◑ 상대의 무릎을 가격함.

　◑요령◑ 검의 끝을 들어올리는 동작에 따라 눈의 시선도 함께 따라가야 한다.

제41식 대붕전시(大鵬展翅)

　동작 1 : 왼팔을 안쪽으로 굽히고 검을 파지한 오른팔은 전방에서 밑으로 내려 왼팔 밑에 위치한다. 양팔은 몸 좌측에서 손바닥이 마주 보게 서로 모은다. **[동작 150]**

　동작 2 : 오른발을 들어 우측 후방 135° 방향으로 내딛어 우궁보를 만든다. 동시에 오른팔은 평검(平劍)으로 검의 바깥날을 사용해서 밑에서 위쪽으로 대각선으로 평대(平帶)를 하며, 왼손 검지는 밑으로 내려 좌측 고관절 앞에 손바닥을 밑으로 향하게 놓는다. **[동작 151, 152]**

　◑용법◑
　검을 비스듬히 들어올려서 상대방의 팔·목·머리 및 손목 부분을 가격함.

●요령● 제13식 봉황우전시의 요령과 동일하다.

동작 153

제42식 해저로월(海底撈月)

동작 1 : 중심을 오른발로 이동하면서 왼발을 들어 뒤꿈치가 지면에서 들린 허보 보법을 취한다. 오른팔은 검을 잡고 수평으로 몸의 우측 후방으로 이동하고, 왼손 검지는 가슴 앞으로 당긴다. **[동작 153]**

동작 2 : 왼발을 좌측 전방으로 내딛고 발끝을 바깥으로 45° 벌린다. **[동작 154]**

동작 3 : 우측에서 좌측으로 몸을 전환하면서 중심을 왼발로 이동하고 오른발을 들어 안쪽으로 꺾어서 전방으로 내딛고 중심을 오른발로 이동하면서, 왼발은 뒤로 반보 내딛어서 중심을 옮기고, 오른발을 당겨서 뒤꿈치가 지면에서 들린 허보 보법을 취한다. 양팔은 허리와 다리 운동에 따라 우측에서 좌측 다시 전방으로 이동하면서 오른팔은 그물로 물고기를 잡는 형상으로 몸 앞에 놓고, 왼팔은 손바닥이 비스듬히 몸을 향한 수형으로 안으로 굽혀서, 양팔이 서로 합한 모습으로 복부 전방에 모은다. 얼굴은 정서 방향이고 눈은 전방을 응시한다. **[동작 155~157]**

동작 154

●용법● 그물을 끌어올리는 형식으로 상대방의 무릎이나 팔목을 벰.

●요령●

이 초식은 동작에서 그물을 걷어 올리는 모습을 보여줘야 하므로, 왼발을 뒤로 뺀 후에 허리 운동으로 양팔을 우측 후방에서 좌측 전방으로 이동해야 한다. 특히 검을 파지한 오른손은 허리 운동에 따라 1/4 정도 포물선을 그리면서 이동해야 한다.

오른발이 땅에 착지한 후 왼발은 후방으로 물러서면서 동시에 오른발을 당기고, 팔 운동에 따라 검도 전방에서 후방으로 당겨서 마치 그물을 당기는 모습처럼 동작해야 한다. 보법은 가볍고 민첩하게 해야 하는데, 특히 발을 뒤로 빼는 철보(撤步)와 발은 당기는 수각(收脚)의 동작은 오른발이 착지함과 동시에 바로 뒤로 당기는 보법으로 경쾌하고 자연스럽게 해야 한다. 검을 복부 좌측에 당겨 두 손으로 잡는 동작은 제20식 회중포월 동작과 유사하다.

제43식 나타탐해(哪咤探海)

동작 : 오른발을 대각선으로 내디디며 중심을 우측으로 옮겨 오른발로 선다. 동시에 왼발은 무릎을 굽혀 들어올려서 발끝이 밑을 향하게 한다. 오른팔은 전방 아래 방향을 향해 정수 평검(平劍)으로 찌른다. 왼팔은 손목을 뒤집어 밑에서 포물선을 그리면서 위쪽으로 들어올려서 머리 위쪽에 놓는다. 얼굴은 정서 방향이고 눈은 아래로 향해 검 끝부분 전방을 바라본다. **[동작 158, 159]**

◉용법◉
몸을 앞으로 내밀면서 상대방의 무릎이나 발을 찌름.

◑요령◑

이 초식은 발을 앞으로
내딛어 독립보로 밑으로
찌르는 하자(下刺)로서 검과
신체 각 부분의 정체적 협
조가 이루어져야 한다. 몸
을 앞으로 내밀고 하자할
때 상체는 등을 약간 굽힌
자세를 취해야 한다. 왼팔

은 타원형으로 위로 들어올려 머리 좌측 위에 놓는다.

제44식 서우망월(犀牛望月)

동작 1 : 왼 손목을 뒤집어 손바닥이 비스듬히 위를 향하게 해서 왼팔을 전환한다.
[동작 160]

동작 2 : 왼발을 좌측 대각선 방향으로 내딛어서 좌궁보를 취한다. 몸을 좌측으로
전환하고 검도 허리와 다리 운동에 따라 좌측 후방에서 끌어당긴다. 검병(劍柄)은 좌
측에, 손바닥은 몸쪽을 향하고, 검 끝은 우측에, 검을 수평으로 어깨 앞에 당기고,

고개를 돌려 검 끝을 응시한다. 왼손은 오른손 팔목 안쪽에 놓는다. [동작 161, 162]

◑용법◑

손목을 들어서 그 변화와 기회를 보아 상대를 가격함.

◑요령◑

이 초식은 회두망월(回頭望月)으로 부르기도 하며, 고개를 뒤로 돌려서 검을 보는 초식은 이 초식뿐이다. 검은 수평으로 들 때 눈이 가려져서는 안 되며 양팔은 둥근 원형이 되어야 한다. 상체는 곧아서는 안 되고 약간 비스듬한 자세를 유지해야 한다.

제45식 사안세(射雁勢)

동작 1 : 몸을 좌측 동남 방향으로 전환하고 양팔도 허리 회전에 따라 벌려서 좌측으로 전환한다. [동작 163]

동작 2 : 중심을 왼발로 이동하고 오른발은 지면에서 든다. 왼팔은 위에서 밑으로 내려 좌측 고관절 옆에 놓고, 검을 파지한 오른팔은 후방에서 전방을 향해 당겨서 몸 앞에 위치한다. [동작 164]

동작 3 : 오른발을 전방으로 반보 내딛어 중심을 뒤로 이동하여 오른발에 두고, 왼발은 발바닥으로 착지한 허보 보법을 취한다. 왼팔은 밑에서 전방으로 다시 위쪽으로 이동해서 팔목을 이완해서 검지를 전방으로 내민다. 검을 파지한 오른손은 전방에서 밑으로, 다시 뒤쪽으로 이동한 후 당겨서 우측 고관절 옆에 검 끝이 위를 향하

게 놓는다. 얼굴은 동남 방
향이고, 눈은 전방을 응시
한다. [동작 165, 166]

❶용법❶

상대방의 얼굴 및 팔을
내려치거나, 손목을 벰.

❶요령❶

양팔의 당기고 벌리는 동작들과 신체의 다른 동작들 간에 협조가 이루어져야 하
고, 발을 내딛거나 당기는 보법 시에 몸의 상하 기복이 없어야 한다. 검을 파지한 오
른팔은 마치 화살을 쏘기 위해 활을 당기는 모습처럼 표현해야 한다.

제46식 청룡현조(靑龍現爪)

동작 1 : 왼발을 들어 전
방으로 내딛고 왼손 검지
를 장(掌)으로 바꾸면서 손
바닥이 위를 향하게 하고,
검을 파지한 오른손은 손
목을 뒤집어 약간 뒤쪽으
로 검을 잡는다. [동작 167]
동작 2 : 오른발은 왼발
동작에 따라 앞으로 내디

딘 후 양발이 앞으로 나가면서 마보 보법을 취한다. 오른팔은 허리와 다리 동작에
따라 뒤쪽에서 전방 위쪽으로 이동하여 두 손으로 전방을 향해 찌른다. 이때 왼 손
바닥으로 오른손을 받힌다. 얼굴은 동남 방향이고, 눈은 검 끝 전방을 응시한다. [동

작 168]

●용법●

상대의 목을 찌름.

●요령●

몸의 중심이 안정적이고 동작 중 상하 기복이 없어야 하며, 발을 내디디며 검을 찌르는 동작이 일치되어야 한다.

제47식 봉황쌍전시(鳳凰雙展翅)

동작 1 : 중심을 약간 우측으로 이동하면서 왼발을 안쪽으로 45° 꺾고 중심을 다시 뒤로 이동해서 왼발에 둔다. 오른발은 발뒤꿈치가 지면에서 들린 허보 보법을 취하고, 몸을 좌측으로 전환하면서 왼팔을 안쪽으로 굽힌다. 검을 파지한 오른팔은 위에서 좌측 밑으로 굽혀서 손바닥이 비스듬히 위를 향하게 하여 양팔을 서로 모은다.

[동작 169]

동작 2 : 오른발을 우측 측면으로 내딛어 우궁보 보법을 취한다. 양팔은 허리 회전에 따라 우측으로 전환하면서 동시에 상하로 벌리는데, 검을 파지한 오른손은 평검으로써 검의 바깥 날을 사용해서 밑에서 우측 위쪽으로 비스듬히 가격하고, 왼팔은 좌측 아래로 내리면서 벌린다. **[동작 170, 171]**

●용법● 상대의 귀 또는 손목을 가격함.

●요령●

이 초식의 요령은 제13식 봉황우전시 및 제41식 대붕전시와 동일하다. 단지 이 초식은 왼손 검지를 몸 안쪽으로 꺾지 않고 바깥으로 펼쳐서, 검을 파지한 오른손과 좌우 대칭을 이루는 점이 다르다.

제48식 좌과란(左跨攔)

동작 : 중심을 우측으로 이동하면서 왼발을 들어 좌측 방향으로 내딛어 좌궁보를 만들고, 다시 몸을 좌측으로 전환한다. 검을 파지한 오른팔을 몸의 전환에 따라서 우측에서 좌측 밑으로 포물선으로 내려온 후, 위를 향해 이동해서 몸 앞 위쪽으로 검날이 위를 향하고 오른 손바닥이 안쪽을 향하게 들어올린다. 왼손 검지는 오른손 팔목 안쪽에 놓는다. 몸은 비스듬히 서남 방향으로 향하고, 눈은 우측 전방을 응시한다. **[동작 172~174]**

❶용법❶

검으로 상대방의 손목을 벰.

❶요령❶

검을 수평으로 해서 머리보다 약간 높게 잡고, 칼자루인 검병(劍柄)은 남쪽, 검의 끝은 북쪽을 향하며, 상체는 약간 전방으로 치우친다.

제49식 우과란(右跨攔)

동작 : 중심을 좌측으로 이동하면서 오른발을 들어 우측 방향으로 내딛어 우궁보를 만들고, 다시 몸을 우측으로 전환한다. 검을 파지한 오른팔은 몸의 전환에 따라서 좌측에서 우측 밑으로 포물선으로 내려온 후 다시 위쪽을 향해 이동해서 몸 앞 위쪽으로 검날이 위를 향하고 오른 손바닥이 바깥을 향하게 들어올린다. 왼손 검지는 오른손 팔목 안쪽에 놓는다. 몸은 비스듬히 서북 방향을 향하고, 눈은 좌측 전방을 응시한다. **[동작 175~177]**

용법과 요령은 좌과란과 동일함.

제50식 사안세(射雁勢)

동작 1 : 중심을 약간 좌측으로 이동하고, 허리 회전으로써 오른발을 우측으로 약간 벌린다. 몸을 우측으로 전환하면서 양팔은 허리와 다리 운동에 따라 좌측에서 우측으로 이동하고, 검을 파지한 오른손은 검날이 전방을 향해

서 내려치는 벽검 동작을 하면서, 왼팔은 팔꿈치를 굽혀 검지를 전방으로 향한다. **[동작 178]**

동작 2 : 중심을 우측으로 옮기고, 왼발을 들어 좌측 전방으로 내딛어서 발바닥으로 착지한 허보를 취한다. 동시에 검을 파지한 오른손을 위에서 밑으로 내려 당겨서 고관절 우측 옆에 놓고, 왼손 검지는 전방을 향해 뻗는다. 얼굴은 서북 방향이고 눈은 수평으로 응시한다. **[동작 179]**

용법과 요령은 제45식 사안세와 동일하다.

제51식 백원헌과(白猿獻果)

동작 1 : 양팔을 양 손바닥을 위로 향한 수형으로 좌우 양측으로 벌린다. **[동작 180]**

동작 2 : 왼발을 좌측 전방으로 반보 내딛으면서 왼발을 바깥으로 45° 벌린다. 동시에 좌측으로 몸을 전환한다. **[동작 181]**

동작 3 : 중심을 왼발로 이동하면서 오른발을 들어 전

방으로 내딛어 앞 발바닥
으로 착지한 우허보를 취
한다. 양팔은 허리와 다리
운동에 따라 우측에서 전
방으로 검날이 안쪽으로
향한 평검으로 몸 앞에서
검 끝이 약간 위를 향하고
왼손이 오른 손등을 받쳐
든 자세로 모은다. 얼굴은
정서 방향이고, 눈은 전방을 응시한다. **[동작 182]**

◐**용법**◑ 상대의 팔목 및 목을 가격함.

◐**요령**◑

오른발을 앞으로 내딛고, 몸 앞에서 양팔을 서로 합할 때, 검은 수평으로 움직여
야 하며, 허리와 다리 운동으로 동작해야 한다.

제52식 우락화세(右落花勢)

낙화세는 모두 5개 동작으로 그 동작 용법과 요령은 제25식 좌사자요두와 동일하
며, 단지 낙화세 동작 중에서 뒤의 초식들은 앞의 초식보다 검을 조금씩 낮게 움직
이면 된다. 낙화세 동작을 5번씩 하는 이유는 나의 손목을 베려는 상대방의 연속적
공격을 방어하기 위함이다. **[동작 183~185]**

제53식 좌락화세(左落花勢)

제25, 26식 사자요두 동작 요령과 동일하다. **[동작 186~188 참조]**

제54식 우락화세(右落花勢)

제25, 26식 사자요두 동작 요령과 동일하다. **[동작 189~191 참조]**

동작 189

동작 190

동작 191

제55식 좌락화세(左落花勢)

제25, 26식 사자요두 동작 요령과 동일하다. **[동작 192~194 참조]**

동작 192

동작 193

동작 194

제56식 우락화세(右落花勢)

제25, 26식 사자요두 동작 요령과 동일하다. **[동작 195~197 참조]**

제57식 옥녀천사(玉女穿梭)

동작 1 : 왼발을 들어 좌측 전방으로 내딛고 왼팔은 좌측 위쪽으로 이동해서 위치한다. 오른 손목을 뒤집어 손바닥이 비스듬히 위를 향하게 하고, 검 끝은 밑을 향하게 해서 몸 앞에 놓는다. **[동작 198]**

동작 2 : 몸을 좌측으로 전환하면서 왼팔을 굽혀 머리 위쪽에 손바닥이 위를 향하게 해서 놓는다. 검을 파지한 오른손은 몸의 전환에 따라 정남 방향으로 전환한다. **[동작 199]**

동작 3 : 왼발을 좌궁보 보법을 취하고, 손바닥이 위를 향한 앙수(仰手)평검(平劍)으로 밑으로 찌른다. **[동작 200]**

☯용법☯

검으로 상대 손목을 돌려막거나, 복부를 찌름.

●요령●

왼발을 좌측 전방으로 내딛고 난 후, 오른발도 허리와 다리 운동에 따라 몸을 좌측으로 전환함과 동시에 오른발을 안쪽으로 꺾어서 좌궁보 보법을 취해야 한다. 왼팔을 머리 위쪽에 놓을 때 팔이 둥글게 붕원(掤圓)을 이뤄야 한다. 오른팔은 검과 일직선을 이루고 위에서 밑으로 찌르는 하자(下刺) 동작으로서 검이 밑으로 굽혀져서는 안 된다.

제58식 백호교미(白虎攪尾)

동작 1 : 중심을 뒤로 이동하면서 왼발을 안으로 45° 꺾은 후, 중심을 왼발에 둔다. 검을 파지한 오른손은 좌측에서 손목을 이완해서 검을 세우고 왼손 검지는 오른 손목 안쪽에 놓는다. **[동작 201, 202]**

동작 2 : 오른발을 들어서 우측 측면으로 내딛어 우궁보 보법을 취한다. 검을 파지한 오른손은 허리와 다리 운동에 따라 몸을 우측으로 전환함에 따라 오른 손목을 뒤집어 밑으로 포물선을 그리면서 이동해서 몸 앞에서 검을 밑에서 위로 들어올려 요검(撩劍) 동작을 취한다. 검을 직각으로 바로 세워 검 끝이 위를 향하게 하여 몸의 우측에 놓으면서, 왼팔은 가슴 앞에 당긴 후 검지를 전방으로 향한 수형으로 내민다. 얼굴은 정서 방향이고 눈은 전방을 수평으로 응시한다. **[동작 203~206]**

❶용법❶

검으로 상대 손목을 휘 젓고, 복부를 가격함.

❶요령❶

이 초식은 몸의 방향이 대각선의 사궁보(斜弓步)이 므로 양발 간의 각도는 20° 정도면 적당하다. 오른 발로 궁보 보법을 취할 때 검을 몸 앞에서 밑에서 위 로 요검(撩劍)으로 직각으 로 세우는 동시에 머리도 우측으로 전환하고, 눈도 우측을 바라본다. 그리고 검을 직각으로 세운 후 신 속히 좌측 전방으로 머리 를 전환하면서 왼손 검지 를 전방으로 내밀어야 한 다. 이 동작은 크진 않지 만, 머리를 전환하면서 왼 손 검지를 앞으로 내뻗는 순간에 나타나는 표정 즉 신정(神情)과 안법(眼法)이 중 요하다. 때문에 동작 상호 간의 정체(整體)적 조화와

협조에 주의해야 한다.

제59식 호포두(虎抱頭)

　동작 : 먼저 왼발을 좌측
으로 45° 벌리면서 중심을
좌측으로 이동해서 왼발
로 자연스럽게 직립하고,
오른발은 무릎을 굽혀서
들어올리고, 오른 발등은
약간 평편하게 펼친다. 양
팔을 안으로 굽혀서 양손
으로 검을 잡는다. 얼굴은
정서 방향이고 눈은 수평으로 바라본다. **[동작 207, 208]**

동작 207　동작 208

　용법과 요령은 제27식 호포두와 동일하다.

제60식 어도용문(魚跳龍門)

　이 초식은 기본적으로
야마도간과 동일하며, 야마
도간보다 도약의 높이는 높
지만, 도약 거리는 작게 하
고, 검을 위에서 밑으로 찔
러서 마치 물고기가 도약
하는 형상을 표현하는 점
이 다르다.

동작 209　동작 210

용법과 요령은 야마도
간과 동일하다. **[동작 209
~212]**

제61식 좌오룡교주(左烏龍攪柱)

동작 1 : 몸을 좌측으로
전환해서 중심을 좌측으
로 옮기고 오른발은 허보
를 취한다. 동시에 양팔은
좌우로 벌리면서 오른 손
목을 뒤집어 손바닥이 안
쪽을 향하게 하고, 검의 손
잡이를 위로 들어올린다. **[동작 213]**

동작 2 : 검을 위쪽을 향해 뒤쪽으로 포물선을 그리며 들어올리고, 왼손 검지는 오른 손목 안쪽에 놓는다. **[동작 214]**

❶**용법**❶

후방을 향해 검을 내려친 후, 전방으로 붕검(崩劍) 또는 제검(提劍)으로 가격함.

❶**요령**❶

이 초식은 좌측에서 허리·다리·팔의 연결 동작으로 검의 운동을 이끌어 360° 원을 그리면서 동작한다. 몸을 좌측으로 전환하면서 중심을 좌측으로 이동할 때 검병을 파지한 오른손은 허리·다리·팔의 정체(整體)적 운동에 따라서 검을 사용해야 한다. 즉 검을 세운 입검(立劍)에서 검의 밑 날 부분으로 위를 향해 포물선을 그리며 검을 내려친 후, 밑으로 당기고 다시 위로 들어올리는 검법은 둥근 입원(立圓)을 그리면서 동작해야 한다.

제62식 우오룡교주(右烏龍攪柱)

동작 1 : 오른발을 바깥으로 벌리면서 중심을 우측으로 이동하면서, 왼발은 발뒤꿈치가 지면에서 들린 허보 보법을 취한다. 동시에 검을 파지한 오른손은 검을 위로 올린 후 다시 우측 후방으로 포물선을 그리면서 이동하고, 왼손 검지는 오른 손목 안쪽에 놓는다. [동작 215]

동작 2 : 오른손을 밑으로 내리면서 손목을 뒤집어 내리눌러 손바닥이 비스듬히 위를 향하고 검의 끝은 전방을 향한 앙수(仰手)평검(平劍) 자세를 취한다. [동작 216]

용법과 요령은 좌오룡교주와 동일하다.

제63식 선인지로(仙人指路)

동작 : 몸을 좌측 전방으로 전환하고 왼발을 좌측으로 45° 벌리면서 내딛는다. 왼손 검지는 좌측 전방으로 포물선을 그리며 이동한다. 중심을 좌측으로 이동하고 오른발을 들어 전방으로 내딛어 우궁보 보법을 취한다. 검을 파지한 오른손은 몸의 전

환하여 전방으로 발을 내딛음과 동시에 전방을 향해 앙수(仰手)평검(平劍)으로 찌르고, 왼팔은 좌측 방향 수평으로 포물선을 그리면서 검지는 좌측 후방에 둔다. 얼굴은 정서 방향이고 눈은 수평으로 응시한다. **[동작 217~219]**

❃용법❃

발을 내딛으면서 상대 무릎·가슴 및 목을 찌름.

❃요령❃

앙수(仰手)평자(平刺)는 허리와 다리 운동에 따라 발을 내딛고 몸을 전환함과 동시에 진행해야 하고, 검을 찌를 때 찌르는 검의 길이를 최대한 길게 하고, 동작은 민첩해야 한다.

제64식 조천일주향(朝天一柱香)

동작 : 중심을 우측으로 이동하고 왼발을 들어 좌측 후방으로 내딛어 좌궁보 보법을 취한다. 동시에 몸을 좌측 후방으로 전환하고 양팔은 모두 안으로 굽힌다. 검을 파지한 오른 손목을 안으로 꺾어 손바닥이 몸쪽을 향하게 하고 검을 수직으로 세운다. 왼손 검지는 오른 손목 안쪽에 놓는다. 얼굴은 동남 방향이고 눈은 수평으로 응시한다. **[동작 220~222]**

동작 220   동작 221   동작 222

◉**용법**◉ 가로방향으로 동작해서 상대방의 병기를 가로챔.

◉**요령**◉ 검을 수직으로 세우고, 검날은 정동 방향을 향한다.

제65식 풍소매화(風掃梅花)

동작 1 : 오른팔을 손바닥이 밑을 향한 수형으로 안쪽으로 포물선으로 이동하고 검을 수평으로 해서 앙수(仰手)평검(平劍) 자세를 취한다. **[동작 223]**

동작 2 : 중심을 우측으로 이동하면서 몸을 우측으로 전환하고 왼발은 안쪽으로 꺾고, 동시에 양팔은 우측 후방으로 수평으로 포물선을 그리며 이동한다. **[동작 224]**

동작 3 : 중심을 좌측으로 이동해서 왼발을 발뒤꿈치가 지면에서 들린 허보 보법을 취한다. 검을 파지한 오른손은 허리와 다리가 우측으로 전환함에 따라서 움직여 검을 복부 앞에 당기고, 왼팔은 좌측으로 벌린다. **[동작 225, 226]**

동작 4 : 오른발을 바깥으로 45° 벌리면서 중심을 다시 오른발로 옮기고, 검을 파지한 오른손은 안에서 바깥을 향해 수평으로 포물선을 그리며 이동하며, 왼손 검지는 오른 손목 안쪽에 놓는다. **[동작 227, 228]**

동작 5 : 왼발을 지면에서 들고, 오른 발바닥을 축으로 360° 회전한다. 양팔은 좌우로 수평으로 벌리고 검지(劍指)도 안쪽으로 꺾는다. 눈은 수평으로 응시한다. **[동작**

동작 223

동작 224

동작 225

동작 226

동작 227

동작 228

229, 230]

◑용법◑

사면에 있는 적을 제압
할 때, 검을 360° 회전시켜
소대(掃帶)검법으로 대응함.

동작 229

동작 230

◑요령◐

중심을 우측으로 이동하면서 왼발을 안으로 꺾는다. 중심을 다시 왼발로 옮기고 오른발을 바깥으로 45° 벌린다. 중심을 오른발로 이동하고 왼 발끝이 지면에서 떨어지게 하는 동작이 전환의 제1단계이다. 전체 동작은 허리와 다리 운동에 따라서 진행되어야 하고, 양팔도 허리와 다리 운동에 따라 수평으로 작은 포물선을 그리며 이동한다. 제2단계는 오른 발바닥을 축으로 몸을 360° 전환해서 정남 방향으로 향하는 커다란 포물선이다. 이 두 포물선은 동작의 크고 작음으로 나뉘지만, 전자는 보법의 전환과 동시에 자연스럽게 이뤄지고, 후자는 의식적으로 크게 수평으로 원을 만드는 점에서 다르다. 또한 검을 파지한 오른손은 안쪽으로 꺾고 허리와 다리 운동에 따라 자연스럽게 전환해야 하며, 검의 운동 방향도 상하 기복이 크거나 좌우로 흔들거리지 않고 수평으로 진행되어야 한다. 그 밖에 몸의 전환 과정 중 정체(整體)적 조화와 협조, 안정감과 균일함을 유지해야 하며, 특히 왼발을 바깥으로 벌리는 동작은 허리와 다리 운동에 따라 자연스럽게 진행되어야 하고, 양팔은 직선이 아닌 둥글게 유지해야 한다.

제66식 아홀세(牙笏勢)

동작 1 : 양팔을 뒤집으면서 좌우로 벌린 후, 양 손바닥을 손바닥이 위로 향하게 뒤집어 앙수검(仰手劍)으로 전환한다. [동작 231]

동작 2 : 왼발을 후방으로 반보 내딛어 착지하면서 중심을 왼발로 이동하고, 오른발을 당겨서 발뒤꿈치가 지면에서 들린 허보 보법을 취한다. 동시에 양팔은 양 측면에서 전방 안쪽으로 이동한 후, 다시 밑으로 당겨서 고관절 양옆에 놓는다. [동작 232]

동작 3 : 오른발을 전방으로 내딛고, 왼발도 따라가면서 전방으로 내딛어서 양발은 마보 보법을 취한다. 동시에 양팔도 밑에서 전방 위쪽으로 이동하면서 양손으로 전방을 향해 검 끝을 약간 높게 하고 왼 손바닥으로 오른 손등을 들어올리는 수형으로 전방으로 찌른다. 얼굴은 정남 방향이고 눈은 수평으로 응시한다. [동작 233,

234]

동작 231

동작 232

◑용법◐

상대의 목을 찌름.

◑요령◐

이 초식 중 왼발을 뒤로
빼는 철보(撤步)와 함께 오
른발을 당기는 수보(收步)
및 오른발을 전방으로 내
딛는 상보(上步)와 동시 왼
발도 따라서 내딛는 근보
(跟步), 즉 양발의 빼고, 당
기며, 내딛고, 따라 내딛는
보법들은 모두 상하 기복
없이 자연스럽고 민첩하게
이뤄져야 한다. 그리고 양
팔을 벌리고 모으는 즉 개

동작 233

동작 234

합(開合)동작도 공력(功力)을 지닌 검세(劍勢)를 표현해야 한다.

제67식 포검귀원(抱劍歸原)

동작 1 : 오른팔을 안쪽으로 돌려서 손바닥이 몸쪽을 향하게 하여 검을 왼손에 놓
고 왼 손목에 수평으로 검을 밀착한다. **[동작 235]**

동작 2 : 양팔은 위에서 밑으로 이동하여 고관절 양 측면을 지나 좌우로 벌리면서,
동시에 팔을 뒤집어 양 손바닥이 밑을 향하고, 검은 여전히 왼 손목에 밀착시킨다.
[동작 236]

동작 3 : 양팔을 안으로 굽히면서 전방으로 모은다. **[동작 237]**

동작 4 : 양발로 천천히 서면서 양팔도 전방에서 밑으로 내려서 고관절 양 측면에 놓는다. 왼손으로 검을 파지하고 검을 팔에 밀착한다. 오른손 검지는 전방을 향하고, 얼굴은 정남 방향을 눈은 수평으로 응시한다. **[동작 238~240]**

☯요령☯

이 초식은 기세의 원래 자세로 돌아오는 것이다. 그러므로 자세와 요구는 기세의 검을 뒤집은 이후의 동작과 동일하다.

제4장

전통 양식
태극도

전통 양식
태극도 13식
동영상 보러가기

1. 전통 양식 태극도의 특징

양식 태극도와 양식 태극검은 모두 양식 태극권 유형의 단병기에 속하며, 양식 태극권에서 유래되었다. 그 수련 방법과 요령, 품격과 특징은 양식 태극권과 기본적으로 동일하다. 실제로 태극도와 태극권의 상당수 초식들은 명칭도 같고 동작 및 요령도 유사하다. 태극도는 강인한 동작과 멋진 표현 형상을 지녀서 태극권과 태극검과는 또 다른 독특한 특징을 지니고 있다.

태극도의 수련 방법은 '태극권술 10요(太極拳術+要)'를 준칙으로 삼아 도법(刀法)을 결합하고 정확한 동작을 요구한다. 태극도는 한 동작이 여러 형태의 도법을 지니므로 판별이 쉽지 않고 쉽게 혼동이 잘된다. 때문에 태극도는 도세(刀勢)와 도법(刀法)을 준칙으로 삼아서 수련해야 한다. 그리고 태극권과 태극검의 수련방법과 같이 신체의 정체(整體)적 협조를 강조하고 허리 회전과 다리 운동 및 허실 전환에 의한 팔과 다리의 자연스러운 동작을 요구한다.

태극도는 구결(口訣) 형식으로 초식 이름을 명명했고, 전체 투로는 짧지만 한 초식 중 여러 세부 동작이 포함되었고 변화가 많다. 대표적인 도법(刀法)은 감(砍)·타(剁)·벽(劈)·절(截)·료(撩)·찰(扎)·자(刺)·전(纏)·선(扇)·란(攔)·활(滑)·화(划)·괄(刮) 등이 있다.

2. 전통 양식 태극도 13구결_(口訣) 명칭 및 순서

1. 칠성과호교도세(七星跨虎交刀勢),
2. 등나섬전의기양(騰挪閃展意氣揚),
3. 좌고우반양분장(左顧右盼兩分張),
4. 백학양시오행장(白鶴亮翅五行掌),
5. 풍권하화엽리장(風捲荷花葉裏藏),
6. 옥녀천사팔방세(玉女穿梭八方勢),
7. 삼성개합자주장(三星開合自主張),
8. 이기각래타호세(二起脚來打虎勢),
9. 피신사괘원앙각(披身斜挂鴛鴦脚),
10. 순수추주편작고(順水推舟鞭作篙),
11. 하세삼합자유초(下勢三合自由招),
12. 좌우분수용문도(左右分水龍門跳),
13. 변화휴석풍환소(卞和携石風還巢).

3. 전통 양식 태극도 13식 도해(圖解)

1. 칠성과호교도세(七星跨虎交刀勢)

동작 1

동작 1 : 얼굴은 정면, 즉 정남 방향으로 양발은 어깨 너비와 같은 너비로 자연스럽게 두 발로 선다. 왼손은 호구(虎口)가 밑을 향한 수형으로 도를 잡고, 엄지손가락은 도 손잡이 바깥 부분에 놓고, 나머지 네 손가락은 도 손잡이 안쪽에 놓아서 도의 등이 팔뚝에 밀착되고 도의 날은 전방을 향하게 한다. 오른팔은 손가락이 밑을 향하고, 호구(虎口)는 전방을 향하게 하여 자연스럽게 내린다. 눈은 정면을 수평으로 응시한다. **[동작 1]**

동작 2

동작 2 : 중심을 좌측으로 옮기면서 허리 회전으로 오른발을 안쪽으로 45° 꺾어 중심을 오른발에 두고 왼발을 들어 전방으로 발꿈치가 먼저 착지한 허보 보법으로 내딛는다. 동시에 우측에서 좌측으로 몸을 전환하면서 도를 잡은 왼손을 밑에서 좌측으로 다시 위쪽으로 팔을 굽혀 들어올려서 가슴 앞에 호구가 위를 향한 수형으로 둔다. 오른손은 주먹을 쥐고 팔을 굽혀서 권을 들어서 우측 고관절 옆에 둔다. 눈은 수평을 응시하고, 얼굴은 정동 방향이다. **[동작 2]**

동작 3 : 중심을 앞으로 이동해서 왼 무릎을 굽혀서 왼발에 옮기고, 오른발을 들어 전방으로 앞 발바닥으로 착지해서 내딛는다. 이와 동시에 몸을 좌측 전방으로 전환해서 도를 잡은 왼팔은 안쪽으로 굽히고, 오른팔은 밑에서 위쪽 전방으로 팔을 굽혀들어올려 오른손의 수형을 권으로 하여 왼 주먹 밑 전방에 놓아서, 양권이 안쪽을 향하고 권안(拳眼)도 몸쪽을 향하게 한다. 얼굴은 정동 방향이고 눈은 수평으로

응시한다. **[동작 3]**

동작 4 : 오른발을 뒤쪽으로 반보 내딛어 무릎을 굽혀 중심을 둔다. 왼발은 앞 발바닥으로 착지한 허보 보법을 취한다. 몸을 우측으로 전환하면서 도를 잡은 왼팔을 들어서 좌측 가슴 앞에 놓는다. 오른팔은 팔꿈치를 굽혀서 전방에서 우측 밑으로 이동해서 우측 고관절 옆에 놓는다. **[동작 4]**

동작 5 : 몸을 우측에서 좌측 전방으로 전환하면서 양팔도 함께 움직여서 도를 잡은 왼팔은 위에서 밑으로 이동하여 좌측 고관

절 옆에 호구(虎口)가 전방을 향한 수형으로 놓는다. 오른팔은 밑에서 우측 위쪽으로 이동하면서 권에서 장(掌)으로 변환하여 머리 위쪽에 손과 팔을 굽히고 손바닥이 바깥을 향하게 해서 놓는다. 얼굴은 정동 방향이고, 눈은 정면을 수평으로 응시한다. **[동작 5]**

동작 6 : 몸을 좌측에서 우측으로 전환하면서 왼팔도 좌측에서 가슴 정면을 향해 굽혀 도의 날이 전방을 향하고, 왼 손바닥은 몸쪽을 향하며, 도를 수평으로 해서 왼 팔뚝 위에 놓아 도를 오른손으로 바꿔 잡을 모습을 취한다. 동시에 오른팔 팔꿈치를 굽혀 위에서 밑으로 오른 손바닥이 전방을 향한 수형을 밑으로 내려 엄지손가

락을 도의 손잡이 하단에 놓고 나머지 손가락은 도 손잡이 상단에 놓아서 도를 잡을 자세를 취한다. 얼굴은 정동 방향이고, 눈은 전방을 수평으로 응시한다. **[동작 6]**

◐요령◑

1. 이 초식은 기본적으로 권과 검의 예비세와 동일하며, 요령과 요구는 허령정경·기침단전·함흉발배·송요송과·침견추주·좌완서지·분허실·상하상수·내외상합·동중구정·면면부단 등의 요구들이 동작 중에 충분히 체현되어야 한다. 방송(放鬆)은 태극도의 첫 초식부터 끝 초식까지 전 과정에서 유지되어야 한다.

2. 칠성과호교도세의 전 과정은 왼손으로 도를 잡는 동작 외에 기타 동작들은 상보칠성 및 퇴보과호 초식과 동일하기 때문에 태극권의 동작 요령을 참조하면 된다. 태극도의 오른손 권의 수형은 내경(內勁)의 정체적 흐름과 얼굴 및 눈의 표현에 영향을 주기 때문에 권을 밑으로 내리지 않고 위를 향하게 해야 한다. 그리고 상보(上步) 및 퇴보(退步) 시에 중심을 둔 다리는 안정적인 보법을 취하고, 행보(行步)는 자연스럽고 가볍게 전환해야 보법 동작 중 기복 현상을 피할 수 있다. 허리 회전과 다리 운동으로 팔과 다리 동작을 진행함은 매우 중요하므로 신체의 정체적인 조화와 협조를 중시해야 한다.

2. 등나섬전의기양(騰挪閃展意氣揚)

동작 7

동작 1 : 왼발을 전방을 향해 내딛어서 좌궁보 보법을 취한다. 동시에 몸을 우측으로 전환하고 양팔을 전방으로 내밀면서 오른손으로 도를 잡고 도의 날이 전방을 향하게 하고, 왼손은 손바닥이 위를 향하게 해서 도 손잡이 밑에 대고 도를 앞으로 뻗는다. 얼굴은 정동 방향이고, 눈은 수평으로 응시한다. **[동작 7, 8]**

동작 2 : 중심을 앞으로 이동하면서 왼발로 일어서고, 오른발도 무릎을 굽혀 들어 발끝이 자연스럽게 밑을 향

하고 발등은 약간 평편하게 한다. 동시에 양팔을 좌우로 수평으로 벌리면서, 양손은 안쪽으로 꺾고, 양 손바닥이 밑을 향하고 도의 날은 전방을 향하게 한다. 얼굴은 정동 방향이고, 눈은 수평으로 응시한다. **[동작 9, 10]**

동작 3 : 동시에 양팔을 가슴을 향해 모으면서 양 손바닥이 밑을 향하게 하고, 도의 날이 전방을 향하게 한다. **[동작 11]**

동작 4 : 몸을 우측으로 전환하면서 오른발을 우측 전방 45° 바깥으로 벌려서 내딛는다. 양팔은 몸의 전환에 따라 우측 방향 수평으로 포물선으로 이동한다. **[동작 12, 13]**

동작 5 : 오른팔로 도를 잡고 우측에서 후방으로 손목과 팔을 뒤집어서 손바닥이 위를 향한 수형으

로 하고, 다시 후방에서 전방을 향해 앙수평도(仰手平刀)로서 도의 날이 좌측을 향하게 하여 수평으로 찌른다. 왼팔도 몸의 전환에 따라 우측에서 좌측으로 이동해서 왼손을 가슴 앞에 놓고 좌측 방향으로 장(掌)의 수형으로 수평으로 민다. 동시에 왼발을 전방으로 내딛어 좌궁보 보법을 취한다. 얼굴은 정동 방향이고, 눈은 수평으로 응시한다. **[동작 14~16]**

　동작 6 : 오른손으로 도를 잡고 오른팔을 안으로 회전하면서 몸을 좌측으로 전환하고 오른팔을 우측에서 좌측 위쪽으로 포물선으로 이동하고, 왼팔도 좌측으로 벌린다. 동시에 오른발을 들어 발끝으로 착지하고 발뒤꿈치가 지면에서 들린 허보 보법을 취한다. 얼굴은 동북 방향을 향한다. **[동작 17]**

　동작 7 : 오른발을 우측으로 내딛어서 대각선 방향의 사궁보(斜弓步) 보법을 취한다. 오른손을 포물선으로 위쪽에서 밑으로 이동해서 도의 날이 밑을 향할 때 왼손을 도의 하단 부분을 대고 도의 날이 전방을 향하게 하고 오른팔은 약간 들어서 머리와 수평으로, 왼팔은 약간 낮게 어깨와 수평으로 해서 양팔을 동시에 전방을 향해 민다. 얼굴은 동남 방향이고, 눈은 수평으로 응시한다. **[동작 18~20]**

동작 8 : 왼발을 반보 내딛고 오른발은 뒤로 당겨서 중심을 옮긴 후, 왼발을 발뒤꿈치가 지면에서 들린 허보 보법을 취한다. 양팔도 보법에 따라 도를 당겨서 가슴 앞에 둔다. **[동작 21, 22]**

동작 9 : 왼발을 전방으로 내딛어 좌궁보를 취한다. 동시에 양팔도 가슴에서 좌궁보 보법동작과 함께 도의 날이 전방을 향하게 하여 오른팔은 머리와 수평이 되게 하고, 왼팔은 어깨와 수평이 되게 하여 양 손바닥이 바깥을 향하고 왼손 호구를 도의 날이 없는 하단 부분에 대고 양팔을 전방으로 내민다. 얼굴은 동남 방향이고, 눈은 수평으로 응시한다. **[동작 23]**

◑요령◐

1. 동작 1의 궁보와 추도(推刀), 동작 2의 좌독립세와 양팔을 좌우 측면으로 벌리는 동작, 동작 5의 궁보와 동시 도의 찌름과 왼팔을 좌측으로 내뻗는 동작, 동작 7과 동작 9의 도를 당겼다가 궁보 보법으로 양팔을 전방으로 내뻗는 동작들은 상호 조화와 신체의 정체적 협조에 주의해서 간결하고 분명하게 해야 한다. 그리고 전 과정에서 도의 도법(刀法)과 기세는 크고 힘 있게 해야 한다.

2. 수도(收刀)와 추도(推刀)는 정면으로 거두고 내뻗어야 하며 도의 날이 전방을 향한 자세로 흔들거림이 없어야 한다. 양팔을 좌우로 벌리는 평전(平展) 시에 도는 수평을 이뤄야 한다.

3. 좌고우반양분장(左顧右盼兩分張)

동작 : 몸의 중심을 우측으로 옮기면서 왼발을 안쪽으로 45° 꺾고, 오른발을 들어 전방으로 내딛어 왼발 우측에 놓는다. 양발 끝은 전방을 향하고 간격은 어깨 너비보다 약간 좁게 해서 선다. 동시에 왼 무릎을 굽혀서 발끝이 밑을 향하고 발등은 약간 평평하게 해서 들어올린다. 이와 동시에 양팔을 좌우로 벌리는데, 검을 잡은 오른손은 도의 날이 밑을 향하고 손바닥은 바깥을 향하게 벌리고, 왼손은 장의 수형으로 좌측으로 벌린다. 얼굴은 우측을 향하고, 눈도 우측을 바라본다. **[동작 24~26]**

❂요령❂

독립보로 서는 동작은 자
연스럽게 서야 하며, 무릎
이 지나치게 경직되거나 너
무 굽혀서도 안 된다. 드는
발은 가능한 한 높게 들어
올려야 하지만 상체 자세의
안정감을 유지해야 한다.
양팔을 수평으로 벌리고,
도를 잡은 오른손의 높이는 어깨와 수평이 되어야 한다.

4. 백학양시오행장(白鶴亮翅五行掌)

동작 1 : 왼팔을 안으로 포물선을 이동해서 몸 앞에
둔다. **[동작 27]**

동작 2 : 왼발을 좌측 전방으로 45° 벌리면서 내딛고
왼 손바닥을 뒤집어 바깥을 향하여 이동하면서 몸도
좌측으로 전환한다. 도를 잡은 오른손은 위에서 밑으
로 내리면서 도의 날이 비
스듬히 위를 향하게 하고
오른 손바닥은 위를 향하
게 한다. 몸을 동남 방향으
로 향하고, 얼굴은 정동 방
향, 눈은 전방을 응시한다.
[동작 28]

동작 3 : 중심을 전방으
로 이동하면서 오른발을

들어 정동 방향으로 내딛어 우궁보 보법을 취한다. 몸
을 좌측으로 전환하고, 오른팔은 앙수(仰手)로 도를 세
워, 도의 날이 위를 향한 도법으로 밑에서 위로 다시 전
방을 향하여 요제(撩提)로 들어올리는데 도의 동작은 좌
우 흔들림 없이 바르고 수평이 되어야 한다. 왼팔은 몸
의 좌측으로 전환함에 따라 좌측 후방에서 수평으로
장의 수형으로 펼친다. 얼굴은 정동 방향이고, 눈은 전
방을 수평으로 응시한다. **[동작 29]**

  동작 4 : 몸을 좌측으로 전환해서 중심을 좌측으로
이동하면서 오른발은 허보 보법을 취한다. 오른팔을 안
쪽으로 돌리면서 위로 들어올려 도의 끝부분이 약간
높고 도의 손잡이는 낮게 하고, 좌장(左掌)도 오른팔의
동작에 상응하게 안으로 회전해서 오른 손목 옆에 놓
는다. 얼굴은 몸의 전환에 따라 좌측으로 향하고, 눈은
수평으로 응시한다. **[동작 30]**

  동작 5 : 오른발을 우측 바깥으로 45° 벌리면서 몸을
우측으로 전환해서 중심을 우측에 두며, 오른발을 약
간 구부리고 왼발은 발뒤꿈치가 지면에서 들린 허보 보
법을 취한다. 도를 잡은 오른손은 몸이 우측으로 전환
함에 따라 위로 도의 날이 위를 향하게 하여 도를 바르
게 들어올린다. 왼팔은 안으로 굽히고 왼손은 오른손
밑에 위치한다. 몸은 우측으로 치우치고, 얼굴은 정동
방향을 눈은 전방을 향한다. **[동작 31, 32]**

  동작 6 : 왼발을 전방으로 내딛어서 좌궁보 보법을 취
하고, 좌장(左掌)을 전방으로 내뻗는다. 얼굴은 정동 방
향이고, 눈은 수평으로 응시한다. **[동작 33]**

동작 32

동작 33

◐요령◐

1. 도를 좌우로 들어올리는 요제(撩提) 시에 허리 회전과 다리 운동에 의한 동작도 중요하지만, 도를 잡은 오른손도 양식 태극권의 편안하고 대방한 특징을 발휘해서 도의 동작을 크게 포물선을 그리면서 표현해야 한다.

2. 동작 6의 방법은 태극권 초식 중 선통배와 동일하며, 상체를 바르게 유지하고 도를 수평으로 하며, 왼팔은 전방을 향해 수평으로 내밀고 손끝이 코끝보다 낮아야 한다.

3. 연속적인 보법의 착지 시에 다음 보법 동작의 순조로운 연결을 위해서 8자보(八字步)로 준비해야 한다.

5. 풍권하화엽리장(風捲荷花葉裏藏)

동작 1 : 중심을 뒤로 이동하면서 왼발을 안쪽으로 45° 꺾고 중심을 왼발로 이동하며, 오른발을 바깥으로 90° 벌리면서 몸을 우측으로 전환한다. 도를 잡은 오른손은 머리 위쪽을 지나 팔꿈치를 낮춰서 손바닥이 안을 향하고 도의 날은 위를 향하게 하여 우측 어깨 옆에 위치한다. 왼팔은 안으로 회전해서 도 손잡이 뒤쪽에 놓는다. 몸은 서북 방향으로 향하고, 눈은 수평으로 응시한다. **[동작 34~36]**

동작 2 : 몸을 전환해서 동북 방향으로 향한 후 오른발로 일어서고, 왼발을 무릎을 굽혀 발끝이 자연스럽게 밑을 향하고, 발등은 약간 평편하게 들어올린다. 오른팔은 몸의 전환에 따라 안으로 회전해서 도의 날이 밑을 향하고 손바닥이 바깥을 향하게 하여 도를 수평으로 직자(直刺)하고, 왼손은 오른 어깨 전방에 손바닥이 전방을

동작 34

동작 35

동작 36

향하게 놓는다. 얼굴은 동북 방향을 향하고, 눈은 도의
끝 전방을 본다. **[동작 37]**

동작 37

◑요령◐

1. 뒤로 몸을 전환할 때 도의 끝이 향하는 방향은
   변하지 않고, 몸만 전환해야 한다.
2. 우측 후방으로 몸을 전환 시에 양발은 한쪽은 안
   으로 꺾고, 한쪽은 밖으로 벌리면서 동작을 완성
   해야 한다. 양발의 회전 각도의 크기는 몸의 방향
   전환에 영향을 주지 않도록 적절하게 동작해야 한다. 오른팔은 도와 수평이 되
   게 하고, 왼팔은 침견추주(沉肩墜肘)를 유지하면서 내밀어야 한다.
3. 입신중정(立身中正)을 유지해야 한다.

6. 옥녀천사팔방세(玉女穿梭八方勢)

동작 1 : 몸을 좌측으로 전환하고 얼굴은 서남 방향을 향하며, 도를 잡은 오른손은
그대로 유지하고 왼 장은 우측 어깨 옆에서 몸의 전환에 따라 서남 방향으로 수평
으로 내뻗는다. **[동작 38]**

동작 2 : 왼발을 서남 방향으로 발뒤꿈치가 먼저 땅에 착지하게 내딛는다. 왼 장은 안쪽으로 굽혀 우측 어깨 옆에 놓고, 도를 잡은 오른손은 팔을 안쪽으로 굽혀 손바닥을 뒤집어서 도 끝이 밑을 향하게 해서 도의 등면을 왼팔 바깥에 대고 좌측에서 후방으로 이동한다. 도를 등 뒤로 이동해서 도의 날이 위를 향하고 왼팔은 바깥으로 둥글게 향한 붕원(掤圓)의 수법으로 손바닥이 안쪽에 중심은 좌측에 두고 오른발을 들어 발끝이 밑을 향하게 해서 바깥으로 벌리면서 건보(跟步) 보법으로 내딛는다. **[동작 39~41]**

동작 3 : 중심을 우측으로 이동하고 왼발을 내딛어 좌궁보 보법을 취하고 왼팔은 포물선을 그리면서 밑에서 위로 올려서 머리 위쪽에 붕(掤)의 수형으로 손바닥이 바깥을 향하게 놓는다. 동시에 도를 잡은 오른손도 뒤쪽에서 전방을 향해 벽(劈)으로 내려친다. 얼굴은 서남 방향을 향한다. **[동작 42, 43]**

동작 4 : 중심을 후방으로 이동하면서 왼발을 당겨 발끝으로 착지한 허보 보법을 취한다. 왼팔도 위에서 밑으로 내려 손바닥이 안을 향하게 해서 가슴 앞에 붕(掤)의 수형으로 놓는다. 도를 잡은 오른손은 어깨를 안으로 회전해서 도의 날이 전방을

향하고 도의 등면이 팔뚝에 밀착되게 해서 몸 앞으로 당긴다. **[동작 44]**

동작 5 : 왼발을 앞으로 내딛어 좌궁보 보법을 취한다. 동시에 양팔은 도를 잡고 도의 날의 정면을 향하고 도의 끝부분이 왼쪽 밑을 향하게 해서 수평으로 앞으로 내민다. 얼굴은 서남 방향을 향한다. **[동작 45]**

동작 6 : 중심을 우측으로 이동해서 몸을 우측 후방으로 전환하고 왼발을 안으로 90° 꺾는다. 양팔은 몸의 전환에 따라 양손의 수형은 변화하지 않고 그대로 움직인다. **[동작 46]**

동작 7 : 중심을 왼발로 옮기면서 무릎을 굽히고, 몸을 동남 방향으로 전환할 때 오른발도 내딛어 우궁보를 취한다. 도를 잡은 오른손은 뒤쪽에서 몸 앞을 지나 밑으로 당겨서 우측 고관절 옆에 도의 날이 밑을 향하고 도의 끝은 위를 향하게 위치한다. 왼팔은 좌측 전방으로 수평으로 좌장(左掌)을 손바닥이 비스듬히 전방을 향하게 해서 내민다. 얼굴은 동남 방향이고, 눈은 전방

을 수평으로 응시한다. [동작 47~50]

동작 8 : 중심을 좌측으로 이동하면서 오른발을 당겨 좌측 발 옆에 놓아 발뒤꿈치가 지면에서 들린 허보 보법을 취한다. 도를 잡은 오른손은 팔을 굽혀 도를 당기서 몸 앞에 수평으로 놓는다. 왼손은 오른 손목 안쪽에 위치한다. [동작 51]

동작 9 : 몸을 우측으로 전환해서 오른손으로 도를 잡고, 바깥쪽으로 수평 이동하면서, 동시에 오른발을 들어 우측으로 내딛고, 왼발은 발뒤꿈치가 지면에서 들린 허보 보법을 취한다. [동작 52~54]

동작 10 : 왼발을 동북 방향으로 내딛어서 좌궁보를 만들고, 오른발은 자연스럽게 내뻗는다. 동시에 오른팔목을 뒤집어 바깥으로 회전하여 앙수평도(仰

동작 47

동작 48

동작 49

동작 50

동작 51

동작 52

手平刀)로 전방 위쪽을 향해 도의 날이 좌측으로 도의 끝은 위를 향하게 해서 찌른다. 왼손은 몸앞에서 들어올려 머리 위쪽에 붕(掤)으로 왼 손가락 끝이 좌측을 향하고 손바닥이 전방을 향한 횡장(橫掌) 수법을 취한다. 얼굴은 동북 방향이고, 눈은 전방을 수평으로 응시한다. **[동작 55]**

동작 11 : 중심을 뒤로 이동해서 오른발을 구부리고 왼발을 당겨서 발뒤꿈치가 지면에서 들린 좌허보 보법을 취한다. 왼팔은 팔꿈치를 굽혀 위로 들어올려 가슴 전방에서 손바닥이 몸쪽을 향한 수형으로 당긴다. 동시에 도를 잡은 오른손은 팔을 안쪽으로 회전하여 손바닥이 밑을 향하게 한 앙수평횡(仰手平橫)으로 도의 끝이 밑을 향하고, 도의 날은 전방을 향하게 해서 몸 앞으로 당긴다. 왼 팔뚝은 도의 등 밑부분에 밀착시킨다. 얼굴은 동북 방향이고, 눈은 전방을 수평으로 응시한다. **[동작 56]**

동작 12 : 왼발을 전방으로 내딛어 좌궁보 보법을 취하면서 오른발을 내뻗는다. 동시에 양팔은 전방으로 도의 날이 전방을 향하게 해서 내민다. 얼굴은 동북 방향이고, 눈은 전방을 수평으로 응시한다. **[동작 57]**

동작 13 : 몸을 우측으로 전환해서 우측으로 중심을 옮기고, 왼발을 안으로 90° 꺾는다. 양팔도 몸의 전환에
따라 좌측에서 우측으로
이동하고 팔꿈치를 굽혀
전방으로 당긴다. [동작 58]

동작 14 : 계속해서 우측
으로 전환하면서 중심을
왼발로 이동하고, 왼 무릎
을 굽혀 자세를 낮추며, 오
른발을 들어 서북 방향으
로 내딛어서 우궁보 보법
을 취한다. 도를 잡은 오른
손은 몸의 전환과 함께 이
동해서 몸 앞에서 위에서
밑으로 도를 당겨서 도의
날이 밑을 향하고, 도 끝
은 위를 향하게 하여 우측
고관절 옆에 놓는다. 왼손
도 팔꿈치를 굽혀 가슴 앞

으로 당긴 후, 전방을 향해 팔꿈치를 약간 내리고 손바
닥이 비스듬히 전방을 향한 좌장(左掌)의 수형으로 내민
다. 얼굴은 서북 방향이고 눈은 정면을 수평으로 응시
한다. [동작 59~61]

동작 15 : 중심을 좌측으로 이동하고 오른발을 당겨서
왼발 옆에 놓아 발뒤꿈치가 지면에서 들린 허보 보법을
취한다. 도를 잡은 오른손은 팔을 굽혀 도를 당겨서 몸
앞에 수평으로 놓는다. 왼손은 오른 손목 안쪽에 놓는

다. [동작 62]

동작 16 : 몸을 우측으로 전환하면서 도를 잡은 오른손을 바깥 방향으로 포물선으로 이동하고, 동시에 오른발을 들어 우측으로 내딛어서 무릎을 약간 굽히며, 왼발을 발뒤꿈치가 지면에서 들린 허보 보법을 취한다.

동작 62

[동작 63, 64]

동작 17 : 왼발을 서남 방향으로 내딛어 좌궁보 보법을 취하면서 오른발은 내뻗는다. 동시에 오른 손목을 뒤집어서 바깥 방향으로 앙수평도(仰手平刀)로써 전방을 향해 도의 날은 좌측을 향하고, 도의 끝이 위를 향하게 해서 찌른다. 왼손은 몸 앞에서 붕(掤)의 수형으로 들어올려 머리 위쪽에 손바닥을 가로로, 손가락이 우측을 향하고 손바닥은 전방을 향한 수형으로 놓는다. 얼굴은 서남 방향이고, 눈은 전방을 수평으로 응시한다. [동작 65, 66]

동작 63

동작 64

동작 18 : 중심을 우측으로 이동하면서 오른발을 굽히고 왼발을 당겨서 뒤꿈치가 지면에서 들린 허보 보법을 취한다. 원 팔꿈치를 내려서 손바닥이 비

동작 65

동작 66

스듬히 안으로 향한 수형으로 위에서 몸 앞쪽으로 당긴다. 동시에 도를 잡은 오른손은 손바닥이 밑을 향한 수형으로 안쪽으로 이동해서 부수(俯手)로 수평 방향으로 도 끝이 밑을 도의 날은 전방을 향하게 해서 몸 앞으로 당기고, 왼 팔뚝은 도의 뒷부분 밑에 밀착한다. 얼굴은 서남 방향이고, 눈은 정면을 수평으로 응시한다. **[동작 67]**

동작 19 : 왼발을 전방으로 내딛어 좌궁보 보법을 취하고 오른발은 내뻗으며, 동시에 양팔은 도의 날을 전방으로 향하게 하여 내민다. 얼굴은 서남 방향이고, 눈은 전방을 수평으로 응시한다. **[동작 68]**

동작 20 : 몸을 우측 후방으로 전환하여 중심을 우측으로 이동하고, 왼발을 90° 안쪽으로 꺾고 중심을 다시 왼발로 옮기면서 무릎을 굽혀 자세를 낮추고, 오른발도 들어 동남 방향으로 내딛어서 우궁보 보법을 취한다. 도를 잡은 오른손은 몸의 전환에 따라 이동해서 가슴 앞으로 당긴 후, 가슴 앞에서 위에서 밑으로 도를 당겨서 도의 날이 비스듬히 밑을 향하고 도의 끝부분은 위를 향하게 해서 우측 넓적다리 관절 옆에 위치한다. 왼손도 팔꿈치를 굽혀 가슴 앞으로 당긴 후, 전방을 향해 수평으로 팔꿈치를 약간 내리고 손바닥은 비스듬히 전방을 향해 내민다. 얼굴은 동남 방향이고, 눈은 정면을 수평으로 응시한다. **[동작 69~72]**

●요령●

1. 이 초식은 모두 20개 동작으로 나뉘고 변화가 비교적 많아서 수(手)·안(眼)·신(身)·법(法)·보(步) 및 도(刀)의 정체적 협조가 요구되며, 동작의 조화와 변화 중의 정

확한 각도를 유지해야 한다.

2. 몸을 전환해서 뒤에서 몸 앞을 지나 밑으로 도를 당겨서 좌측 고관절 옆에 놓을 때 도의 끝이 위를 향하게 하여 잡은 동작이 마치 활시위에서 화살을 당기는 모습의 도세(刀勢)를 표현해야 한다.

3. 오른손으로 도를 잡는데, 도의 끝이 밑을 향하고, 도의 등면으로 왼팔 바깥쪽에서 어깨와 등 뒤로 돌아서 움직여야 하며, 도를 머리 위에서 회전시켜 서는 안 된다.

4. 오른팔을 바깥으로 포물선으로 이동할 때 도가 상하로 흔들거리지 않아야 한다.

5. 오른손으로 도를 내리치는 벽(劈) 동작과 왼팔을 붕(掤)으로 위로 들어올리는 동작이 조화되어야 하고, 왼팔은 반드시 붕(掤)의 수형으로 머리 위쪽에 놓아야 한다.

7. 삼성개합자주장(三星開合自主張)

동작 1 : 중심을 약간 뒤로 이동한 후 오른발을 안으로 45° 꺾고 다시 중심을 뒤로 두면서 왼발을 들어 정북 방향으로 내딛어 좌궁보를 취한다. 몸을 좌측으로 전환하면서 왼팔은 팔꿈치를 굽
히고 손목을 이완하여 손
바닥이 비스듬히 우측을
향한 수형으로 몸의 좌측
에 놓는다. 도를 잡은 오른
손은 바깥으로 내리치면서
팔꿈치는 굽히고 손바닥은
안을 향하게 하고 도를 수
평으로 당겨서 몸 앞에 위
치한다. 이때 도의 날을 위를 향하고 도의 끝은 정동 방
향을, 도의 손잡이 끝부분을 좌장(左掌) 앞에 둔다. 얼굴
은 정동 방향이고 눈은 전방을 수평으로 응시한다. **[동
작 73, 74]**

동작 2 : 왼발로 일어서면서 오른발은 무릎을 굽혀 발
끝이 자연스럽게 밑을 향하고, 발등은 약간 평편하게
해서 들어올린다. 도를 잡은 오른손은 정동 방향으로
팔을 내밀어서 찌른다. 왼팔은 팔꿈치를 굽히고 손목
을 이완해서 좌측에 놓는다. 얼굴은 정동 방향이고 눈
은 수평으로 응시한다. **[동작 75]**

동작 3 : 몸을 우측으로 전환하면서 오른손으로 도를
집고 팔을 바깥을 향해 회전하는데, 전방에서 우측으
로 다시 밑에서 후방으로 도를 크게 원으로 돌리면서
밑으로 포물선으로 움직인다. 왼팔은 여전히 좌측에 둔
다. **[동작 76, 77]**

동작 4 : 오른 손목을 뒤집어 도를 돌려 밑에서 위로
다시 전방으로 도의 날이 위에서 전방을 향해 돌리면서

위로 들어올리는 동시에 왼발을 위로 도약해서 중심을 우측 발로 이동해서 무릎을 굽혀 자세를 낮춘다. 왼발은 허보 보법을 취하고, 왼손은 안으로 굽혀서 가슴 앞에 둔다. **[동작 78]**

　동작 5 : 도를 잡은 오른손을 계속해서 위에서 전방을 지나 밑으로 포물선으로 이동해서 우측 고관절 옆에 도의 날이 밑을 향하고 도의 끝은 위를 향하게 당긴다. 왼팔도 손바닥이 전방을 향하게 한 수형으로 전방을 향해 내민다. 왼발은 앞 발바닥으로 착지한 허보를 취한다. 얼굴은 동북 방향을 눈은 전방을 수평으로 응시한다. **[동작 79]**

　◑요령◐

　오른팔로 도를 휘돌려서 내려치고 당기는 동작과 왼발의 도약 동작들을 경쾌하고 자연스럽게 해야 한다. 손목을 부드럽게 운용해서 올리고 내리는 동작과 조화되어야 한다.

8. 이기각래타호세(二起脚來打虎勢)

　동작 1 : 왼발을 들어서 정북 방향으로 내딛고 발끝은 안으로 45° 꺾는다. 몸을 좌측으로 전환해서 왼발 무릎을 굽혀 궁보 보법을 취하면서 오른발을 내뻗는다. 왼팔을 바깥으로 회전해서 손바닥을 비스듬히 위를 향하게 한다. 도를 잡은 오른손은 팔을 안으로 굽히고, 도의 끝이 몸 앞에서 몸 뒤쪽을 향하게 하면서 도를 왼손에 옮겨 잡아 도의 날이 위를 향하고 도의 등면은 왼팔에 밀착시킨다. 눈은 정동 방향을 바라본다. **[동작 80]**

동작 80

동작 2 : 왼발로 일어서면서 오른발을 무릎을 굽혀 든 후 정동(正東) 방향으로 발등을 평평하게 해서 위로 찬다. 오른발을 들어올리는 동작과 동시에 오른손으로 오른 발등을 내려친다. 눈은 오른발을 바라본다. **[동작 81]**

동작 3 : 오른발 무릎을 굽혀 중심을 왼발에 두면서 오른발 발끝을 안으로 45° 꺾어 착지하면서 중심을 오른발로 옮겨 무릎을 굽혀 자세를 낮추고, 왼발도 정북 방향으로 내딛어 좌궁보 보법을 취한다. 양팔은 오른발 무릎을 굽힘과 동시에 오른손은 팔꿈치를 굽혀 몸의 우측에 놓고, 도를 잡은 왼손은 왼팔을 바깥으로 회전해서 손바닥이 비스듬히 위를 향하게 해서 오른팔 밑에 놓는다. 이때 도는 왼팔에 두어 랄(捋)의 자세를 취한

동작 81

다. 왼발을 정북 방향으로 내딛어 좌궁보를 취함과 동시에 몸도 좌측으로 전환하고 양팔도 우측에서 좌측으로 위에서 밑으로 이동하며, 도를 잡은 왼손은 좌측에서 위를 향해 포물선을 그리면서 이동해서 좌측 이마 위쪽에 도의 끝이 밑을 향하고 도의 등면은 왼팔에 밀착한 자세로 놓는다. 동시에 오른손은 천천히 권의 수형으로 전환하고 권을 안으로 꺾어서 권심(拳心)이 몸을 향하게 하여 복부 전방에 놓는다. 얼굴은 정북 방향이고, 눈은 전방을 수평으로 응시한다.
[동작 82~87]

동작 4 : 중심을 오른발로 이동하고 몸을 우측에서 후방으로 전환해서 왼발을 135° 꺾는다. 양팔은 몸의 전환에 따라 움직인다. **[동작 88, 89]**

동작 5 : 중심을 다시 좌측으로 옮기면서 오른발은 발뒤꿈치가 지면에서 들린 허보 보법을 취한다. 동시에 몸을 좌측으로 전환해서 도를 잡은 왼손은 위에서 밑으로 수평으로 놓고, 우권은 장으로 전환하

여 왼팔 밑에 랄(持) 자세를 취한다. 얼굴은 정동 방향이
다. [동작 90]

동작 90

　동작 6 : 몸을 좌측으로 전환해서 오른발을 정남 방향
으로 내딛고 발뒤꿈치로 착지한 우궁보를 취한다. 양팔
도 허리와 다리의 운동에 따라 좌측에서 우측으로 이
동하는데, 오른팔은 바깥으로 회전하여 팔을 굽혀 권
의 수형으로 우측 이마 위쪽에 권심(拳心)이 바깥을 향
하게 놓는다. 도를 잡은 왼손도 크게 포물선으로 이동
해서 복부 앞에 손바닥이 안을 향하고 도의 날과 도의
끝이 위를 향하게 하여 놓는다. 얼굴은 정남 방향이고, 눈은 전방을 수평으로 응시
한다. [동작 91~93]

동작 91

동작 92

동작 93

❶요령❶

1. 발등을 손바닥으로 치는 박각(拍脚) 동작은 발을 위로 쳐들 때 발등을 평편하게
　해서, 오른손으로 발등을 내려치면 된다. 그 과정에서 서 있는 왼발의 자세가
　안정적이어야 오른발을 위로 쳐들 때 몸이 흔들거리지 않게 된다.
2. 이 초식은 태극권의 타호세(打虎勢)와 동일하므로 태극권의 동작 요령과 부합되

게 하면 된다. 단 양손의 위치는 한 손은 머리 위에, 한 손은 복부 앞에 둬야 하고 양 팔꿈치는 바깥으로 향하고 양팔도 둥글게 자세를 취해야 한다.

9. 피신사괘원앙각(披身斜挂鴛鴦脚)

동작 1 : 왼발을 바깥으로 90° 벌리면서 몸을 좌측으로 전환하고 중심도 좌측으로 이동하며, 오른발을 안으로 135° 꺾는다. 왼발을 좌궁보 보법으로 하고 오른발을 내뻗는다. 왼팔도 몸의 전환에 따라 팔꿈치를 굽혀 이동해서

팔뚝을 위로 들어올려 머리 좌측에 놓고, 도의 날이 위로 도의 끝은 밑을, 도의 등면은 왼팔에 밀착시킨다. 오른팔도 팔꿈치를 굽히면서 우권(右拳)을 왼팔목 바깥쪽에 둔다. 눈은 정동 방향을 바라본다. **[동작 94, 95]**

동작 2 : 왼발로 일어서면서 오른발은 무릎을 굽혀 발끝이 밑을 향하게 발등을 평편하게 들어올려서 위를 향해 정동 방향으로 친다. 왼손은 도를 잡고 우장(右掌)은 좌측에서 전방으로 이동해서 오른 손바닥을 오른발 위에 둔다. 얼굴은 정동 방향이고 눈은 수평으로 응시한다. **[동작 96]**

동작 3 : 왼팔을 안으로 굽혀 도를 넘겨주는 모습을 취하고, 오른팔은 전방에서 좌측으로 팔꿈치를 굽혀 손으로 도를 받아서 들어 도의 손잡이를 잡는다. 왼발은 여전히 독립보를 유지하고 오른발은 무릎을 굽혀 발끝이 자연스럽게 밑을 향하게 들

어올린다. 얼굴은 정동 방향이고, 눈은 수평으로 응시
한다. **[동작 97]**

동작 97

◐요령◑

이 초식의 발을 차는 동작은 제8식의 박각(拍脚)과 기
본적으로 동일하지만, 박각은 손바닥으로 발등을 소리
가 나게 치지만, 이 초식은 손바닥으로 발등을 가볍게
맞추면 된다. 발을 차는 동작도 억지로 높게 들어올려
차지 않고 자신의 신체적 조건에 맞게 할 수 있는 능력
껏 들어올려 차면 된다.

10. 순수추주편작고(順水推舟鞭作篙)

동작 1 : 왼발에 중심을
두고 오른발을 내려 오른
발이 바깥을 향해 벌려서
동남 방향을 향해 내딛으
면서 몸을 우측으로 전환
하여 중심을 우측에 옮기
고, 양팔도 몸의 전환에 따
라 우측으로 이동한다. 도
를 잡은 오른손은 손목을

동작 98

동작 99

뒤집어 바깥으로 회전해서 손바닥이 위를 향하고 도의 등면은 비스듬히 바깥을 향
하며, 도의 끝은 밑을 향하게 해서 좌측에서 전방을 지나 밑으로 포물선을 그리면
서 이동한다. 왼손도 함께 이동해서 좌측 고관절 옆에 손바닥이 밑을 향하게 놓는
다. 눈은 도의 끝을 응시한다. **[동작 98, 99]**

동작 2 : 오른발에 중심을 두면서 왼발을 들어올린 후 허리와 다리 회전 운동에 따

동작 100

동작 101

동작 102

라 우측 후방으로 몸을 전환하고, 동시에 오른발과 우장(右掌)을 축으로 135° 방향으로 내딛어서 우측발 안쪽에 착지한다. 도를 잡은 오른손도 몸의 전환에 따라 머리 위를 지나서 우측 어깨 바깥에 밀착하면서 좌측으로 휘돌려서 도의 날은 바깥을, 도의 끝은 밑을 향하게 하고, 좌장(左掌)은 왼쪽 가슴 앞에 둔다. 얼굴은 정서 방향을 향한다. [동작 100~102]

동작 103

동작 3 : 중심을 다시 왼발로 옮기고 무릎을 굽혀 자세를 낮추면서 오른발을 서북 방향으로 내딛어 우궁보를 만들고 왼발은 내뻗는다. 오른발을 내딛음과 동시에 도를 잡은 오른손은 도를 몸 뒤에서 앞으로 당겨서 우측 고관절 옆에 도의 날의 밑을 향하고, 도의 끝은 위를 향하게 놓는다. 동시에 왼팔을 전방을 향해 손바닥이 비스듬히 전방을 향해서 내민다. 얼굴은 서북 방향이고, 눈은 수평으로 응시한다. [동작 103]

❶요령❶

이 초식의 발을 착지할 때 왼발을 안으로 꺾고, 오른발은 바깥으로 벌리는 동작은 풍권하화엽리장(風捲荷花葉裏藏)의 발을 착지하면서 안으로 꺾고 밖으로 벌리는 동작과 동일하다. 단지 이 초식은 도를 잡은 오른손이 도의 등면으로써 어깨와 등 그리고 머리를 뒤로 돌아서 몸의 전방을 지나 우측 고관절 옆으로 당겨야 한다. 도를 머리 위에서 회전할 때 도의 끝이 밑을 향하고 도의 등면은 안쪽을 향하게 동작해야 한다. 그리고 도를 위에서 밑으로 내리치는 고도(捞刀) 동작은 손으로 도의 손잡이를 내리누르면서 도의 끝이 위를 향하게 해서 도의 기세(氣勢)를 표현해야 한다.

11. 하세삼합자유초(下勢三合自由招)

동작 1 : 중심을 좌측으로 이동하고 몸을 좌측으로 전환하면서 오른발을 들어 발 뒤꿈치가 지면에서 들린 허보 보법을 취한다. 양팔은 몸의 전환에 따라 도를 잡은 오른손은 복부 앞에서 도의 날이 전방을 향하게 해서 수평으로 곡선 방향으로 이동하고, 왼손은 손바닥을 도의 등면에 밀착한다. 얼굴은 정면을 향한다. **[동작 104]**

동작 2 : 오른발을 바깥으로 45° 벌리고 중심을 전방으로 이동하면서 양팔도 동시에 전방을 향해 수평으로 내민다. **[동작 105]**

동작 3 : 몸을 우측으로 전환해서 중심을 계속해서 전방으로 이동하고, 도를 잡은 오른팔도 우측바깥 방향으로 수평 방향 평말(平抹)검법으로 움직이며, 왼팔도 함께 따라서 이동한다. 동시에 왼발을 들고, 얼굴은 서북 방향을 향한다. **[동작 106]**

동작 4 : 왼발을 내딛어 발끝을 바깥으로 45° 벌리면서 중심을 왼발로 이동한다. 몸을 좌측으로 전환하고 오른발을 들어 서북 방향으로 내딛어 우궁보를 만들고, 왼발은 뻗친다. 몸을 좌측으로 전환함과 동시에 왼팔을 좌측 방향으로 수평으로 벌린다. 오른팔을 바깥 방

동작 106

동작 107

동작 108

향으로 손을 뒤집고 발을 내딛으면서 좌측 방향으로 평대(平帶)를 한 후, 손바닥이 위를 향하고 도의 날은 좌측, 도의 끝이 전방을 향하게 하여 평자(平刺)로 찌른다. 얼굴은 정서 방향이고, 눈은 전방을 수평으로 응시한다. **[동작 107, 108]**

❶요령❶

이 초식 동작 중 추도(推刀)·횡말(橫抹)·평대(平帶) 등 동작들은 허리 회전으로 진행해야 한다. 만약 팔만 사용하여 동작할 경우 정체적 협조를 이룰 수 없게 되고, 오히려 팔과 몸이 분리되어 동작이 부자연스럽게 된다. 양팔은 침견추주(沉肩墜肘)를 이뤄야 동작을 자연스럽게 진행할 수 있다.

12. 좌우분수용문도(左右 分水龍門跳)

동작 1 : 몸을 좌측으로 전환하여 중심을 좌측으로 이동한 후 오른발을 허보 보법을 취하고, 오른팔을 바깥으로 회전하면서 도의 날을 위쪽으로 후 다시 뒤쪽으로 이동한다. 얼굴은 동남 방향을 향한다. **[동작 109, 110]**

동작 2 : 오른발을 우측으로 45° 벌리면서 몸도 우측으로 전환하여 중심을 우측으로 이동하고, 왼발을 발뒤꿈치가 땅에서 들린 허보 보법을 취한다. 도를 잡은 오른손은 계속

해서 도를 밑으로 내려치면서 우측으로 몸을 전환하고, 팔을 뒤집어 안쪽으로 회전하여 도를 밑에서 위로 다시 전방으로 당겨 들어서 도의 날과 끝이 위쪽을 향하고 손바닥은 바깥을 향하게 하여 우측 뒤쪽에 둔다. 왼팔은 팔꿈치를 굽히고 팔목을 이완한 수형으로 우측 가슴 앞에 둔다. 얼굴은 동북 방향을 향한다. **[동작 111~113]**

동작 3 : 왼발을 전방으로 내디딘 후 직립하고, 오른발

은 무릎을 굽혀 들어서 발끝이 자연스럽게 밑을 향하고 발등을 평편하게 한다. 오른손은 오른발을 들어올림과 동시에 도를 밑으로 향하게 하고 손목을 뒤집어 전방 위쪽을 향해 들어올려 몸 앞에 손바닥과 도의 날이 위를 향하고, 도의 끝은 전방을 향하게 둔다. 동시에 좌장(左掌)도 팔꿈치를 굽혀 당겨서 가슴 앞에 놓는다. 얼굴은 서북 방향을 향한다. **[동작 114]**

　동작 4 : 오른발을 무릎을 굽혀 착지해서 자세를 낮춤과 동시에 왼발을 위로 도약하여 오른발의 자세를 낮추는 동작과 동시에 왼발은 서북 방향으로 내딛어 앞 발바닥으로 착지한 허보 보법을 취한다. 동시에 도를 잡은 오른손은 뒤에서 위를 지나 전방으로, 다시 밑으로 내려 당겨 우측 고관절 옆에, 도의 날이 아래쪽을, 도의 끝은 전방 위쪽을 향하게 하여 놓는다. 좌장(左掌)도 전방을 향해 손바닥이 전방을 향하게 해서 내민다. 얼굴은 서북 방향이고, 눈은 정면을 수평으로 응시한다. **[동작 115, 116]**

◐요령◑

　도를 휘돌리고 도약하는 동작의 완성도를 높이기 위해서는 정체적 협조와 조화가 매우 중요하다. 도약의 고저는 중요하지 않고 단지 정체적인 협조와 조화가 이뤄진다면, 자세도 자연스럽고 가볍고 아름다우며 대방하게 된다.

13. 변화휴석풍환소(卞和携石風還巢)

동작 1 : 도를 잡은 오른손을 팔을 굽혀서 밑에서 위로 다시 좌측으로 이동해서 도의 등면이 좌측 바깥으로 회전해서 몸 뒤로 도의 날이 바깥을 향하게 한다. 왼팔은 안으로 굽혀 손바닥이 밑을 향하게 해서 복부 전방에 놓는다. 동시에 중심을 약간 우측으로 이동하면서 왼발은 허보를 취한다. **[동작 117, 118]**

동작 2 : 왼발을 전방으로 내딛어 좌궁보를 취하고, 오른발은 내뻗는다. 양팔도 왼발을 내딛는 동작과 함께 움직여 도를 잡은 오른손은 몸 뒤쪽에서 전방을 향해 도의 날이 밑을, 도의 끝을 약간 치켜든 자세로 밑으로 내려치고, 왼팔도 팔꿈치를 굽혀 위로 들어올려서 머리 위쪽에 손바닥이 바깥을 향하고 손가락은 우측을 향하게 둔다. **[동작 119]**

동작 3 : 중심을 우측에 두면서 왼발은 안으로 45° 꺾어서 몸을 우측으로 전환하고, 양팔도 몸의 전환에 따라 이동하여 왼팔은 위에서 밑으로 다시 안쪽으로 굽혀서 손바닥이 안쪽을 향하게 한다. 도를 잡은 오른손은 손목을 안으로 꺾어서 손바닥이 바깥을 향하게 해서 도를 왼손에 넘겨준다. 이때 도의 날이 위를, 도의 등면은 팔뚝에 밀착하고, 얼굴은 정동 방향을 눈은 수평으로 응시한다. **[동작 120, 121]**

동작 4 : 오른발을 들어 우측 후방으로 빼면서 무릎을 굽혀 자세를 낮추고 몸을 우측으로 전환해서 중심을 뒤쪽으로 이동하면서 왼발은 허보를 취한다. 오른발을

뒤로 뺄 때 오른팔은 바깥으로 회전해서 장(掌)에서 권(拳)으로 수형을 전환하여 권심 (拳心)이 위를 향하고, 팔꿈치를 굽혀 전방에서 밑으로 당겨서 우측 고관절 옆에 놓는 다. 왼팔은 몸 앞에 두고 도를 잡은 왼손은 손바닥이 비스듬히 위를 향하고 도는 팔 뚝 위에 둔다. 얼굴은 정동 방향이고, 눈은 수평으로 응시한다. **[동작 122]**

　동작 5 : 몸을 좌측으로 전환하고 오른팔을 안으로 회전하면서 밑에서 전방위 쪽 으로 권을 안쪽으로 꺾고, 권안(拳眼)이 안으로 향하게 해서 가격한다. 도를 잡은 왼 손도 팔꿈치를 굽히고 손목을 꺾어서 오른 손목 위쪽에 권안(拳眼)이 안쪽을 향하게 해서 놓는다. 얼굴은 정동 방향이고, 눈은 수평으로 응시한다. **[동작 123]**

　동작 6 : 왼발을 안으로 90° 꺾고 몸을 우측으로 전환하고 중심을 좌측으로 이동 해서 왼 무릎을 굽혀 자세를 낮추면서 오른발을 당겨서 왼발 우측에 양발이 어깨 너비 간격으로 벌려 마보 자세로 몸을 정면으로 해서 선다. 양팔도 몸의 전환에 따 라 움직여서 위에서 밑으로 이동해서 고관절 좌우 양측에 오른팔은 우측 고관절 옆 에 놓는다. 도를 잡은 왼손은 도의 등면이 팔뚝에 밀착하고 도의 날은 바깥을 향하 게 해서 좌측 고관절 옆에 놓는다. 얼굴은 정남 방향이고 눈은 정면을 수평으로 응 시한다. **[동작 124, 125]**

❶요령❶

1. 이 초식은 벽도(劈刀) 이후의 동작으로 칠성과호식으로 수세를 취한다. 도를 바꿔 잡을 때는 자연스럽게 이어받으며, 권을 가격할 때는 권의 방향이 밑으로 쳐지지 않게 팔꿈치를 내리고 손목을 이완해서 권을 꺾고, 권안은 안쪽을 향하게 해서 동작해야 한다.

2. 수세 동작을 완결한 후, 마음을 편안하게 하고 잠시 정지한 상태를 유지하면서 조용히 서 있는다.

제5장

태극권 수련에
유용한 팁

1. 태극권이란?

1. 무술 유파 중 하나: 태극권은 다양한 중국 무술 중의 유파로서, 무(武)는 태극권의 중요특징이다. 중국 무술의 기원은 매우 길며, 전국전(戰國前) 시기부터 이미 발달된 기격술이 있었다. 고대 중국에서 무술은 실용성이 컸고, 무수한 전쟁과 밀접한 관계를 유지하면서 발전되어 왔다. 그러나 현대에 이르러 중국무술은 본래 일종의 기격술에서 건강한 신체를 단련하는 운동체계로 형성발전 했고, 태극권은 그중에서도 가장 대표적인 무술이다.

태극권은 무술 중에서 비교적 늦게 탄생되었지만, 그 덕분에 권리(拳理)를 더욱 체계적으로 발전시켰고, 기격(技擊)적 측면에서 기타 권법의 우수한 면을 적극적으로 흡수해서 심신건강과 자기방어, 즉 호신(護身)을 위한 독특한 수련 권가(拳架)를 창조했다.

태극권도 무술의 일종이기 때문에 동작, 수련법 및 의념상 반드시 기격과 공방(攻防)의미를 지녀야 한다. 왜냐하면 기격의식이 없으면 무(武)의 특징도 없게 되고, 태극권의 독특한 특징인 운미(韻味)도 잃게 되기 때문이다. 실제로 태극권의 많은 건신(健身) 효과도 무(武)의 기초 위에서 얻어지는 것이며, 그 같은 특성을 지녀야만 태극권의 효과도 더욱 증대될 것이다.

2. 일종의 건신(健身) 방법: 현대인들은 태극권 수련목적을 기격이 아닌 건신에 두고 있다. 태극권의 수련방식은 매우 느린 동작으로 진행하는데, 바로 여기에 태극권의 건신 효과의 비결이 있다. 마음을 고요히 하고 동작을 천천히 하는 과정에 평상시 발견할 수 없는 자신 신체상의 부족한 부분이나 문제점들을 알게 되고 조정을 할 수 있다. 그런 조정을 통해서 신체 내외의 건강효과를 얻게 되고 면역력도 현저히 증가하여 생명력이 강화된다.

3. 일종의 수양(修養): 태극권 수련은 일종의 훌륭한 수양이 된다. 마음이 혼란스러울 때 태극권 권가를 몇 차례 하고 나면 마음이 안정되게 된다. 공기유통이 잘되는 자연 환경에서의 태극권 수련은 신체의 기(氣)와 혈(血)의 유주(流注)가 순조롭게 조절되어 빠른 시간 안에 마음이 편해지고 안정되어 모든 잡념이 사라지게 된다. 태극권 수련을 장기간 지속한다는 것은 자신의 성격을 평화롭고 원만하게 형성해주는 일종의 수양이다.

4. 일종의 오락(娛樂): 태극권은 개인 또는 집체적으로 수련한다. 집체적인 수련 시 상호 동작을 보고 배우면서 기량을 향상한다. 그 과정에서 상호 친숙해지면서 개인적 외로움도 감소하고, 오락성은 증대된다. 태극권의 다양한 수련방식 중 태극 추수와 태극선은 특히 오락성이 풍부하다. 그 외에도 수련 중 중국전통음악 또는 서양음악 등을 사용하면 태극권 수련의 리듬감과 수련의 흥미가 배가된다. 태극권의 강유상제(剛柔相濟), 쾌만유치(快慢有致), 행운유수(行雲流水) 등 동작들은 예술적 표현성이 매우 풍부해서 예술적·관상적 가치가 크다.

5. 일종의 생활방식(生活方式): 대다수 태극권 수련자들은 수련 초기에는 건강개선 및 증진을 위해서 수련을 하지만, 수련이 장기화하면서 자연스럽게 일종의 생활방식이 된다. 즉 태극권의 수련원칙과 건강요인들을 생활 속에 융화시키고 습관화하면서 태극권은 자연스럽게 생활의 일부가 된다. 일상생활 중 부지불식간의 자연상태 중에서 그 유익함을 얻게 되는데, 이것이 바로 태극권 수련이 자각(自覺)에서 자연(自然)으로 발전되는 과정이다. 태극권의 생활방식은 일종의 방송(放鬆)의 방식으로, 불필요한 육체적·정신적·사회환경적 긴장을 수시로 해소하는 것이다. 그 결과 긴장을 해소하기 위해 수시로 의식적으로 하는 조절과 방송이 아닌 자동조절체계를 형성하게 된다. 그런 방송상태와 조절과정은 생활 속에서 자연적인 과정을 통해 실현되는 일종의 차원 높은 태극권 수련법이다.

2. 태극권의 대표적인 문파들은?

(1) 진식 태극권

진식 태극권은 중국 하남성(河南省) 온현(溫縣) 진가구(陳家溝)에서 발생했다. 진식 태극권은 현재 광범위하게 전래된 양식·오식·무식·손식 등 5대 문파 태극권의 근원이다. 진식 태극권의 창시자는 명말(明末) 권술가인 진왕정(陳王廷)이다. 진 씨 가족의 태극권에 대한 공헌은 매우 지대하며, 역대로 걸출한 권사(拳師)를 배출했는데, 그들이 바로 진장홍(陳長興)·진유본(陳有本)·진청평(陳清萍)·진흠(陳鑫)·진발과(陳發科) 등이다. 진흠은 태극권 이론상의 공헌이 뛰어났고, 진발과는 1920년대 초기 북경에서 대중에게 진식 태극권을 전수하면서 보급했다. 그에게 배운 사람 중 태극권 발전에 공헌한 제자들로는 풍지강(馮志强)·이경오(李經梧)·전수신(田秀臣)·홍균생(洪均生) 등이 있다. 현재 진식 태극권을 보급하는 대표적인 인물은 진정뢰(陳正雷)·진소왕(陳小旺)·진병(陳炳) 등이 있다.

진식 태극권은 강유상제(剛柔相濟)를 중시하고 권가의 속도는 때론 빠르게 때론 느리게 동작하면서 완전히 균일하지 않지만, 일정한 리듬을 지닌다. 축경(畜勁) 시에는 동작을 느리게 하며, 발경(發勁) 시에는 매우 빠르게 취한다. 진식 태극권의 권법 특징은 한마디로 모든 초식 동작 중에 전사경(纏絲勁)을 운용하는 데 있다.

(2) 양식 태극권

양식 태극권은 태극권 문파 중 현재 전 세계에 광범위하게 보급되고 가장 많은 수련자를 보유한 문파이다. 그 과정에서 1950년 중국 체육부에서 양식 태극권의 동작들을 중심으로 해서 편찬한 24식 간화태극권은 국내외 태극권 보급에 결정적 역할을 담당했다. 양식 태극권은 중국 하북성(河北省) 영년현(永年縣)사람인 양노선(楊露禪)이 창시했으며, 그 후 후인들이 더욱 발전시켜 체계화했다. 양 씨 가족에서도 걸출한 권사(拳師)들이 나타났는데 대표적인 인물은 양반후(楊班侯)·양건후(楊健侯)·양징보(楊澄甫)

등이며, 그중 양징보는 중국 전역에 태극권을 보급한 대표적 인물이다. 양징보의 아들인 양진명(楊振銘)·양진기(楊振基)·양진탁(楊振鐸)·양진국(楊振國) 등은 당대 태극권 명인들이다. 그 외에 양식 태극권 보급과 발전에 기여한 걸출한 권사들은 이아헌(李雅軒)·부종문(傅鍾文)·최의사(崔毅士)·동영걸(董英杰)·우춘명(牛春明)·조빈(趙斌)·정만청(鄭曼青) 등이 있다. 양식 태극권은 진식 태극권으로부터 발생되었지만 태극권 발전과정 중 하나의 혁명이라 볼 수 있다. 그 풍격(風格)에서 큰 변화가 있고, 동작도 더욱 부드럽게 변형시켜 사람들이 수련하기 쉽게 했다. 또한 권가(拳架)가 매우 크고 편하며 속도도 균일하게 진행되고 신법(身法)도 중정(中正)을 중시하면서 투로 동작들이 멈춤이 없이 매우 유창(流暢)하다.

(3) 오식 태극권

오식(吳式) 태극권은 청대 무술가 오전우(吳全佑)가 자신이 수련한 양식 태극권 소가(小架) 권가(拳架)의 기초에서 변형발전 시킨 후, 아들인 오감천(吳鑒泉)에 의해서 완성되었다. 오식 태극권은 상해·북경 등 대도시에서 유행했으며, 특별히 많은 지식인들이 즐겨 수련해서 문기(文氣)를 지닌다. 오식 태극권의 풍격은 공가(功架)가 비교적 치밀하게 잘 짜였고 동작의 연관성이 높고 세밀하다. 오식 태극권의 보급과 발전과정에서 왕무재(王茂齋)·양우정(楊禹廷)·서치일(徐致一) 등은 많은 제자를 양성하는 등 공헌이 컸다.

(4) 무식 태극권

무식(武式) 태극권은 청대 무술가 무하청(武河淸)이 조보(趙堡) 태극권의 수련기초 위에서 변형 발전시켰다. 무하청의 자(字)는 우양(禹襄)이기 때문에 무술계에서는 일반적으로 무양(武禹襄)으로 칭한다. 무우양의 외조카 이역여(李亦畬)는 태극권 이론과 실천에 깊은 조예가 있어서 무식 태극권 발전에 공헌이 매우 컸다. 무식 태극권의 풍격은 동작이 작고 민첩하고 보법의 허실분명을 명쾌히 하면서 외형상으로는 자세가 단정하고 편안하지만, 내부적인 움직임에 중시해서 내공(內功)으로써 동작 변화를 이끌어낸다. 무이양의 저서 중『십삼세행공가해(十三勢行功歌解)』·『사자비결(四字秘訣)』및 이여회의 저작인『오자결(五字訣)』,『주가타수행공요언(走架打手行功要言)』등은 전통 태극권론 중 대표적인 저서로서 높은 평가를 받고 있다.

(5) 손식 태극권

손식(孫式) 태극권은 하북성 완현(完縣)의 무술 명인 손록당(孫祿堂)이 창안한 권법이어서 손식 태극권으로 불린다. 손록당은 문무를 겸비한 일대종사로서 형의권(形意拳)·태극권·팔괘장(八卦掌)에 정통하고 3자를 융회관통했다. 그의 아들인 손존주(孫存周)와 딸인 손검운(孫劍雲) 등도 유명한 권술가로서 손식 태극권과 형의권의 발전에 공헌이 컸다. 손식 태극권의 기본특징은 손의 개합(開合)과 발의 진퇴(進退) 동작들이 매우 분명하다. 즉 매번 좌우로 전신(轉身) 동작 시 반드시 개합을 하고, 발을 앞으로 내디딜 때 동시에 뒷발을 끌어당긴다. 손식 태극권에는 도약 동작이 없고 수련 중 편안하고 바른 자세를 유지하며, 동작과 호흡이 배합이 매우 분명하게 조화되고, 권세(拳勢)의 흐름이 매끄러워서 마치 행운유수(行雲流水) 같고 면면불단(綿綿不斷)하다.

3. 전통태극권과 현대태극권의 차이는?

(1) 외형적 차이

현대태극권은 동작의 연관성·미관성·표현성을 중시하고, 전통태극권은 미관성은 부족하지만, 전신(全身) 206개 관절 간의 협조운동, 즉 절절관관(節節貫串)을 중시한다.

(2) 운동 방법의 차이

현대태극권은 척주(脊柱)운동보다 사지(四肢) 운동 위주의 신체 단련을 중시하고, 전통태극권은 척추, 즉 구간골(軀干骨) 운동을 중시한다.

(3) 단련 효과의 차이

전통태극권은 척추를 상하좌우로 부드럽게 동작하는 용동(蛹動) 운동을 중시하기 때문에 신체 단련 효과가 현대 태극권보다 10배 이상 크다.

(4) 무술적 공력의 차이

현대태극권 역시 초식마다 공방, 즉 기격의 의미를 지니고 있지만 척주의 운동을 중시하지 않기 때문에 무술적 공력이 전통태극권보다 현저히 떨어진다. 반면에 전통태극권은 척주의 용동과 절첩(折疊), 허리의 선전(旋轉), 복부의 함토(含吐), 허리 및 흉부의 개합(開合)을 통한 정체성(整體性)을 중시하므로 강력한 기격 공력을 발휘할 수 있다.

결론적으로, 사지 운동 위주로 동작하는 현대태극권은 일정한 건신(健身) 효과와 질병 예방 및 치료 효과가 있지만, 전통태극권은 그같은 효과 외에도 형체(形體:척주와 관절운동)·기식(氣息:오장육부 내장기능운동)·의념(意念: 정서 안정, 의식 집중) 3자를 중시하여 몸과 마음의 평형(平衡)을 통한 양생지도(養生之道)를 추구한다.

4. 태극권이 인체에 미치는 효과는?

(1) 신경 계통에 대한 영향

태극권 수련이 신경 계통에 미치는 단련 효과는 매우 뛰어나다. 연구 결과에서 나타나듯이 인체 대뇌의 에너지 소모량은 인체에너지 전 소모량의 1/6 내지 1/8 정도이다. 대뇌가 자주 긴장 상태에 있으면 인체에너지 소모량도 늘어나서 두뇌의 피로뿐 아니라 신체적 피로로 증대된다. 그 결과 교감 신경과 부교감 신경계의 부조화를 일으켜서 대뇌피질의 혼란과 각종 질병을 유발한다. 태극권 수련을 통한 입정(入靜) 상태를 지속케 되면 악성 홍분 상태에서 양성 홍분 상태로 전환되어 대뇌피질이 안정과 휴식을 취한다. 실제로 많은 태극권 수련자들은 매우 피곤하던 심신 상태에서 태극권 투로를 하고 난 후 오히려 대뇌가 맑아지고 편안해짐을 경험했다. 왜냐하면 태극권 수련 시 잡념을 제거하고 의념에 집중해서 입정을 이루어서 신체 각부 기관 계통 기능의 변화와 조화를 이루게 되면서 동작을 진행하는 과정 중에 신경 계통으로 하여금 자아 의식으로 제어된 능력을 향상한다. 그 결과 대뇌피질은 일종의 보호성 억제 상태로 전환되어 긴장된 정신 상태와 신경들이 이완되고 휴식을 취한다. 태극권 수련은 의수단전(意守丹田)과 이정제동(以靜制動)으로써 자아 의념의 제어 능력을 증가하고, 신경 계통의 인체에 대한 양호한 제어력을 증가한다. 또한 홍분과 억제 과정의 조절을 통해서 신체와 정신 질병에 대해 예방과 치료의 작용이 있다. 그밖에 태극권 수련은 즐겁고 재미있는 운동이므로 수련을 지속하는 과정에서 일종의 유쾌한 기분이 생기고, 몸과 마음도 편해짐을 느끼게 된다, 그 같은 즐거운 정서는 신경 계통에도 매우 유익한 작용을 일으킨다.

(2) 심혈관 계통에 대한 영향

태극권 수련을 지속하면 마음이 안정을 이루게 되고 심근 조직을 충분히 휴식시켜서 심근 수축 기능이 강화되고 혈액의 공급도 증가되어 심장 기능을 향상시킨다.

태극권의 원활하고 자연스러운 개합굴신(開合曲伸) 동작은 전신의 근육을 주기적으로 수축과 이완시켜 혈액의 흐름을 유창(流暢)하게 하고 정맥의 회류량도 증가하며 혈액 순환을 가속해, 심장의 기능을 향상한다. 또한 태극권 수련은 모세혈관의 기능을 증대시키고 신진대사를 활발하게 해서 조직 내의 산소 이용을 촉진하고, 크레아틴의 축적을 줄이며, 피로도를 감소해 질병의 회복에 도움이 된다. 특히 만성관상동맥질환·고지혈증·동맥경화증에 효과적인 예방 및 치료 작용이 있다. 태극권의 동작은 호흡과 조화를 이루면서 진행되는데 특히 복식 호흡으로 인한 횡경막의 오르고 내림은 가슴과 복부에 대한 압력을 가했다 풀면서 복부압력도 따라서 커지고 약해진다. 복식호흡으로 인한 횡격막운동은 가슴과 복부 내의 동맥과 정맥의 원활한 혈액공급을 촉진하고, 혈액순환에 유리한 작용을 하며 오장육부에 충분한 혈액영양을 준다. 태극권의 깊고 가늘고 길며 균일한 자연호흡을 통해 기침 단전을 이루게 되면 혈액과 임파(淋巴)의 순환을 더욱 가속화하고, 심근조직의 영양을 증대시켜 각종 심장질환 및 동맥경화를 예방할 수 있다. 결론적으로 태극권 수련은 전신 혈관의 탄성을 증대하고 혈관 신경 계통의 기능을 강화해주므로 장기수련을 통해서 고혈압과 혈관경색 등 질병의 예방 및 치료 효과가 매우 크다.

(3) 내분비 계통에 대한 영향

과도한 피로 및 긴장 상태는 내분비계통 기능 저하 및 질병을 유발한다. 태극권 수련은 인체의 자율 신경 계통의 안정시키고 내분비 기능을 증대하며, 면역계통 기능도 향상한다. 여성 수련자 중 태극권 수련 후에 얼굴 기색이 좋아지고 반점도 감소되는 등의 효과가 나타나는데 이는 내분비 기능이 호전되었음을 보여주는 것이다. 그리고 남성 고령 수련자들도 태극권 수련을 통해서 전립선 및 성기능 향상 등의 효과가 현저하게 나타나고 있다. 태극권은 단전의 전후좌우 운동 작용을 매우 중시해서 의수단전(意守丹田), 단전내전(丹田內轉) 등 공법은 내분비 계통 기능 강화에 효과적인 수련이다. 내분비 계통은 주로 복부 및 단전 주위에 집중되었으며, 태극권 수련 요령인 의념과 내기(內氣)의 운행(運行) 역시 인체의 내분비 기능 개선에 매우 효과적이다.

(4) 경락 계통에 대한 영향

경락은 기혈(氣血)의 운행 통로로서, 인체의 건강은 경락 소통 여부와 밀접한 관계가 있다. 태극권 수련은 의념과 기(氣)가 사지말단까지 미치고, 팔과 다리의 삼음경(三陰經)·삼양경(三陽經)이 전신에 관통하므로, 태극권 매 초식 동작은 모두 경락계통에 대한 단련이 된다. 태극권의 모든 동작들은 경락의 도인(導引) 동작이므로, 태극권 권가를 한번 수련함은 전신(全身)경락에 대해 한 번의 도인을 행함과 동일하다. 미려중정(尾閭中正)·허령정경(虛領頂勁)은 임맥(任脈)·독맥(督脈)의 기의 운행에 유리하다. 그처럼 태극권 동작을 진행함은 내기(內氣)가 임·독맥을 통해서 부단히 운행됨을 말한다. 특히 기침단전에서 단전은 기해(氣海)가 있는 곳이며, 임·독맥이 교차하고 모이는 혈위이기 때문에 수련 중 단전을 중시하는 것은 경락을 소통하고 강화하는 수련이기도 하다. 실제로 상당 기간 태극권 수련을 통해 일정한 수준에 도달케 되면 신체에서 미세한 감각들, 예를 들어 복부에 따뜻한 열감·신체 사지말단 부위의 팽창감·마비감 등이 느껴진다. 이 같은 현상은 한의학의 침구(鍼灸)로 인한 느낌과 유사하며, 바로 경락과 혈위(血位)가 도인(導引)되고 소통된 결과이다.

5. 태극권 수련은 왜 느리게 하나?

태극권 수련은 비교적 느린 속도로 동작하기 때문에 1, 2시간 수련하더라도 숨이 차지 않고 호흡이 거칠어지지 않는다. 그 이유는 태극권이 인체에 산소를 충분히 공급해주고 남녀노소 모든 연령계층에 적합한 중강도의 유산소 운동이기 때문이다. 느린 동작의 태극권 수련을 꾸준히 지속하면 하체의 근지구력이 증대되고, 사지말단까지 경락소통이 원활하게 되어 신체의 신진대사가 활발해진다. 그 결과 허약체질이 현저하게 개선되며, 관절염·고혈압·호흡기 질환 및 스트레스 등 만성병이 현저히 호전되고 건강이 증진된다. 그러나 태극권 수련은 무조건 느릴수록 좋은 것은 아니며, 느린 동작도 적정수준을 유지해야 한다. 인체에 흐르는 기(氣)는 낮에 25회, 밤에 25회 하루에 총 50회전을 하고, 이를 24시간으로 나누면 기가 전신(全身)경락을 1회전 순환하는 데 걸리는 시간은 28분 정도(정확하게는 28분 40초)이다. 그러므로 차원 높은 기운동인 태극권의 권가(拳架)를 1회 수련하는 시간은 30분 내외가 적절하다.

그러나 태극권 수련 시 느리게 함이 목적이 되어선 안 되고, 반드시 느림 동작과 빠른 동작을 상호보완적으로 해야 한다. 즉 끊어짐이 없는 동작과 산만하지 않은 빠른 동작을 병행해야 하고, 외형보다는 내면의 미세한 움직임에 중시해서 의(意)·기(氣)·신(神)·형(形)을 조화하고 통일시켜야 한다. 태극권 수련의 느린 동작의 장점으로는 1) 충분히 방송이 이루어진 심정체송(心靜體鬆)의 상태, 즉 입정(入靜)을 이루기가 용이하다. 2) 호흡을 균일하고 깊고 길게 할 수 있다. 3) 사지말단의 미세한 동작들에 더욱 집중할 수 있다. 4) 상하상수(上下相隨)와 허실분명(虛實分明)을 더 잘 느끼고 내외합일(內外合一)도 보다 용이하게 이룰 수 있다.

6. 내외상합(內外相合)이란?

태극권 수련의 가장 중요한 점은 신체 내면적인 수련이다. 태극권은 외형적 동작으로 신체 내부의 동작을 이끌어내어 수련 효과를 심화시킨다. 권가동작을 진행하면서 신체 내부의 감각에 주의해서 수련하고, 높은 단계에 이르게 되면 외형적 동작의 감각은 없어지고 내부적 움직임만을 느끼게 된다.

태극권 수련시 내3합과 외3합을 중시하는데, 내3합은 심(心)과 의(意)의 합·의(意)와 기(氣)의 합·기(氣)와 력(力)의 합이고, 외3합은 어깨와 고관절의 일치·팔꿈치와 무릎의 일치·손과 발의 일치를 말한다. 수련 시 외3합과 내3합은 상호교차되고 융합함으로써 비로소 내외상합이 이루어진다.

7. 태극권 수련 시의 호흡은?

호흡은 태극권 수련에서 중요한 부분으로서, 무술가마다 각기 다른 견해가 있다. 즉 어떤 수련가는 기침단전(氣沉丹田)을 주장하고, 어떤 수련가는 복식호흡을 주장하지만, 자연호흡이 가장 원만한 호흡방법이다.

자연호흡이란 호흡과 권가(拳架)를 지나치게 중시하지 않고, 바른 권가 자세에서 자연스럽고 편안한 호흡을 하는 것으로, 동작 중에 호흡이 느끼기에 편안하다면, 올바른 호흡인 것이다. 장기적으로 수련하는 과정에서 호흡은 자연스럽게 동작과 조화가 되는데, 그 결과 동작으로 호흡을 조절하게 된다. 자연호흡방법은 동작이 정확해야 하고 권리(拳理)에 부합해야 하므로 동작에 대한 요구가 비교적 높다.

그 밖에 권세(拳勢)호흡이란 의식적으로 호흡과 동작을 결합시키는 것으로, 즉 수련과정 중 호흡을 태극권의 외형적 동작 및 그 변화와 결합하는 것이다. 실제로 호흡의 장단(長短)은 동작의 과정과 연관이 있고, 호흡의 들이쉼과 내쉼도 동작의 개합(開合), 곡신(曲伸)과 맞물려 있다. 일반적으로 동작을 바깥으로 할 때는 내쉬고, 동작을 안쪽으로 할 때는 들이쉬며, 동작을 밑으로 내릴 때는 내쉬고, 위로 향할 때는 들이쉰다. 그리고 발경(發勁) 시에는 내쉬고, 축경(畜勁) 시에는 들이쉰다. 결론적으로 자연호흡이나 권세호흡을 막론하고 호흡의 기본요령은 세(細)·균(均)·심(深)·장(長), 즉 가늘고·균일하고·깊고·길어야 한다.

8. 태극권 수련 시 자주 나타나는 착오는?

태극권 수련 시 쉽게 범하는 착오들은 아래와 같다.

(1) 단시간에 많은 권가를 읽히려고 서둘러서 동작이 부정확하고 그 경력(勁力)도 충분하지 못하며, 수련 효과도 적다.

(2) 수련 시 마음을 안정하지 못해서 기(氣)가 순조롭게 운행되지 못하고 정체(停滯)된다. 비록 30분 정도의 짧은 시간일지라도 일체의 잡념을 제거하고 전심으로 수련해야 한다.

(3) 권가 초식 하나하나의 동작은 정확한 편이지만, 초식과 초식 간의 연결성이 매끄럽지 못해, 그 결과 전체적인 흐름과 정체감(整體感)이 부족하다.

(4) 동작의 유연성이 부족하고 너무 경직된 자세가 나타난다. 유연성을 배양하는 방법으로 먼저, 하나 또는 두 개가 초식에 대한 반복수련을 통해서 연결성과 감각을 찾은 후 다시 기타 초식 동작들을 수련해야 한다.

(5) 동작이 지나치게 부드러워서, 무기력하게 보인다. 태극권은 무술의 한 종류이므로 동작에서 유중우강(柔中寓剛), 즉 부드러움 중에 강함을 표현해야 한다.

(6) 동작이 모호하고 불분명한데, 이는 수련자가 권법 요령을 정확히 인지하지 못해서이다. 권가를 수련할 때는 수법·안법·신법·권법·보법 등이 모두 분명해야 한다. 처음 태극권을 수련하는 경우 비록 동작이 뻣뻣하더라도 정확한 자세를 취해야 한다.

9. 태극권의 내공(內功)이란 무엇인가?

태극권의 내공은 인체 생명의 내재 요인에 대한 단련 방식이다. 태극권 투로의 각 초식에 대한 요령은 모두 내(內)의 요인을 강조하는 내공권(內功拳)이다. 만약 태극권이 외형만을 중시한다면 그것은 태극체조이다. 태극권의 내공은 아래 몇 가지 수련방법을 통해서 구할 수 있다.

(1) 참공(站功): 태극권 수련에 참장은 매우 중요하며, 내공 단련의 필수 과정이다. 참장의 목적은 양기(養氣)의 운용에 있다.

(2) 행기법(行氣法): 권가수련 중에 도인행기(導引行氣)와 이기운신(以氣運身)를 통해서 기가 전신(全身)에 활기 있게 소통케 한다.

(3) 토납법(吐納法): 권가수련 중 호흡과 동작을 조화·결합시킨다.

(4) 정좌법(靜坐法): 권가수련을 통해 심신을 수양하고 신체 내의 내기(內氣)에 주의하며 신체를 방송하고 마음을 고요히 한다. 정좌는 중국전통 내공 수련법 중 대표적인 수련방법이고, 형식은 간단하지만 매우 심오한 수련법이다.

결론적으로 태극권의 내공 수련의 핵심은 신체 내부를 수련하는 방법으로 권가를 행하는 것이다. 구체적으로 매 초식에서 신체 외형보다 내면을 중시해서 초식마다 의념을 운용해서 동작을 행해야 한다. 의념 활동에는 기격의 미가 뚜렷한 고정적인 것도 있고, 일종의 의경(意境)으로 모호하고 불확실한 것도 있다. 수련 시에 이 두 종류의 의념들을 모두 잘 이해하고 정확히 운용해야 한다.

10. 태극권의 수련 목적을 건신 또는 무술적 기격 능력 중 어느 쪽을 선택해야 하나?

　태극권은 무술의 한 종류이고, 기격은 무술의 본질이기 때문에 태극권 수련 시 기격의식을 지녀야 한다. 그렇지 않다면 태극권의 가장 근본적인 속성을 상실하게 될 것이다. 기왕에 무술이라면, 태극권의 동작·의식·권가의 체계 등 모두 기격의 관점에서 진행되어야 한다. 만약 기격이 없다면 태극권의 정수(精髓)를 충분히 표현할 수 없을 뿐 아니라, 건신 효과도 미미할 것이다. 그러므로 비록 건신을 위해 태극권을 수련하더라도 매 초식 동작을 할 때 반드시 무술적 기격 의식을 지니고 수련해야 한다. 만약 그렇지 않다면 태극권은 일반적인 건강 체조의 한 종류로 전락하고 말 것이다.

11. 태극권에서의 기(氣)수련은 어떻게 하는지?

무술 권언(拳諺) 중 '내련일구기, 외련근골피(內練一口氣,外練筋骨皮)'라는 말처럼 태극권 수련은 내면적으로 기를 수련하고, 외형적으로는 신체를 강건하게 수련한다. 태극권 의 기수련은 동련(動練)과 정련(靜練)으로 나눈다. 정련은 정좌·참장 등의 수련을 통해 정, 즉 고요한 신체 상태를 유지하면서 신체 내 기의 원활한 유주(流注)를 구하는 것이다. 동련은 권가를 행하면서 기 수련을 병행하는 것이다.

실제로 태극권의 권가는 내기(內氣)의 도인 방법으로 동작 중 개합굴신(開合屈伸)을 통해서 자연스럽게 기가 온몸에 흐르게 된다. 태극권 수련요령인 기침단전(氣沉丹田)· 의형상합(意形相合) 등은 바로 내기도인법이다. 때문에 운전주천(運轉周天) 같은 전통도 가 양생술 중의 운기법(運氣法)을 별도로 행할 필요는 없다. 초식마다 각기 지닌 내기 도인(內氣導引)의 작용을 이해하고 기감(氣感)의 변화를 주의 깊게 감지하면서 수련해야 한다. 실제로 수련 정도가 높아지면 매 초식 동작 중에 기감을 느낄 수 있게 된다.

12. 태극권의 정확한 기세(起勢) 자세는?

태극권 권가 중 기세는 태극권 수련의 기조(基調)로서 기세 자세를 정확하게 취하면 전 투로를 순조롭게 진행될 수 있고 수련 효과도 한층 증대된다. 정확한 기세의 방법은 먼저, 신체를 바르게, 즉 입신중정(立身中定)을 취하고, 상체와 하체 및 신체 내외부의 모든 부분이 적절하게 위치했는지를 확인해서 어느 부분이 부정확하거나 부자연스러우면 정확히 조절해야 한다. 처음 수련자는 바른 기세 자세를 만들기 위해 비록 시간이 걸리더라도 정확한 자세를 취해야 한다. 둘째, 기세 자세를 취할 때 신체는 방송하고, 마음은 고요히 하여 모든 잡념을 제거해서 즉 입정(入靜)을 이뤄야 다음 초식수련이 자연스럽게 진행된다. 그리고 기세 자세를 취한 후 호흡을 안정적으로 유지하고 기를 순조롭게 해서 기침단전(氣沉丹田)을 이루어 몸의 중심을 밑으로 내려가게 한다.

13. 태극권의 정확한 수세(收勢) 자세는?

일반적으로 태극권 기세 자세는 진지하게 열심히 취하지만, 수세 자세는 대충하려는 경향이 있는데 이는 매우 잘못된 수련 태도이다. 정확한 수세 자세를 위해서는 아래 몇 가지 부분에 주의해야 한다.

(1) 수세 동작은 서둘러서 끝내지 말고, 천천히 그리고 안정적으로 해야 한다.

(2) 의념상으로 전 투로를 바로 끝내려는 생각을 하지 말고, 동작과 호흡을 결합해 기가 단전에 모이도록 한다.

(3) 동작 완료 후 바로 움직이지 말고 몇 초간 정지 상태를 유지하여 신체와 마음이 편안함을 느끼게 해라.

(4) 수세 동작 끝난 후 손바닥으로 가볍게 전신을 때리기 또는 몇 걸음 걷는 등 간단한 정리운동을 해라.

14. 태극권 수련 시 용의불용력(用意不用力)은 어떻게 하는지?

태극권 수련 시 만약 조금의 힘도 사용치 않으면 동작이 너무 무기력해지며, 결과적으로 무술적 공력(功力) 및 건신 효과도 얻기 어렵다. 수련 시 중시하는 용의불용력(用意不用力)의 의미는 외형보다 내면을 중시하는 것이다. 실제로 태극권은 의식체조(意識體操)로서 수련 핵심은 용의(用意)에 있다. 태극권 수련 시 중시하는 용의불용력의 의미는 아래와 같다.

(1) 상대적으로 용력(用力)보다 용의(用意)를 더 중시한다. 용의는 핵심이고 주 요인이며, 용력은 보조적인 요인이다.

(2) 태극권 수련을 잘할 수 있는지는 동작 중에 용의를 여하히 조화시키고 결합하는가에 달려 있다.

(3) 힘이나 완력을 사용하지 말고, 신체 내외가 조화·결합하여서 발생한 내재적 힘인 경(勁)을 사용해라. 실제로 태극권의 힘은 내력(內力)이고 강유상제(剛柔相濟)의 힘이다.

용의불용력(用意不用力)의 방법은 먼저, 너무 의식에 집착하게 되면 신체적 움직임이 경직되고 기(氣)가 정체된다. 그러므로 유의(有意)와 무의(無意)의 중간의 마음으로 의식을 운용하면 된다. 둘째, 용의의 관건은 자연스러움이다. 인간의 행동은 의식의 지배를 받는데, 태극권은 그런 의식을 강화하고 장기간 지속하는 과정에서 습관적으로 본능화된 자연스러운 의식행위로 만든다.

태극권의 용의불용력의 중시는 권론 중, '신위주수(神爲主帥), 신위구사(身爲驅使)'·'의기군래골육신(意氣君來骨肉臣)'·'선재심, 후재신(先在心, 後在身)'·'이심행기, 이기운신(以心行氣, 以氣運身)' 등의 표현에서 잘 나타나고 있다.

15. 태극권 수련 시 관절 통증은 어떻게 해결하나?

태극권은 양호한 건신 효과가 있고, 정확한 요령에 따른 수련을 한다면 관절 통증 등 신체적 손상이 발생하지 않는다. 그러나 적지 않은 태극권 수련자들이 수련 과정에서 관절 부위의 통증을 느끼고 있는 실정이다. 무릎 통증이 발생하는 원인은 크게 3가지, 즉 (1) 준비 운동의 불충분 (2) 동작 요령의 부정확 (3) 과다한 운동량 등이다. 태극권은 비교적 부드럽고 천천히 하는 운동이지만, 중강도 이상의 운동량을 요구하기 때문에 충분한 준비 운동을 통해 신체적 손상을 피해야 한다. 그리고 운동 후에도 반드시 가벼운 정리 운동을 해야 한다. 태극권의 모든 동작들은 관절과 연관이 있으므로, 굴신 전환 등의 동작에서 관절에 무리가 없도록 정확한 요령에 따른 동작을 해야 한다. 합리적인 운동량은 체계적인 신체단련에 중요한 요인이다. 만약 운동량이 지나치게 많으면 신체에 부담과 부작용을 일으키게 된다. 권언 중: '권타천편, 신법자현(拳打千遍, 身法自現)'이란 말을 맹목적으로 믿어서 지나치게 운동 횟수만을 중시하지 말고, 자신의 건강상태와 일상업무를 고려해서 어떤 날은 좀 더 많이, 어떤 날은 좀 적게 적절한 수련을 하면 된다. 또한 권가를 처음부터 끝까지 수회를 수련할 수도, 권가의 몇 초식들을 또는 한 초식을 분리해서 수련해도 된다. 그처럼 일상생활과 건강상태를 고려한 융통성 있는 수련은 무술적 공력을 향상하는 좋은 수련 방법일 뿐 아니라 관절에 무리를 주지 않아 신체적 손상도 발생하지 않게 될 것이다. 때문에 정확한 동작 요령에 따라 수련한다면 하체 근력 강화에도 매우 현저한 효과가 있을 뿐 아니라, 무릎 통증 같은 현상이 발생하지 않는다.

16. 태극권의 공력(功力)은 어떻게 평가하나?

태극권 공력의 고저는 아래 조건에 부합되는지 여부로 판단할 수 있다.

(1) 자세가 단정하고 자연스러워야 한다. 초식 동작들은 매끄럽게 하지만 동작이 좌우로 기우뚱거리거나 경직되어 있으면 높은 수준의 공력으로 볼 수 없다.

(2) 동작이 유창하고 순조로워야 한다. 권가의 처음 초식에서 끝 초식까지 중간에 막힘이 없이 경(勁)으로써 연결되고 전체 투로를 하나의 기(氣) 운동으로 진행해야 한다.

(3) 기세(氣勢)가 충만해야 한다. 비록 동작은 천천히 하지만 의념을 안으로 모으고 신체 내외가 결합되고, 동작에서 신(神)·기(氣)·의(意)가 표출되어야 한다.

(4) 기격(技擊) 의식이 분명해야 한다. 수련 동작은 매끄럽지만 동작들의 의미가 불분명하고 공격과 방어의 개념이 없으면, 일종이 태극체조로 변질하게 된다.

17. 태극권 수련에서 허리의 작용은?

　권언 중의 '팔괘보, 태극요(八卦步,太極腰)'·'각각유심재요간(刻刻留心在腰間)'·'요위일신지주재(腰爲一身之主宰)'·'근어각, 발이퇴, 주재어요(根於脚, 發於腿, 主宰於腰)'·'연권불연요, 종생예불고(練拳不練腰, 終生藝不高)' 등의 말처럼, 허리를 원활하게 운용하는지의 여부는 태극권 수련에 관건적 요인이다. 태극권 수련 중 허리의 작용은 아래와 같다. (1) 행기(行氣): 허리는 상체와 하체를 관통하고 기침단전을 이루게 한다. (2) 운경(運勁): 발바닥에서 시작하여 허리가 주재(主宰)해서 사지(四肢)에 이른다. 양징보는 "허리를 방송하면 두 다리에 힘이 생겨 하체가 안정되고 허실 변화가 용이하게 되는데 이 모든 것은 허리의 원활한 움직임에서 생긴다."라고 말했다. (3) 평형(平衡): 허리는 중추로서 좌우의 중심 이동인 좌고우반(左顧右盼)과 몸의 전환과 상하운동인 선전기락(旋轉起落)의 자세의 안정적인 중심 이동에 영향을 미친다. 태극권 수련 시 허리 공력을 수련하지 않고 권법만 수련하면 평생 높은 경지의 무술 수준에 도달할 수 없다. 때문에 태극권의 고수들은 허리가 신체의 모든 운동을 주재(主宰)함을 강조했다. 태극권 수련의 관건은 허리의 힘, 즉 요경(腰勁)을 향상하는 것으로 볼 수 있다. 허리는 신체의 축으로 팔과 다리, 즉 사지(四肢)의 동작과 운동을 관장하고 있다. 허리가 부드럽고 원활하면 동작도 민첩해지고 힘의 발산 시 그 공력도 매우 커지게 한다. 한마디로 허리 공력은 신법(身法)을 발휘하는 관건이다. 또한 허리 부위에 대한 연공을 중시해서 수련을 지속하면, 고신(固腎)과 양정(養精)의 양생 효과도 얻게 된다.

18. 태극권의 양생(養生) 방법은?

태극권은 동(動)을 통해서 양(養)을 추구하는데, 양(養)은 내재적인 내양(內養)으로 소모적이지 않으며 에너지를 부단히 축적하는 것이다. 아래의 다양한 태극권 수련을 통해 양생을 얻을 수 있다.

(1) 내공수련: 참장 및 정좌수련을 통해서, 그리고 한 개 또는 몇 개 초식들에 대한 참장을 통해서 내기(內氣)를 증강할 수 있다.

(2) 만련(慢練): 태극권 수련은 천천히 동작해서 신체에 큰 부담이 없고, 체력적인 소모도 적다. 만약 운동량을 증가하려면 수련 시간과 회수를 증가하면 된다.

(3) 동정(動靜)결합: 완전한 정(靜) 또는 완전한 동(動)은 양생에 적절치 않기 때문에 태극권 수련은 동중구정(動中求靜)과 정중구동(靜中求動)을 병행하고, 동과 정의 조화와 균형을 통한 양생을 추구한다.

(4) 도인(導引): 동작과 호흡 토납(吐納)을 결합한 운동을 통해서 근육을 이완하고 혈류의 흐름을 활발하게 해서 전신(全身)의 경락을 소통시키고 에너지를 축적하는 적극적인 양생법이다.

한마디로 양생의 핵심은 내련(內練)에 있고, 그것은 신체 외형적인 졸력(拙力)에서 구하는 것이 아니고 신체 내부에서 구해야 한다. 즉 인체 생명 현상에 부합되는 운동 규율, 즉 도인술 및 태극권 수련을 통해 자신의 신체능력과 면역력을 증대시켜서 건강 장수함에 있다.

19. 태극권 수련에서 개합(開合)의 방법은?

　태극권은 외형상 2개의 특별한 특징이 있는데, 하나는 포물선 운동이고, 하나는 개합 운동이다. 동작상 개합 운동은 비교적 명쾌해서 이해하기 쉽다. 즉 바깥으로 벌리는 동작은 '개'이고, 안으로 향하는 동작은 '합'이다. 위를 향하는 동작은 '개', 아래로 내리는 동작은 '합'이다. 일개일합(一開一合) 동작 중에 기식(氣息)의 상하유통을 주의해서 느끼게 되면 바로 내련(內練)의 효과를 얻게 된다. 그 밖에 경력(勁力)의 관점에서 볼 때 태극권의 기격요령 중 인진낙공(引進落空)의 인(引)은 문을 열어 적을 끌어들이는 의미로 '개'이고, 들어온 적을 전신(全身)의 경력, 즉 정경(整勁)으로 내밀치는 것은 '합'이다. 개합의 중요성에 착안해서 무술가 손록당(孫祿堂)은 개합을 태극권의 핵심 수련 방법으로 하는 손식(孫式)태극권을 창안했다.

20. 태극권 수련에 적절한 시간과 장소는?

태극권의 수련 시간은 하루 중 자신에게 적당한 시간이면 된다. 1) 바로 자신의 여유시간을 이용해서 수련하면 된다. 2) 마음이 편하고 여유 있을 때 수련하고, 비록 시간이 여유 있지만 고민이 많고 마음이 복잡할 때는 수련 효과가 적다. 결론적으로 태극권 수련은 하루 중 어느 시간에 해도 무방하지만, 계획을 세워 일정한 시간을 정해서 수련하면 가장 좋다. 일반적으로 수련 시간은 매일 아침 시간이 비교적 좋지만, 너무 이른 새벽 시간은 피하는 게 좋다.

타 운동에 비해 태극권은 공간이나 시간 제약 없이도 할 수 있는 장점이 있다. 즉 집안 응접실 또는 사무실 같은 실내의 작은 공간에서도 몇 초식씩 수련할 수 있고, 단지 실내 공기의 유통이 잘되면 된다. 만약 시간과 조건이 허락할 경우 나무가 많은 조용한 야외 환경에서 수련하면 그 수련 효과는 더 크다. 야외 수련 장소를 선택 시 바람이 많이 부는 곳이거나 시끄러운 곳은 피하는 것이 좋으며, 천둥과 비바람이 불 때는 수련하지 않아야 한다.

21. 피곤한 상태에서의 태극권 수련 효과는?

태극권 수련은 피로를 해소하는 작용이 있으며, 수련 후 오히려 정신이 맑아지고 체력도 회복된다. 그러나 신체적으로 매우 피곤한 상태에서는 태극권 수련을 하지 않는 것이 좋다. 실제로 피곤할 때는 신체적 기능이 저하되어 있기 때문에 신체적 방송보다는 긴장을 하게 되고 정확한 동작을 취하기 어렵고 오히려 잘못된 동작들을 하기 쉽다. 또한 체력 소모가 커지고 정신을 집중하기 어려워 입정(入靜)을 할 수 없어 이심행기(以心行氣)나 이의행권(以意行拳)이 안 되고, 설사 수련하더라도 체조 정도의 운동이 될 뿐, 양호한 수련 효과를 얻을 수 없다. 그러므로 일상이 바쁘고 매우 피곤할 때 무리하게 기계적인 수련을 지속하면 무술 공력 및 건신 효과에 모두 역효과를 낼 수 있다.

22. 허령정경(虛領頂勁)의 바른 자세는?

　태극권 수련 시 기(氣)가 순조로워야 하고 순조롭지 못하면 기가 정체된다. 순조로움이란 기가 상하로 관통되어 머리 위 백회혈(百會穴)을 약간 위로 들어올리는 느낌으로 해서 기혈이 위로 올라가야 한다. 그처럼 머리 위는 허령(虛領)을 유지하여 기가 발바닥 밑으로 내려가도록 기혈의 흐름을 조화시켜서 상체와 하체 간에 기가 관통해야 한다. 복부 부위는 기침 단전을 해서 상체와 하체를 각각 위로 끌어올리고 밑으로 당기면서 동시에 중간 부위인 복부는 가볍게 방송을 함으로써 허리와 고관절도 자연스럽게 침잠되게 해서 단전에 기감이 충실토록 한다. 정확한 허령정경을 취하면 신체의 상·중·하 3부위를 조화·결합한 상태를 유지해서 자세가 전후좌우로 기울거나 흔들거리지 않고 허실 분명하며 경력(勁力)의 운용도 자연스럽게 할 수 있다.

23. 태극권의 신명(神明)의 경지는?

왕종악(王宗岳)의 「태극권론(太極拳論)」 중: '유착숙이점오동경, 유동경이계급신명. 연비용력지구, 불능확연관통언(由着熟而漸悟懂勁,由懂勁而階及神明.然非用力之久,不能豁然貫通焉)'이란 말로 잘 표현되고 있다. 실제로 신명(神明)은 자연스럽게 규율에 부합된 상태이다. 여하히 신명의 경지에 도달할 수 있는가? 우선 착(着)법을 안 후에 반복적으로 수련하는 과정에서 점차 기술이 숙달된다. 처음에는 먼저 권가를 익히면서 외형 동작 위주로 수련하다가, 정확한 동작을 할 수 있은 후, 점차적으로 신체 내의 내경(內勁)을 추구하는데 이것이 바로 점오(漸悟)로서 결코 서둘러서는 안 된다. 태극권 수련 초기에 초식 동작을 할 때 일상적인 체력활동과 별로 다르지 않지만, 태극권의 내경을 접한 후에는 사뭇 다른 느낌을 받게 되면서, 비로소 태극권 수련의 본 궤도에 진입하게 된다. 태극권의 경은 다양해서 하나씩 체험해야 한다. 경(勁)을 장악하고 자유롭게 운경(運勁)을 할 수 있게 되면 태극권 권가 진행 시 동작의 정확 여부는 자연스럽게 느껴진다. 즉 태극권 경력(勁力) 기준에 부합되지 않은 동작들은 부정확한 것으로서 그처럼 자연스럽게 운경할 수 있는 수준이 바로 신명(神明)의 경지로서, 오랜 기간 부단히 노력하고 연구하며 수련하는 과정에서 어느 순간 내경을 확연히 느끼고 얻을 수 있게 된다.

24. 태극권 수련을 잘하기 위한 조건들은?

태극권 수련에는 특별한 조건이 필요하지는 않으며, 다양한 연령대와 신체 상황의 사람들이 모두 수련할 수 있다. 태극권을 보다 잘 수련하기 위해서는 몇 가지 조건을 갖춰야 한다. 1) 태극권에 대한 정확한 인식이 선행되야 한다. 태극권의 탁월한 건신 효과에 대한 확고한 믿음을 지녀야 하지만, 모든 병을 치료할 수 있는 만병통치약도 아님을 정확하게 이해해야 한다. 2) 꾸준히 수련을 지속해야 한다. 아무리 좋은 운동이라도 지속하지 못하면 그 효과를 기대할 수 없다. 3) 신체적 수련 이외에 두뇌를 사용해서 수련해야 한다. 태극권 수련 시 연구하는 자세로 하면 수련 흥미도 증가되고 권리(拳理)도 잘 이해할 수 있게 된다. 4) 상당수 수련자들은 욕심내서 다양한 권가들을 배우지만 어느 하나에도 정통하지 못하는 '구다이불구정(求多而不求精)'의 실정이다. 실제로 많은 권가를 수련하는 것은 한 투로에 집중수련해서 정통하는 것보다 못하고, 태극권의 공력 증진에도 도움이 되지 않는다.

25. 선구개전, 후구긴주(先求開展, 後求緊湊)란?

    태극권의 수련 과정은 지도자에 따라 다르지만, 일반적으로 '우선 동작을 크게 벌린 후에 다시 모음'이 기본적인 원칙이다. 구체적으로 설명하면 첫째, 자세를 크게 취하는 동작은 자세를 모으는 동작보다 비교적 쉽게 취할 수 있으며 실제로 큰 자세에서 작은 자세로 취하는 동작이 비교적 자연스럽다. 둘째, 자세를 크게 취하면 이완 방송이 되므로 수련자의 긴장감을 감소시키고 수련의 양호한 기초를 만들어 주며, 다시 자세를 모으면서 내외합일을 이룰 수 있게 된다. 셋째, 자세를 크게 하면 동작의 형상감을 보다 잘 느낄 수 있게 되어 수련자로 하여금 동작 요령을 쉽게 이해하게 해주고, 자세를 모을 때는 정신과 신체적 수련에 더욱 집중할 수 있게 된다.

26, 태극권 동작중 기격(技擊)과 용의(用意)의 결합은 어떻게 하는지?

　수련 시 태극권 각 초식의 손과 발 동작 기격의 의미와 용법을 이해해야 한다. 실제로 태극권의 지체(肢體) 동작과 기격 동작은 일치하기 때문에 기격 의미를 이해한 후에야 권가 동작 시 비교적 자세하고 정확한 기격 방법으로 용의가 가능하게 된다. 권언 중 '유인약무인, 무인약유인(有人若無人, 無人若有人)'이란 말이 있는데, 전자는 상대방과 대적 중 상대가 있지만 마치 없는 것처럼 전략상 상대를 무시하는 것이고, 후자는 권가 수련 시 상대방이 없지만 마치 있는 것처럼 상상하면서 기격 방법과 용의를 결합해서 동작하는 것이다. 평소 권가 수련 시 최대한 용의로써 동작을 이끌어내며, 기격 방법에 의해서 상대방이 있는 것처럼 상상하여 자세·경로(勁路) 및 손과 팔의 전이(轉移)와 변화를 진행하면서 정확한 자세와 동작을 취해야 한다. 만약 태극권의 동작에서 척(踢)·타(打)·솔(摔)·나(拿) 등 기격의 미를 생략한다면, 태극권은 권술(拳術)이 아니고, 단지 건강 체조일 뿐이다.

27. 태극권 참장(站樁)은 어떻게 수련하나?

참장(站樁)은 중국 무술만의 독특한 수련방법으로, 마치 참나무처럼 정지하고 움직임 없는 서 있는 자세의 수련을 통해서 신체를 이완방송하고 마음을 고요히 유지해서 내재적 기의 유주(流注)를 원활케 하여 내재적 힘, 즉 내공(內功)을 증강시키는 수련법이다. 만약 수련자가 비록 허리가 부드럽고 민첩하더라도, 참장 수련이 부족하면 발바닥이 땅에 견실히 착지할 수 없고 동작이 가볍고 상체가 들뜨게 되어, 기의 흐름이 상체로만 올라가게 되어 하체는 불안정해져서 상대방과 대적 시 쉽게 몸의 중심을 잃고 제압당하게 된다.

참장은 태극권 입문한 초보자는 물론 높은 수준의 수련자들도 지속적으로 수련해야 한다. 권언 중 '연권무장보,방옥무립장(練拳無樁步,房屋無立樁)', '백련불여일참(百練不如一站)'란 말처럼 대다수의 무술가들이 수련 과정에서 꾸준히 참장 수련을 해야 함을 강조하고 있다. 참장은 신체를 완전히 방송하고 하나의 포물선 형태의 자세로 취하며, 잡념을 제거한 입정(入靜) 무념을 유지하면서 일정 시간 동안 정지한 상태로 고요히 서 있는 수련법이다. 참장의 기본 원리는 가능한 한 외부의 불합리한 물리적 힘이나 정신적 장애 요인을 제거해서 정(靜)으로부터 동(動)을 이끌어내고, 신체 내 기혈의 유주(流注)를 순조롭게 촉진하는 것이다. 참장 수련은 태극권의 무술적 기격 능력을 향상시킬 뿐 아니라, 양생적 건신 효과도 매우 크다.

참장의 효과는 첫째, 마음이 안정되고 평화로운 상태를 유지하게 되며, 주위 환경에 대한 민감성도 향상되고, 집중력도 증대된다. 둘째, 다리의 근력을 강화해서 신체의 중심이 위로 향하는 부력(浮力)을 해소하고 중심이 밑으로 가라앉는 침력(沉力)을 발생하며, 전신의 기혈 유통을 원활하게 해준다. 참장 수련을 꾸준히 견지하는 과정에서 신체가 가볍고도 동시에 묵직해지는 경감(勁感)과 함께 고요하고 편안한 마음, 즉 몸과 마음이 내외일체를 이루는, 입정(入靜)의 상태를 느끼게 된다.

28. 내련정기신, 외련수안신(內練精氣神, 外練手眼身)

　무술의 내3합과 외3합을 합친 6합을 의미하는 말이다. 구체적으로 언급하면, 정·기·신은 내3합이고, 수·안·신은 외3합이다. 중의학에서는 정·기·신을 신체 3보(寶)로 여기고, 이 3자는 부단히 상호 전화(轉化) 하면서 인체의 신진대사를 촉진해서 그 결과 건강 장수를 누릴 수 있다고 인식하고 있다. 외3합은 손·눈·몸의 3자의 통일을 말하며, 실제로 무술의 모든 동작은 이들 외3합을 사용해서 완성된다. 그리고 수·안·신의 단련은 정·기·신 단련의 외부적인 형상이다. 결과적으로 6합은 외3합의 외양적 모습으로부터 내3합의 내재적 정신과 기감, 즉 신(神)으로 들어오는 것이며, 반대로 내3합의 내재적 정신과 기감은 반드시 외3합의 외형으로 표출되어야 한다. 때문에 내3합과 외3합 양자는 어느 한쪽에 치우침이 없이 균형감을 유지하면서 수련해야 한다.

29. 내외합일, 형신겸비(內外合一, 形神兼備)

신체의 내공과 외공의 관계와 협조를 의미하는 것이다. 형(形)은 수(手)·안(眼)·신(身)·법(法)·보(步) 등 신체 외부 각 부분의 동작, 즉 외형적 모습이다. 반면에 신(神)은 정(精)·신(神)·기(氣)·력(力)·공(功) 등 신체 내부의 정신·기질·의식의 표현 및 인체 내장기관의 단련을 중시하는 정신을 의미한다. 내와 외는 신(神)과 형(形)으로 양자는 상호 영향을 주고 상호 보완적인 혼연 일체이며, 불가분의 밀접한 관계이다.

30. 경단의불단(勁斷意不斷)이란?

태극권은 그 동작의 연속성·자연스러움·완전성을 중시하고 그 과정에서 내재적인 힘, 즉 경(勁)은 실제 단절되는 것이 아니다. 여기에서 경단(勁斷)이란 경이 마치 단절된다는 의미가 아니고, 외형적 형태는 중단된 것 같지만 내면적인 의도는 지속되고 있음을 의미한다. 왜냐하면 의(意)는 동작을 주재하고 그로부터 경(勁)이 발생하기 때문이다. 실제로 의지가 단절되지 않는 한 내재적 힘인 경도 단절되지 않는다. 권언 중, '이심행의, 이의도기, 이기운신(以心行意, 以意導氣, 以氣運身)'라는 말처럼 마음·의지·기는 내공의 3대 요소로서 3자는 상호유기적으로 소통하는 관계이다. 심, 즉 마음의 운용은 본질적인 힘을 발생하는 단계이고, 의지와 기 양자는 힘의 활용 및 수련단계이다. 태극권의 내공수련은 임의대로 하는 것이 아니고 심·의·기의 단계에 의한 체계적이고 점진적 과정으로 진행되어야 한다. 그처럼 태극권 수련은 마음 운용을 중시하고 마음을 활용해서 신체 각 부분의 동작과 상호조화와 협조를 이루게 되면 동작이 고도의 안정성과 이완성을 지니게 되고 그 결과 부드러움 중에 강함을 지닌 높은 수준의 내공을 쌓을 수 있게 된다. 인체의 건강은 몸과 마음의 안정과 조화에 영향을 받으므로 태극권 수련을 통한 양생의 기제로서 마음수련과 그 운용은 그 같은 목표달성을 위한 필수적인 조건이다.

31. 태극의 의미는?

『주역(周易)』, 「계사전(繫辭傳)」에 "역에 태극이 있으니 이것이 양의(兩儀)를 낳고, 양의는 사상(四象)을 낳으며, 사상은 팔괘(八卦)를 낳는다."고 말하는 것처럼, 태극을 우주의 생성과정의 시초로 보고 있다. 즉 태극은 우주만물의 부단한 생성변화를 가능케 하는 음양·동정의 상호작용을 내포하고 있는 근원적 통일체이다. 따라서 태극은 만물의 공상소재(共相所在)이며, 영항불변의 '일(一)'인 하나이다. 태극은 그 음양이 혼재된 상태로 음양 어느 쪽으로도 치우치지 않은 중립적 조화 상태에서 음양으로 분화하고 다시 만물로 분화한다.

음양의 대립적 성질을 겸비한 개체 사물은 모두 태극의 분화, 즉 태극의 생명 활동의 현현제(顯現體)들이다. 다시 말해 개체 사물의 생명 활동을 가능케 하는 원리로서의 태극이면서, 동시에 생명 활동을 전개하는 실체로서의 태극이다.

북송의 주돈이(周敦頤)가 『태극도설(太極圖說)』에서 "오행은 하나의 음양이요, 음양은 하나의 태극이니, 이기(二氣)가 감응하여 만물을 낳는다. 만물은 생겨나고 또 생겨나서 변화가 무궁하다."라고 태극에서 만물이 생겨나고 변화하는 과정을 설명함에서 태극의 의미가 잘 나타나고 있다. 청대 왕종악(王宗岳)도 「태극권론(太極拳論)」에서 "태극은 무극으로부터 나온 것으로 동과 정의 기운을 모두 지니고 있고, 음양의 모태이다."라고 설명했다.

32. 태극십삼세(太極十三勢)란?

왕종악(王宗岳)은 자신의 명저 「태극권론」 중에서 '태극권', '장권', '십삼세' 등의 개념을 정의하고, 아울러 팔괘(八卦), 오행(五行)과 십삼세를 상응하는 이치로 설명하고 있다. 구체적으로 설명하면, 십삼세는 붕(掤)·리(捋)·제(擠)·안(按)·채(採)·열(挒)·주(肘)·고(靠)·진(進)·퇴(退)·고(顧)·반(盼)·정(定)으로서 이것들은 태극권의 기본적인 13가지 동작 방식이다. 붕·리·제·안은 감(坎)·이(離)·진(震)·태(兌) 즉 사정방(四正方)이며, 채·열·주·고는 건(乾)·곤(坤)·간(艮)·손(巽)으로 사사각(四斜角)으로 이들 8가지는 팔괘이며, 진보(進步)·퇴보(退步)·좌고(左顧)·우반(右盼)·중정(中定)은 금·목·수·화·토, 즉 오행으로서 이들을 합치면 십삼세가 된다.

33. 정(精)·기(氣)·신(神)이란?

무언(武諺) 중에 '외련근골피, 내련정기신(外練筋骨皮, 內練精氣神)'라는 말처럼, 무술가들은 '정기신'을 인체 내의 삼보(三寶)이자 3자는 분리할 수 없는 정체(整體)로 인식했다. 간단히 말해, 정(精)은 인간의 가장 근본이 되는 물질로서 개체보존을 위한 생식활동에 관여한다. 기(氣)는 정보다 한 단계 높은 요소로서 신체의 생리를 담당한다. 신(神)은 인간의 감정과 심리 등 정신활동의 주체이다.

구체적으로 언급하면, 정(精)은 인체 내의 정(精)삼보(三寶)인 기(氣)·혈(血)·진액(津液) 등으로 인체를 구성하는 기본물질이며 또한 인체 내 각종 기능 활동의 물질적 기초이다. 중의학적 관점에서 정(精)은 크게 2가지로 분류된다. 하나는 기원적 관점에서 선천적 정과 후천적 정으로 나누고, 또 하나는 기능적 관점에서 장부(臟腑)와 폐부(肺腑)의 정과 생식(生殖)의 정으로 나눈다. 선천적 정은 신(腎)에 있고, 후천적 정은 비위(脾胃)에 있으며, 선천적 정은 후천적 정의 지속적인 보충과 양생을 받아 생장발육을 촉진할 뿐 아니라 후대를 번식하는 생식 작용을 한다. 실제로 연공은 연정(練精)으로 정력과 정기가 왕성하게 하는 것이며, 양생 역시 바로 양정(養精)·보정(保精)으로 정기를 축적하고 밖으로 배출하지 않아 신체를 더욱 건강하게 하는 것이다.

기(氣)는 인체를 구성하는 기본물질이고, 기의 운동변화로서 생명 현상과 생리 활동으로 해석할 수 있다. 기는 다양한 모습으로 표현되며, 가장 기본적인 기를 원기(元氣) 또는 진기(眞氣)라고 한다. 원기는 다시 신(腎) 중에 축적돼 있는 정기(精氣)와 폐로 흡입된 공기와 비위(脾胃)로 흡수된 음식으로부터 생성된 수곡정기(水穀精氣)로 나뉘고, 이 양자가 결합해서 사람의 원기가 된다. 그처럼 생성된 원기는 인체의 모든 부위까지 유통(流通)하면서 인체의 정상적인 생리 활동을 유지하게 한다. 그리고 연공(練功)을 통해서 기의 흐름을 더욱 통창하게 하고, 혈의 운행도 더욱 추동할 수 있다. 기의 작용은 인체의 정기신 삼보(三寶) 중에서 가장 분명하고 특징적이다. 주의할 만한 점은 정과 기는 모두 비위로부터 소화 흡수 되어 얻어지므로 수련자는 반드시 좋은 음식들을 섭취해야 한다. 즉 일상생활 중 자주 콩·버섯·양고기 등을 섭취해서 체력과 면역력을 증강하면 장수무병을 얻을 수 있다.

신(神)은 인체 생명 활동의 외재적 표현으로 병리·생리 현상이 인체 밖으로 나타나는 증상을 반영한다. 구체적으로 얼굴색·표정·눈빛·언어·신체 자세 및 정신 상태 등을 말한다. 실제로 중의학은 질병을 진단할 때 신기(神氣)의 성쇠에 대해 매우 중시해서, 인체는 정(精)이 축적되고 기(氣)가 충만하면 신(神)이 충족되어 정력이 왕성케 되고 신체가 강건해지며, 무병장수할 수 있게 된다고 인식했다. 여기에서 정은 기를 저장하고, 기는 정을 운화시키며, 정을 기를, 기는 신을 발생시킴에서 이들 모두가 상호보완 및 의존관계에 있음을 알 수 있다.

34. 태극권 투로와 추수(推手)의 관계는?

태극권 투로와 추수 양자는 상호보완적이다. 태극권 투로는 권가(拳架) 또는 주가(走架)로서 체(體), 즉 기초이고, 추수는 용(用), 즉 응용이다. 양자는 모두 태극권의 기격의의를 지니고 있지만, 투로는 개인이 하는 수련이고, 일정 정도 투로격식의 제한을 받는다. 추수는 2인의 대항성 수련으로 비록 태극권의 기격을 완전하게 발휘할 수 없지만 투로보다 실제적이고 상호변화가 크며, 태극산수(散手)를 수련하기 위한 전 단계로 볼 수 있다. 만약 태극권 투로만 할 수 있고, 추수를 할 수 없다면 태극권 기격능력이 현저히 감소될 것이고, 반대로 추수만 할 수 있고, 투로를 수련하지 않으면 마치 기초가 없는 빌딩처럼 태극권 공력이 불완전하게 된다. 때문에 태극권 투로수련을 통해서 건강 증진과 질병 예방 치료를 할 수 있고, 추수수련은 투로동작의 정확성을 점검하고 상대변화에 대응하는 임기응변 능력을 형성할 수 있다. 양자의 관계를 투로는 자신을 아는 공부(功夫)이고, 추수는 타인을 아는 공부라고 볼 수 있기 때문에, 투로수련 시는 앞에 아무도 없지만 마치 상대가 있는 것처럼 생각하고, 추수 수련 시는 앞에 상대가 있지만, 마치 아무도 없는 것처럼 여겨야 한다.

35. 태극권 추수와 산수(散手)는?

　태극추수는 태극권의 대련형식이다. 추수를 통해서 태극권 권가수련을 통해 얻는 바의 경력(勁力)을 실제 대항 중에서 운용하는 것이며, 태극권 기격 원리에 대한 이해를 심화시키고, 기격 능력을 효과적으로 강화할 수 있다. 태극추수의 수련방식은 2인이 도수(徒手)로 진행한다. 그 종류는 2인이 한 팔로 진행하는 단추수(單推手), 두 팔로 진행하는 쌍추수(雙推手), 두 발을 움직이지 않고 진행하는 정보(定步)추수, 추수 중 두발을 자유롭게 움직이면서 진행하는 활보(活步)추수 등이 있다.

　태극산수는 태극타수(打手)로도 불리며, 형식에 구애받지 않고 진행하는 종합기격 수련이다. 태극산수는 태극권의 초식·경력(勁力)·전술 등을 다양하게 운용해서 자유롭게 상대방과 교수(交手)하는 비교적 높은 수준의 태극권 수련 방식이다.

36. 추수의 4요(要)는?

1) 첨(沾, zhan): 위로 뽑아들어올리는 의미이며, 상대 힘에 순응하여 손을 들어올리는 마치 물에 적시지만, 물이 떨어지지 않음과 같은 교묘하고 민첩함을 의미함.

2) 점(粘, nian): 아교로 붙인 것 같은 의미로서, 상대방 힘이 경로(勁路)와 동작이 어떻게 변화함에 불구하고, 나의 손등을 아교로 붙인 것처럼 상대방에 붙인 상태로 쉬지 않고 움직이면서 상대방이 초식을 운용할 수 없게 하거나 운용하더라도 효과가 없도록 함.

3) 연(連, lian): 상대방에 따르면서 떨어지지 않음을 의미하며, 자신의 경과 상대의 경을 의식적으로 연결한 후, 두 경 사이에 조금의 간격도 없는 상태를 유지하며 상대 경의 움직임에 따라 자신의 경도 움직이면서, 상대 경의 강유·허실·대

소와 방향 등의 다양한 변화를 감지한다. 그후 상대방이 실수하거나 허점을 보일 때 즉시 공격하거나, 상대가 발경(發勁)을 하려는 순간 먼저 발경하여 상대를 제압한다. 그러므로 지신을 버리고 상대를 따르며 상대의 움직임과 나의 움직임을 연결하여 함께 움직인다.

4) 수(隨, sui): 상대가 움직이면 나도 대응한다는 의미로서, 상대가 도망가면 상대방의 움직임에 따라 같이 움직인다. 이것은 외형상 주동적이지 못하고 소극적으로 보이지만, 실질적으로는 상대의 공격과 방어의 움직임을 정확히 파악하여 공격과 방어의 주도권을 획득하고 운경(運勁) 기세의 순리를 이용해서 적시에 적을 제압하는 것이다.

37. 붕경(掤勁)의 요령은?

붕경은 추수 8법 중 가장 중요하고, 태극권에서도 매우 중요한 경(勁)으로서 전진·후퇴·좌전(左轉)·우전(右轉) 동작 중에서 반드시 붕경이 이뤄져야 한다. 붕경은 장기간의 태극권 및 추수수련을 통해 얻어지는 일종의 사송비송(似鬆非鬆)·유중우강(柔中寓剛)의 매우 가볍고도 묵직하며 탄력성과 강인성을 지닌 경(勁)이다. 붕경은 점(粘: 끈끈하게 들어붙다)·화(化: 상대힘을 무력하게 하다)·핍(逼: 내어 밀치다)·곤(捆: 묶어두다)의 4작용을 지니고 있다. 붕경운용 시 주의할 점은 1) 붕경은 상대방과 접촉을 떨어지지 않게 유지하는 것이지, 상대방과 대항하는 것은 아니다. 2) 붕경 시 자신의 팔이 가슴과 배에 밀접하게 위치하지 말고, 여유공간을 유지해야 하며 팔과 팔뚝도 일정한 포물선을 형성해야 한다. 3) 동작의 전진 및 후퇴 시를 막론하고 붕경은 허리와 양다리를 축으로 하여 운동을 진행해야 한다.

38. 리경(擺勁)의 요령은?

　의념을 사용해서 자기 팔의 어느 부위에 집중하여 상대 팔의 어느 한 부위에 밀착시켜 나선 식으로 포물선을 그리면서 후방·좌후측 및 밑으로 끌어당겨 상대방을 몸의 중심이 불안정하고 균형을 잃게 하는 것이 리경의 작용이다. 리경의 관건은 아래 다섯 가지이다. 1) 상대방의 경력(勁力)에 순응하여 움직이면서 단지 약간의 방향 전환만 하면 된다. 2) 허리를 전환하고 고관절을 방송하고 함흉발배는 경직되지 않아야 한다. 3) 반드시 상대방의 팔목과 팔꿈치의 움직임을 제어함으로써 상대방이 나의 리경 운용에 대응해서 어깨와 고관절을 사용하여 나에게 반격하지 못하게 막아야 한다. 4) 리경을 운용해서 상대를 나의 몸 좌측 또는 우측으로 당겼을 때 팔은 붕경을 취해서 상대방의 역습에 대응해야 하고, 팔이 몸에 밀착되거나 팔뚝이 옆구리에 닿지 않고 자유롭게 회전할 수 있도록 공간을 유지해야 한다. 또한 팔꿈치가 몸 뒷쪽으로 지나치게 이동하지 않게 함으로써 상대의 압박공격에 발경하여 반격할 수 있어야 한다. 5) 상대에게 진공(進攻)이나 상대를 인화(引化)할 때를 막론하고 자신의 옆구리 부위 방어를 위해서 팔꿈치는 항상 약간 밑으로 내리며, 옆구리 부위를 향하고 있어야 하고 떨어져서는 안 된다.

39. 제경(擠勁)의 요령은?

　제경은 양팔을 가로로 해서 사용하는 기법으로 먼저 상대힘을 화(化)한 후 제(擠)를 하고, 상하상수를 이루어 상대 몸에 밀접하게 접근해서 발경하고, 기타 초식과 밀접하게 조화되어 운용되어야 한다. 즉 발경 시는 장경(長勁)·단경(短勁)을 막론하고 모두 마땅히 침경(沉勁)과 점경(粘勁)을 유지해야 한다. 정면을 향해 발경 시는 상하체가 조화되어 앞으로 내딛는 보법은 깊어야 하고 방향은 상대 몸의 정중앙을 향해야 하며,

앞발이 착지함과 동시에 상대를 제경으로 밀쳐내야 하는데, 반드시 수법과 보법이 동시에 상하상수를 이루어서 진행되어야 한다. 그리고 제경(擠勁)과 고경(靠勁)을 운영해서 상대방의 리경을 제압할 수 있다. 구체적으로 상대방의 랄경에 대응하는 수법의 운용이 어려운 경우 기회를 틈타서 고법(靠法)을 사용하거나, 상대방 리경의 운영이 연속성이 없고 이어졌다 끊긴다면 순간적으로 한쪽 방향을 포기하면서 제법(擠法)으로 대응할 수 있다. 또한 제와 주법을 겸용할 수 있다. 제법은 밀어내는 의미를 지니는데 즉 후방 손바닥의 밑 부분을 앞에 있는 손의 맥박 부위 위에 놓고 정면을 향해 양손의 힘으로 합쳐서 내미는 것이다. 제법 운용 시 양팔은 약간 가로방향으로 하고 팔꿈치는 90°보다 크게 벌리며 어깨가 올라가든지 팔꿈치가 들려지지 않도록 침견낙주를 취한다. 만약 전체 동작이 조화되지 못하고 원만하게 진행되지 않으면 상대방에 화경(化勁)에 의해 쉽게 중심을 잃고 제압당하게 된다. 제법은 팔을 가로 방향으로 사용하지만 그 과정에서 주법(肘法)을 내포하고 있다. 즉 제법을 사용하다가 만약 팔꿈치가 굽혀지면 바로 주법으로 변환해서 팔꿈치를 수평 또는 위로 들어올려서 상대를 가격할 수 있다.

40. 안경(按勁)의 요령은?

안경은 한 손이나 또는 두 손의 손바닥을 이용해서 상대를 밀치는 동작으로 공격 중 수비를 겸하는 수중겸공(守中兼功)의 경이다. 상대를 공격할 때는 한 손을 쓸 때도 있고, 두 손을 쓸 때도 있는데 한 손을 사용하는 것은 단안(單按), 두 손을 사용하는 것은 쌍안(雙按)이다. 안경은 상대의 공격을 중화한 후 상대를 불리한 자세로 몰아세울 때 또는 상대의 균형이 무너지거나 균형을 쉽게 회복할 수 없는 상황에서 안경을 정확히 사용해서 상대를 제압할 수 있다.

안경은 공격의 방향에 따라 전안(前按)·하안(下按)·상안(上按)으로 활용될 수 있고, 운경(運勁)의 짧게 하는 단안(短按)과 길게 하는 장안(長按)으로 나뉜다.

장안은 상대를 멀리 밀칠 때 사용하고, 단안은 짧고 강하게 가격 시 사용한다. 그리고 전안은 상대 가슴 및 견갑골 부위 공격에, 하안은 상대의 팔을 제압해서 추가적인 공격을 시도할 때, 상안은 상대의 균형을 무너뜨릴 때 주로 사용한다.

안경의 성공 여부는 보법으로 거리를 조절하고 유리한 공격 각도를 만든 후, 경이 다리로부터 허리와 등을 지나 팔로 전달되게 하는 데 있다. 그리고 안경의 활용하는 가장 좋은 시점은 상대가 발경하기 직전으로, 그때 사용하면 쉽게 상대를 제압할 수 있다. 그러나 안경의 활용 시 몸의 중심이 공격 방향으로 지나치게 기울지 않게 조심해야 하고, 경을 다 쓰지 않고 일부를 남겨두어 상대의 역공에 대비해야 한다.

41. 채경(採勁)의 요령은?

채경은 상대를 움켜잡아 끌어당기거나 잡아채는 경이다. 이경은 수세에서 공격으로 전환해서 상대의 관절을 낚아채 균형을 무너뜨린 후 이차적으로 강한 공격을 가해 상대를 제압하는 공중겸수(攻中兼守)의 경이다. 한 손을 사용하는 것은 단채(單採), 두손을 사용하는 것은 쌍채(雙採)라고 한다.

채경은 손목·팔꿈치·어깨 등 상대의 관절 부위를 나경(拿勁)이나 리경(攦勁)을 함께 사용해서 상대의 팔을 밑으로 또는 옆으로 잡아당기거나 잡아채는 경이다. 채경을 사용할 때 일반적으로 상대는 끌려가지 않기 위해서 반대 방향으로 힘을 쓰게 되며, 이때는 청경(聽勁)과 동경(懂勁)으로 감지해서 상대의 힘에 따라가면서 제경이나 안경 또는 주경(肘勁)이나 고경(靠勁)으로 전환해서 지속적으로 공격할 수 있는 기회를 찾아야 한다.

채경의 위력은 순간적으로 강하고 빠르게 경을 사용하는 데서 나온다. 잡아당기는 힘이 약해 상대를 수세로 몰지 못하면, 오히려 상대에게 잡아당기는 힘을 역이용 당할 수 있는 기회를 주게 된다. 또 잡아당기는 속도가 느리면, 상대가 나의 의도를 간파해 자세를 변경함으로써 오히려 내가 불리한 위치에 빠질 수 있다. 그러므로 채경은 일단 사용할 경우 반드시 성공시켜야 하는 경이라는 점을 유의해야 한다. 채경의 효과를 극대화하기 위해서는 나경·리경·청경·동경·제경(擠勁) 등의 경과 함께 자유자재로 혼합운용해야 한다.

42. 렬경(挒勁)의 요령은?

렬경은 무엇을 찢거나 분리할 때처럼 동시에 서로 다른 두 방향으로 끌어당기거나 힘을 가하는 경이다. 즉 상대의 공격을 차단함과 동시에 공격을 가하는 경이다. 구체적으로 상대가 공격해 올 때 상대의 손목을 리경 또는 채경으로 제어하면서 동시에 다른 한 손으로 상대 팔꿈치 관절을 꺾거나 쳐서 공격을 차단하는 것이다. 그 과정에서 렬경은 리경이나 채경에 이어서 바로 사용되는 수중겸공(守中兼攻)의 경이다.

렬경을 사용 시는 주로 두 손을 사용하지만, 동시에 다리를 함께 이용해서 상대의 자세를 무너뜨리는 기법도 많이 쓴다. 예를 들면, 상대가 공격 시 리경으로 상대의 중심을 불안하게 만든 다음, 몸을 전환해서 상대의 공격 방향을 바꾸거나, 상대의 중심이 흐트러졌을 때 발을 걸면서 렬경으로 상대를 제압한다.

렬경을 방어목적으로 사용 시에도 먼저 상대의 공격 방향을 바꿔서 목표물에서 빗나가게 만든 후 렬경으로 상대의 균형을 무너뜨린다. 예를 들어 상대가 리경을 사용할 경우 저항하지 말고 오히려 역이용하는데, 즉 상대의 경에 따르다가, 기회를 생기면 몸을 전환시켜 상대 경의 방향을 바꾸고 상대의 어느 한쪽 다리를 자신이 발로 걸어서 넘어뜨린다.

렬경을 효과적으로 사용하기 위해서는 몸의 무게 중심이 하체에 실리고 안정적이어야 한다. 그렇지 못하면 상대의 중심을 무너뜨리고자 할 때 오히려 상대에게 제압당하게 된다. 때문에 다른 경의 사용처럼 상대가 완전히 발경하기 전에 상대의 의도를 먼저 파악한 후 정확한 시점을 포착해서 먼저 발경해야 한다.

43. 주경(肘勁)의 요령은?

팔꿈치, 즉 주(肘)를 사용해서 상대를 공격하거나 수비하는 데 모두 사용할 수 있는 강력한 경이다. 주경은 상대방이 손이나 손목을 사용하여 대응할 수 없을 정도로 가까이 접근해 있을 경우에 사용하는 공중겸수(攻中兼守)의 경이다.

주경은 상대가 가까이 있어 손기술을 사용하기 힘들 때 사용하는 근거리 공격을 위한 경이다. 팔꿈치 공격은 정확한 시점에 제대로 구사할 수만 있으면 상대방에게 손 공격보다 훨씬 강한 타격을 입힐 수 있는 기술이다. 그러나 주경을 어설프게 쓰게 되면, 팔꿈치가 몸의 중심과 가까워 상대가 방어하기가 쉽고, 만약 상대가 팔 윗부분이나 어깨를 자유롭게 통제할 수 있으면 오히려 상대방에게 역공을 당할 수 있다. 때문에 주경을 사용할 때는 경을 모두 쓰지 않고 일부를 남기는 것이 유리하다. 주경 역시 그 파괴력은 다리로부터 나오므로, 자세를 안정시키고 균형을 잡아 적절한 기회가 올 때까지 기다린 후, 다리와 허리를 이용해서 발경해야 한다.

44. 고경(靠勁)의 요령은?

고경도 상대를 공격하거나 수비하는 수중겸공(守中兼攻)의 경으로, 손은 물론 팔꿈치를 사용할 수 없을 정도로 상대방과 근접해 있을 때, 어깨·가슴·등과 같은 몸통 부위를 사용해서 상대를 공격하거나 방어하는 기술이다. 견고(肩靠)는 가장 많이 사용되는 고경으로, 상대를 인경(引勁)하여 상대의 공격을 무력화하거나 붕경을 발하는 고경의 대표적 기술이다. 특히 상대가 리경을 사용할 때 어깨로 상대를 밀쳐낸다. 이 경은 주로 상대의 가슴·견갑골 혹은 겨드랑이 부위를 가격한다. 고경은 주경과 비슷하지만, 공격 거리가 주경보다 더 짧다. 그러나 고경은 길게 쓸 수도 있고, 짧게 사용할 수도 있다. 예컨대 어깨로 상대를 멀리 내던질 때는 길게 쓰고, 명치나 견갑골 부위를 가격 시에는 짧게 사용한다.

45. 청경(聽勁)이란?

청경은 상대의 경이나 동작이나 의도를 상호 피부의 접촉 즉 말초신경의 느낌으로 감지(感知)하는 능력을 말한다. 청경은 두 방법이 있는데, 첫째는 눈으로 보거나, 귀로 듣거나, 상대의 몸과 접촉해서 피부로 느끼는 등 촉각으로 감지하는 것이고, 둘째는 마음으로 상대를 감지하는 것이다. 청경은 천변만화(千變萬化)의 변화를 감지하는 능력이다. 그런 변화를 감지할 수 있는 능력을 쌓으려면, 먼저 피부 감각을 통해서 직감할 수 있는 고도의 집중력을 향상해야 한다. 그 같은 집중력은 두 사람이 손을 맞대고 하는 추수수련 과정에서 첨점연수(沾黏連隨)를 연마하면서 첨점경(沾黏勁)⁴을 체득함으로써 가능하다. 만약 첨점경을 체득하지 못한다면 청경을 터득할 수 없고, 청경을 얻지 못하니 동경(懂勁)에 이르지 못함은 당연하다. 때문에 청경을 얻기 위해서는 먼저 첨점경 수련을 해야만 한다. 구체적으로 추수 사요(四要)라고 부르는 첨(沾)·점(黏)·연(連)·수(隨)의 기량을 여하히 잘 연마함에 달려있다.

추수사요를 연마하는 관건은 쾌만상겸(快慢相兼)·기침보온(氣沉步穩)·허실분명(虛失分明)·내외상합(內外相合)·연면부단(連綿不斷)의 원칙에 따라 수련함에 있으며, 이것은 또한 태극권의 연권(練拳) 수련의 원칙과 동일하다. 그런 원칙에 따라 오랜 기간 수련하면, 전신이 모든 관절이 점차 열리고, 피부 촉감을 비롯하여 전신의 감각이 예민해지며, 졸경(拙勁)을 쓰지 않게 된다. 그 결과 청경의 기량이 상당히 향상된 후에는 손바닥과 발바닥 감각들이 마치 귀로 듣는 것처럼 명민(明敏)해진다.

46. 동경(懂勁)이란?

동경은 상대방의 공격과 수비에 대한 능력이 어느 정도이며 어떤 의도를 지니고 있는지 파악해서 알게 되는 것을 말한다. 즉 상대방이 지니고 있는 경의 허실(虛實)·강유(剛柔)·쾌만(快慢)·장단(長短)·완급(緩急)·방향(方向)·곡직(曲直)·대소(大小)·낙점(落點)[5] 등을 비롯하여 순간순간 그 경의 성질의 변화를 감지하고 판별해서 상대 전략과 의도를 알아내는 것이다. 그리고 동경은 태극권의 기격 역학원리와 경의 운동규율을 전면적으로 인식하고 장악하는 것이다. 지피지기면 백전백승이란 말처럼, 무예가 뛰어나다 함은 높은 수준의 동경 능력 구비유무에 달려있다고 볼 수 있다. 실제로 동경은 추수의 핵심기술을 터득하는 관건일 뿐만 아니라, 실전 상황에서 태극권의 기격능력도 동경의 수준이 어떠한가에 달려있다.

그런 동경은 왕종악의 「태극권론」 중의 '유착숙이점오동경, 유동경이계급신명,연비공력지구,불능활연관통언(由著熟而漸悟懂勁, 由懂勁而階及神明.然非用力之久, 不能豁然貫通焉.)[6] 라는 말처럼 단시일에 완성되는 것이 아니고 오랜 기간의 수련을 통해서 비로소 가능해지는 것이다.

47. 전사경(纏絲勁)이란?

전사경은 태극권에서 나선형(螺線形) 또는 호형(弧形)으로 구현되는 모든 경을 말한다. 그러나 동작의 모양이 단순히 나선(螺線) 또는 호(弧)를 이루면 전사한다고 해서 모두 전사경으로 보지 않는다. 동작을 형성하는 기운의 원천이 단전(丹田)에 있고, 마음으로 단전의 기운을 이끌어 동작으로 만들 때 비로소 전사경으로 볼 수 있다. 전사경은 태극권 권가 수련 시에 그 모양이 나선형 또는 호형의 전사 운동으로 그 궤적은 하나의 입체 공간을 형성하게 된다. 권가의 태극 기세부터 수세까지 전 과정의 동작 과정에서 음양의 동작과 경(勁)이 서로 교차되거나 뒤섞이며, 누에고치에서 실을 뽑아내듯이 끊임없이 이어가는 것이 중요하다. 그리고 상대와 손을 맞대고 겨룰 때 상대가 이끌면(인, 引)하면 나는 들어가고(진, 進), 내가 진하면 상대는 인하는 도리와 같다. 그런 운신(運身)은 첨점연수(沾黏連隨)의 이치에 따라 운경(運勁)해야 하는데 전사경은 기본 바탕이 되어야 한다. 때문에 전사경은 권가의 투로나 추수를 수련하는 과정에서 부단히 익혀야 할 필수적인 경(勁)이다.

전사경은 운용하는 방법과 용도에 따라 다양하게 분류된다. 즉 내전(內纏)과 외전(外纏), 상전(上纏)과 하전(下纏), 좌전(左纏)과 우전(右纏), 대전(大纏)과 소전(小纏), 순전(順纏)과 역전(逆纏), 진전(進纏)과 퇴전(退纏), 정전(正纏)과 측전(側纏), 평전(平纏)과 입전(立纏) 등이다. 그중에서 특히 순전과 역전은 전사경의 특징을 잘 보여주는 대표적인 전사경이다.

48. 사기종인(捨己從人)이란?

사기종인은 권보(拳譜)상의 '본시사기종인, 다오사근구원(本是捨己從人, 多誤捨近求遠)'에 근거한다. 실제로 태극권의 기격의 응용상 그리고 추수수련에서 사기종인은 매우 중요한 원칙이고, 태극권 수련자들이 장기적으로 추구하는 목표이기도 하다. 자신을 버릴 수 있어야 비로소 상대를 따를 수 있으며, 사(捨)는 인(因)이고 종(從)은 과(果)이다. 자신을 버릴 때 비로소 맹목적으로 공격하는 주관주의를 범하지 않고 인진낙공(引進落空)이 가능하게 된다. 만약 사기종인의 능력을 구비하는 자가 있다면 분명히 태극권의 고수이다. 사기종인의 공력을 갖추기 위한 4대 조건은 1) 기력(氣力)을 버려야 하고, 2) 체면(體面)을 버려야 하고, 3) 주관주의를 버려야 한다. 4) 전신(全身)을 편안하고 부드럽게 방송(放鬆)해야 한다 등이다.

49. 태극권 수련 중 자주 나타나는 잘못된 현상들은?

(1) 권리에 대해 이해가 부족함

(2) 권세가 간결하지 못하고 무리하게 길게 이어지거나 너무 짧게 끊어짐

(3) 동작을 포물선으로 원활하게 하지 못하고 직선으로만 이동함

(4) 지나치게 심력(心力), 즉 용의(用意)에 의존함

(5) 외형적인 동작만을 중시하고 내면적인 공력이 부족함

(6) 의(意)와 기(氣)가 조화되지 못하고 분리됨

(7) 동작이 정확하고 단정하지 못하고 겉돌거나 멋만을 부림

(8) 스스로 동작이 구속되어 충분히 공력을 발휘하지 못함

(9) 긴장하고 당황하여 동작이 산만스러움

(10) 권세가 지나치게 무기력하고 산만하여 기감이 결여됨

(11) 정신이 위축되거나 적극성이 부족함

(12) 즐거운 정서가 없고 리듬감도 없고 뻣뻣함

(13) 정서가 불안해서 입정 상태를 이루지 못함

(14) 관절이 뻣뻣해서 동작 전환이 나뭇가지 부러지듯이 매끄럽지 못함

(15) 자세가 지나치게 낮아 동작이 민첩하지 못함

(16) 몸이 뒤로 젖혀지거나 앞으로 구부리고, 중심이 불안정함

(17) 경로(勁路)가 불분명하고 중첩됨

(18) 호흡이 거침

(19) 하체가 무겁고 상체가 가벼워서 몸을 날리고 날렵하게 피하는 경쾌한 동작하기가 힘듦

(20) 상체가 무겁고 하체가 가벼워 위에서 태산이 머리를 내리누르는 것 같음

(21) 호형(弧形)을 너무 크게 해서 간단한 동작을 지나치게 크게 함

(22) 팔과 다리, 즉 사지가 조화되지 않고 제각기 동작함

(23) 다양한 권가(拳架)를 알지만 정확성과 깊이가 부족함

(24) 한 부분에만 집착해서 의기(意氣)가 구속되고 부자연스러움

(25) 경(勁)만 있고 공(功)이 없고, 수련을 할 줄 알지만 양생은 얻지 못함

50. 행복을 주는 태극권의 패스워드

태극권 수련 목적은 건강을 추구하는 것이다. 몸도 건강하고 마음도 건강하려면 태극권 수련이 반드시 즐거워야 한다. 그렇지 못하면 심적인 건강함을 얻을 수 없다. 태극권 수련을 즐겁게 할 수 있는 패스워드는 기가 밑으로 침잠되어야만 정신이 활력 있고 생기가 충만하게 된다는 것이다. 기가 밑으로 침잠하는 것은 태극권 수련의 기본 요구이다. 기가 밑으로 침잠하면, 마음도 고요해지고, 마음이 고요하면, 기도 밑으로 침잠하게 된다. 때문에 태극권 수련 과정에서 시종일관 기가 밑으로 침잠함을 견지해야 한다. 기침의 가장 간단한 방법으로 수련 시작 시에 가볍게 날숨을 3번 내쉬면 온갖 잡념도 함께 사라진다. 그리고 눈을 감고 세밀하게 기가 밑으로 내려감을 느낀다. 수련 시 얼굴 표정은 반드시 편안하고 기쁨을 나타내야 하고, 미세한 미소를 머금어야 한다. 미소는 내심의 행복한 정서가 의식적이 아닌 자연스럽게 흘러나와야 한다. 그런 편안한 얼굴 표정과 미소는 전신의 방송을 도와준다. 즐겁고 행복한 마음 자세로 진행하는 수련은 우리를 더욱 건강하고 행복하게 만들어 준다.

1. 「태극권론(太極拳論)」(淸, 王宗岳)

太極者, 無極而生, 動靜之機, 陰陽之母也。

動之則分, 靜之則合。

無過不及, 隨屈就伸。

人剛我柔謂之走, 我順人背謂之黏。

動急則急應, 動緩則緩隨, 雖變化萬端, 而理爲一貫。

由著熟而漸悟懂勁, 由懂勁而階及神明。

然非用力之久, 不能豁然貫通焉。

虛靈頂勁, 氣沉丹田。

不偏不倚, 忽隱忽現。

左重則左虛, 右重則右杳。

仰之則彌高, 俯之則彌深, 進之則愈長, 退之則愈促, 一羽不能加, 蠅蟲不能落, 人不知我, 我獨知人, 英雄所向無敵, 蓋皆由此而及也。

斯技旁門甚多, 雖勢有區別, 槪不外乎壯欺弱, 慢讓快耳。

有力打無力, 手慢讓手快。

是皆先天自然之能, 非關學力而有爲也。

察四兩撥千金之句, 顯非力勝。

觀耄耋能禦衆之形, 快何能爲?

立如平準, 活似車輪。

偏沉則隨, 雙重則滯。

每見數年純功, 不能運化者, 率爲人制, 雙重之病未悟耳。

欲避此病須知陰陽。

黏即是走, 走即是黏。

陰不離陽, 陽不離陰, 陰陽相濟, 方為懂勁。

懂勁後愈練愈精,

默識揣摩, 漸至從心所欲。

本是 '捨己從人', 多誤 '捨近求遠'。

所謂 '差之毫厘, 謬以千里'。

學者不可不詳辨焉, 是為論。

해석

태극은 무극으로부터 나온 것으로 동과 정의 기운을 모두 갖추고 있고, 음양의 모태이다.

움직이면 태극이 음양으로 나눠지고, 움직임을 멈추면 음양은 다시 합쳐져서 태극이 된다. 지나침도 없고 모자람도 없으며 구부리고 펼침이 자유롭다.

상대가 강하고 내가 부드러움은 주(走)이며, 내가 세(勢)에 순응하고 상대를 불순응하게 함을 점(黏)이라 한다.

상대가 급하게 움직이면 급하게 대응하고, 느리게 움직이면 느리게 대응한다. 비록 변화는 헤아릴 수 없이 다양하지만, 그 이치는 하나로 꿰어 있다.

태극권 초식수련에 익숙해지면서 점차 동경(懂勁)을 깨닫게 되고, 동경으로부터 한 단계 한 단계 올라가 신명(神明)의 경지에 다다르게 된다. 그러나 장기간 꾸준히 수련하여 공(功)을 쌓지 않으면, 모든 것을 확연히 깨우치는 경지에 도달할 수 없을 것이다.

허령정경(虛靈頂勁)을 이뤄야 기침단전(氣沉丹田), 즉 기가 단전에 침잠하게 되고, 좌우로 기울거나 치우침이 없게 되며, 홀연히 나타났다 홀연히 사라졌다 하게 된다. 좌측이 무거우면 좌측이 허(虛)해지고, 우측이 무거우면 우측이 영활하지 못하며, 위를 향하면 들어올리고, 숙이면 더욱 내려가며, 상대가 다가오면 나는 물러서고, 상대가 후퇴하면 오히려 더 다가서서 상대가 쉽게 빠져나가지 못하게 한다.

깃털 하나도 내 몸에 더 하지 못하고, 파리도 쉽게 내려 앉을 수 없다. 상대는 나를 모르고 나만 홀로 상대를 안다. 영웅이 향하는 곳에는 대적할 자가 없으니 이 모든 것은 동경에서부터 시작된 결과이다.

무술에는 수많은 문파들이 있지만, 비록 각기 세(勢)의 구별은 있으나, 대개 강함이 약함을 이기고, 느림은 빠름에 지며, 힘 있는 자가 힘없는 자를 때리고, 손이 느린 사람이 손이 빠른 사람에게 지는 경우가 많다. 이는 특별히 기예를 배우고 익히지 않아도 누구나 할 수 있는 것이라고 할 수 있다.

네 냥의 힘으로 천근을 이겨낸다는 말은 실제로 힘으로 이기는 것이 아님이 명확하다. 팔십 노인이 능히 장정 수명을 물리치는 것을 본다면 이것이 어찌 단순히 힘 있고 빠르기 때문에 가능한 것이겠는가?

고요히 서 있을 때에는 저울처럼 균형 잡혀 안정되고, 움직이면 마차의 바퀴처럼 둥글게 움직인다. 상대의 힘에 저항하지 않고 받아들이면서 상대 동작에 순응해서 따르고, 반면 상대의 힘에 힘으로 저항하면 기운은 흐르지 못하고 체(滯)하게 된다.

수년간 열심히 수련하고도 상대의 힘을 운화(運化)시키지 못하고, 오히려 상대에게 제압당함은 쌍중(雙重)의 병을 깨닫지 못해서이다.

점(黏)은 바로 주(走)이고, 주는 곧 점이다. 음은 양을 떠나지 않고, 양 또한 음과 떨어지지 않으며, 음양이 서로 조화되는 상제(相濟)의 원리를 알아야 비로소 동경(懂勁)을 터득할 수 있다. 동경한 연후에는 수련할수록 더욱 정진(精進)해지며, 이치를 연구하면서 묵묵히 수련하다 보면 점차 마음이 하고자 하는 바대로 몸이 따라가는 종심소욕(從心所欲)의 경지에 이르게 된다.

태극권의 근본원리는 나를 버리고 상대를 좇는 사기종인(捨己從人)이지만, 많은 사람들이 가까운 데 있는 이치를 버리고, 멀리서 특별한 비법을 찾고자 하는 오류를 범한다. 여기서 '티끌만큼의 오차가 있으면, 결국에는 천 리 이상 차이가 벌어지게 된다'는 옛말이 생겨났다. 태극권 수련자들은 그런 이치를 명확하게 이해하고 알아야만 할 것이다.

2. 「태극권석명(太極拳釋名)」(淸, 王宗岳)

太極拳, 一名 '長拳', 又名 '十三勢'。

長拳者, 如長江大海, 滔滔不絶也。

十三勢者, 分掤、履、擠、按、採、挒、肘、靠, 進、退、顧、盼、定也。

掤、履、擠、按, 即坎、離、震、兌四方正也。

採、挒、肘、靠, 即乾、坤、艮、巽, 四斜角也。此八卦也。

進步、退步、左顧、右盼、中定, 即金、木、水、火、土也。

此五行也。合而言之, 曰「十三勢」。

해석

태극권은 일명 '장권(長拳)' 또는 '십삼세(十三勢)'라고 부른다.

장권은 마치 장강대해처럼 끊임없이 도도히 흐른다.

십삼세는 붕, 리, 제, 안, 채, 열, 주, 고, 진, 퇴, 고, 반, 정을 말한다.

붕, 리, 제, 안은 즉 감(坎), 리(離), 진(震), 태(兌)이고, 정사방(四方)이다.

채, 열, 주, 고는 즉 건(乾), 곤(坤), 간(艮), 손(巽)으로 정사각(四斜角)이며, 이들 8가지는 8괘(八卦)이다.

진보, 퇴보, 좌고, 우반, 중정은 즉 금, 목, 수, 화, 토이고 이는 오행(五行)이다.

이 모든 것을 합해서 십삼세(十三勢)라고 한다.

3. 「태극권경(太極拳經)」

一舉動, 周身俱要輕靈, 尤須貫串。

氣宜鼓盪、神宜內斂。

無使有缺陷處, 勿使有凸凹處, 勿使有斷續處。

其根在腳, 發於腿, 主宰於腰, 形於手指。

由腳而腿而腰, 總須完整一氣。

向前退後, 乃能得機得勢。

有不得機得勢處, 身便散亂。

其病必於腰腿求之。

上下前後左右皆然。

凡此皆是意, 不在外面。

有上即有下, 有前即有後, 有左即有右

如意要向上, 即寓下意。

若將物掀起, 而加以挫之之意。

斯其根自斷, 乃壞之速而無疑。。

虛實宜分淸楚, 一處有一處虛實。

處處總此一虛實, 周身節節貫串,

無令絲毫間斷耳。

해 석

일단 움직이면 전신(全身)이 가볍고 영활해야 하고, 특히 모든 관절들이 서로 연결되어야 한다.

기(氣)는 마땅히 온몸에 활발히 운행하지만, 마음, 즉 신(神)은 내면으로 수렴해야 한다.

부정확한 자세나 결함이 없어야 하고, 동작이 들쑥날쑥하거나 멈췄다 이어졌다 해서도 안 된다.

그 근원은 발이고, 다리를 통해 허리에 의해 주재되어 손가락에서 표현된다. 발에서 다리로, 그리고 허리로의 연결과 움직임은 반드시 하나의 동작처럼 완정일기(完整一氣)하게 진행해야 한다.

전진과 퇴보는 기회와 권세(拳勢)에 따라 해야 하고, 기회와 권세를 얻지 못하면 동작이 산만하고 흐트러진다. 그러한 병폐의 원인은 반드시 허리와 다리에서 찾아야 한다.

동작의 상하전후좌우 모두 마찬가지이다.

이 모든 것은 모두 마음에 있으며, 외형적 동작에 있는 것이 아니다.

위가 있으면 밑이 있고, 전진이 있으면 퇴보가 있고, 좌측이 있으면 우측이 있다. 만약 위로 향하려면 먼저 밑으로 향하는 마음을 지녀야 한다.

만약 물건을 들어올리려면 내려놓으려는 마음을 지녀야 한다.

즉 그 근본이 단절되면, 순식간에 빠르게 붕괴된다.

허실은 마땅히 분명히 해야 하며, 신체의 어느 한 곳이라도 모두 그 한 곳에 허실이 있다. 즉 모든 동작마다 허실을 분명히 하고, 전신(全身)의 골격 마디마디들이 서로 연결되어, 조금의 간극이나 단절이 없어야 한다.

4. 「타수가(打手歌)」(清, 王宗岳)

捧擭擠按須認真,
上下相隨人難進。
任他巨力來打我,
牽動四兩撥千斤。
引進落空合即出,
粘連黏隨不丟頂。

해 석

붕리제안(捧擭擠按)은 반드시 열심히 수련해야 하고,
상하상수(上下相隨)를 하면 상대가 공격해오기 어렵다.
상대가 큰 힘으로 공격해 오더라도,
사량(四兩)의 힘으로써 천근(千斤)을 당해낸다.
상대를 끌어들여 중심을 잃게 한 후, 정경(整勁)으로서 발경(發勁)하며,
점련점수(粘連黏隨) 중에서는 떨어짐, 즉 주(丟)나, 대항함 즉 정(頂)을 하지 않는다.

5. 「십삼세가(十三勢歌)」(淸, 王宗岳)

十三總勢莫輕視，命意源頭在腰際。

變轉虛實須留意，氣遍身軀不少滯。

靜中觸動動猶靜，應敵變化示神奇。

勢勢存心揆用意，得來不覺費工夫。

刻刻留心在腰間，腹內鬆淨氣騰然。

尾閭中正神貫頂，滿身輕利頂頭懸。

仔細留心向推求，屈伸開合聽自由。

入門引路須口授，功夫無息法自修。

若問體用何爲準，意氣君來骨肉臣。

詳推用意終何在，益壽延年不老春。

歌兮歌兮百四十，字字眞切義無遺。

若不向此推求去，枉費功夫貽歎息。

해석

십삼세의 권세(拳勢)를 경시해서는 안 되며, 생명의 원천은 허리 부분, 즉 요극(腰隙)에 있다.

허실전환에 유의해야만 기(氣)가 전신에 두루 퍼지고, 조금의 막힘도 없게 된다.

정 중에 동을 표현하고, 동 중에 정을 내포하며, 적에 대응함에 신기(神奇)를 발휘할 수 있다.

세세(勢勢)마다 전심전력으로 용의(用意)하여 시간의 낭비가 없게 해야 한다. 항상 허리의 움직임에 주의하고, 뱃속을 순정하게 송(鬆)하면 기력이 솟아오른다.

미려중정(尾閭中正)하면 신(神)이 정수리를 관통하고, 온몸이 가볍게 되면서 정두현(頂

頭懸)을 이루게 된다.

세밀하고 주의 깊게 추구해야만, 굴신개합(屈伸開合)과 청경(聽勁)이 원활하게 된다.

입문과 지도는 말과 동작으로 직접전수해야 하고, 스스로 꾸준히 수련해서 법(法)을 체득해야 한다.

만약 체용(體用)의 표준을 묻는다면, 의기(意氣)는 임금이고 근골(筋骨), 즉 뼈와 살은 신하이다.

결국 궁극적 의도가 어디에 있겠는가? 건강하게 불로장수하는 것이다.

십삼세의 총 140자는 글자마다 매우 적합하며 누락된 의미가 없다.

만약 이것을 추구하지 않는다면, 시간을 허비하고 탄식만이 남게 될 것이다.

6. 「십삼세행공심해(十三勢行功心解)」 (淸, 武禹襄)

以心行氣, 務令沈著, 乃能收斂入骨, 以氣運身, 務令順遂, 乃能便利從心. 精神能提得起, 則無遲重之虞, 所謂頂頭懸也.

意氣須換得靈, 乃有圓活之趣, 所謂變轉虛實也. 發勁須沈著鬆淨, 專主一方, 立身須中正安舒, 支撐八面, 行氣如九曲珠, 無往不利〈氣遍身軀之謂〉.

運勁如百煉鋼, 無堅不摧, 形如搏兔之鵠, 神如補鼠之貓, 靜如山岳, 動如江河, 蓄勁如開弓, 發勁如放箭, 曲中求直, 蓄而後發, 力由脊發, 步隨身換, 收即是放, 斷而復連, 往復須有折疊, 進退須有轉換, 極柔軟, 然後能極堅剛, 能呼吸, 然後能靈活, 氣以直養而無害, 勁以曲蓄而有餘, 心爲令, 氣爲旗, 腰爲纛, 先求開展, 後求緊湊, 乃可臻於縝密矣. 又曰 : 彼不動, 己不動, 彼微動, 己先動, 勁似鬆非鬆, 將展未展, 勁斷意不斷.

又曰 : 先在心, 後在身, 腹鬆氣沈入骨, 神舒體靜, 刻刻在心, 切記一動無有不動, 一靜無有不靜, 牽動往來, 氣貼背而斂入脊骨, 內固精神, 外示安逸, 邁步如貓行, 運勁如抽絲, 全身意在精神, 不在氣, 在氣則滯, 有氣者無力, 無氣者純剛, 氣

若車輪, 腰如車軸。

마음으로 기를 운행함에 마음과 몸 전체를 고요하게 침잠해야 뼛속 마디마디까지 기를 수렴할 수 있고, 기로써 몸을 운행할 때 편안하고 순조롭게 진행해야 마음먹은 대로 자유롭게 운행할 수 있다.

정신이 생기가 있으면 몸이 굼뜨고 무겁지 않게 되어, 이른바 정두현(頂頭懸)을 이룰 수 있다.

의기(意氣)는 영활하게 전환해야 원만하고 활발한 느낌이 있게 되는바, 이른바 변전허실(變轉虛實)을 말한다.

발경(發勁)은 반드시 몸과 마음을 차분하고 침잠하고, 순정하게 방송(放鬆)을 이룬 후에 한쪽 방향으로 집중하고, 몸은 바르고 편안하게 하며, 발바닥은 팔면(八面)을 지탱하고, 행기(行氣)는 마치 구곡주(九曲珠)처럼 전신 골격마디마디에 다 이르러야 한다.

운경(運勁)은 마치 백련강(百煉鋼)과 같아 격파하지 못할 강적이 없으며, 그 모습은 토끼를 잡는 매와 같고, 정신은 쥐를 잡는 고양이와 같다. 고요함은 산악(山岳)과 같고 움직임은 강하(江河)와 같다. 축경(畜勁)은 활을 당기는 것과 같고, 발경(發勁)은 활을 쏘는 것과 같아서, 굽힘 중에 곧음을 구하고, 축경을 한 후에 발경을 한다. 힘은 척추로부터 발(發)하고, 보법(步法)은 신법(身法)에 따른다. 수(收)는 곧 발(發)하는 것으로서, 끊어질 듯하지만 다시 이어지며, 왕복에 있어서는 절첩(折疊)이 있어야 하고, 진퇴를 함에는 전환(轉換)이 있어야 한다. 부드러움이 극에 이르면 비로소 강함이 극에 달할 수 있고, 호흡을 할 수 있으므로 영활하게 되며, 기는 양생이고 무해하고 경은 여유있게 축적된다. 마음은 총사령관이고, 기는 깃발이며, 허리는 기이다. 먼저 개전(開展), 즉 벌린 후에 긴주(緊湊), 즉 모으면 바로 완전하게 할 수 있다. 그리고 상대가 움직이지 않으면 나도 움직이지 않고, 상대가 조금이라도 움직이면 내가 먼저 움직이며, 경은 방송한 것도 방송하지 않은 것도 아닌 것처럼, 크게 벌린 것도 벌리지 않은 것도 아닌 것처럼 하고, 경이 단절되어도 마음은 단절되어서는 안 된다.

또 말하길: 먼저 마음이 있은 후에 몸이 있고 뱃속을 완전히 방송하여 기가 침잠되어 뼛속까지 이르게 하며, 마음은 고요하고 몸은 편하게 방송하면서 한순간도 마음에서 벗어나지 않고, 한번 움직이면 움직이지 않는 곳이 없고, 한번 멈추면 멈추지 않은 곳이 없음을 항상 기억해야 한다. 동작을 진행함에 기가 등에 붙어서 척주에 수렴되어서 몸 안으로 정신이 강하지만, 몸 밖으로는 편안한 표정을 짓는다. 보법은 마치 고양이가 걷는 모습이고, 운경(運勁)은 마치 누에가 실을 뽑는 것과 같다. 전신(全身)에 마음을 집중하지 못하면 기(氣)가 정체된다. 즉 기가 있으면 무력하고, 기가 없으면 순수하고 강해진다. 기는 마치 수레바퀴 같고, 허리는 수레의 축이다.

찾아보기

ㄱ

각지와 37
경감 12, 13, 14, 15, 16, 17, 18, 23, 25, 105, 201
고탐마 15, 86, 183
고탐마천장 147, 193
괴성세 266, 306
구권 41, 81, 85, 175, 211, 236
권가 24, 26, 162, 165
권면 16, 56, 76, 95, 108, 150, 159, 204, 225, 244, 247
권법 13, 16, 18, 36, 170, 171
권세 36, 57, 100, 170, 196, 247
권심 16, 54, 57, 64, 75, 100, 105, 108, 155, 160, 195, 201, 211, 225, 241, 245, 248
권안 16, 55, 76, 95, 100, 105, 108, 140, 150, 155, 159, 195, 201, 204, 225, 240, 244, 246, 248
기세 165, 251, 262
기침단전 30

ㄴ

나타탐해 312
내가권 24
내외상합 13, 21, 134, 214

ㄷ

단편 40, 63, 79, 85, 112, 118, 128, 131, 144, 147, 152, 174, 182, 236
대붕전시 310
도렴세 305
동중구정 22
등나섬전의기양 340
등퇴 25

ㄹ

륵마세 297

ㅁ

마보 181, 250
만궁사호 18, 158, 244
무검 254

ㅂ

반란추 16, 17, 18

반장 13, 14
발초심사 283
방송 12, 30, 165
백사토신 140, 225
백원헌과 319
백학양시 14, 44, 70, 87, 138, 156, 184, 218
백학양시오행장 345
백호교미 324
번완반 16, 57, 77, 109, 247
변화휴석풍환소 369
봉황대두 277
봉황대두 277
봉황쌍전시 316
봉황우전시 280
봉황좌전시 282
부보 132, 239
부완반 57, 77, 247
부장 13, 14
분허실 20
붕 15, 77
붕경 19, 35, 170

ㅅ

사비세 15, 67, 136, 215

사안세 314, 319

삼성개합자주장 356

삼환투월 264

상련부단 22

상보람작미 77, 142, 151

상보칠성 154, 240

상하상수 21, 35, 59, 125,
    134, 169, 214, 248

서우망월 313

선인지로 328

섬통비 73, 97, 223

소괴성 281

소귀성 272

송과 42

송요 19, 40, 238

수세 162, 251

수장 13, 15

수휘비파 48, 54, 87, 192

숙조투림 287

순경 36, 170

순수추주 302

순수추주편작고 363

십자수 59, 110, 249

십자퇴 148, 194

쌍봉관이 17, 104, 199

ㅇ

아홀세 332

안 39

앙수평검 257, 258, 275, 277

앙장 13, 15

야마도간 296

어도용문 326

여봉사폐 14, 58, 109, 161,
    205, 248

연자입소 274

연자초수 268

연자함니 309

영묘포서 275

예비세 262

오용파미 288

옥녀천사 14, 119, 227, 323

옥녀천사팔방세 348

요령 254

용의불용력 20

용천혈 35, 52

우과란 318

우궁보 39, 51, 197

우금계독립 132, 212

우누슬요보 51, 94, 209

우도련후 65, 134, 136

우등각 98, 195, 202

우락화세 320, 322, 323

우변란소 270

우분각 87, 184, 190

우붕 15, 33, 65, 78, 100, 167,

212

우사자요두 293

우야마분종 113, 115, 226

우영풍탄진 300

우오룡교주 328

우용행세 283, 286

우차륜 308

운수 15, 80, 82, 83, 129,
    130, 145, 146, 177, 180

유성간월 303

이 36, 44, 52, 61, 88, 102,
    171, 185, 208, 243

이기각래타호세 358

입장 13, 14, 16

ㅈ

장법 13, 14, 15, 16, 17, 18

재추 17, 18

전신백사토신 224

전신별신추 17, 74, 96, 141,
    202, 224

전신십자퇴 194

전신우등각 91, 106, 149, 194

전신좌등각 189

전신파련 156, 242

접검식 266

정경 19, 50

정두현 19, 24

정자보 44, 53

정장 13, 14

정체성 13, 18, 23

제수상세 43, 68, 87, 137, 192, 217

조천일주향 329

좌고우반양분장 344

좌과란 317

좌금계독립 133, 213

좌누슬요보 46, 49, 53, 54, 71, 93, 138, 190, 219, 226

좌도련후 66, 135

좌등각 105, 201, 243

좌락하세 321, 322

좌변란소 271

좌분각 89, 90, 187

좌붕 33, 78, 166, 196

좌사자요두 292

좌야마분종 113

좌영풍탄진 299, 301

좌오룡교주 327

좌완서지 30

좌용행세 285

좌우분수용문도 367

좌장 108, 133, 194, 208

좌차륜 307

좌타호 99, 195, 198

주저간추 63, 66, 100

중정 12, 25, 36, 42, 52, 125, 170, 176, 238

지남침 298

지당추 14, 18, 150, 205

직장 15

진보반란추 55, 75, 97, 108, 141, 160, 245

진보지당추 149, 204

ㅊ

척퇴 25

천마비보 304

청룡출수 289

청룡현조 315

추법 13, 16, 18

측장 13, 15

칠성과호교도세 338

ㅌ

타호세 17

태극권 수련 10

태극권술십요 15

퇴보과호 155, 241

ㅍ

팔자보 44, 53, 70, 85, 100, 135, 182, 196, 215

평장 13, 14

포검귀원 333

포호귀산 60, 110, 207

풍권하엽 291

풍권하화엽리장 347

풍소매화 330

피신사괘원양각 362

ㅎ

하세 132, 153, 239

하세삼합자유초 365

함흉발배 12, 19, 25, 37, 42, 171, 176, 238, 264, 340, 414

합경 192

해저로월 311

해저침 72, 139, 221

허령정경 19, 30

호구 72, 221

호포두 294, 326

환원 163

황봉입통 278

회신우등각 102, 198

회중포월 287